Friedrich Hecht

Analyse extraterrestrischen Materials

Herrn Professor Dr. Friedrich Hecht
zu seinem 70. Geburtstag gewidmet

Herausgegeben von
W. Kiesl und H. Malissa jun.

Springer-Verlag
Wien New York

Mit 1 Porträt und 88 Abbildungen

ISBN-13:978-3-7091-8362-5   e-ISBN-13:978-3-7091-8361-8
DOI: 10.1007/978-3-7091-8361-8

VORWORT

    Am 2. und 3. Oktober 1973 fand an der Universität
Wien das vom Analytischen Institut gemeinsam mit der
Österreichischen Gesellschaft für Mikrochemie und Analytische Chemie veranstaltete Symposium mit dem Thema
"Analyse extraterrestrischen Materials" statt und ver-
einigte Wissenschaftler aus nah und fern.
    Dieses Symposium hatte mehrere Ziele. Die wichtigsten
waren: Herrn Prof. Dr. Friedrich Hecht anläßlich seines
70. Geburtstages zu ehren und seine bisherigen wissenschaftlichen und utopisch-wissenschaftlich-belletri-
stischen Arbeiten zu würdigen, den derzeitigen Standort
der analytischen Chemie in der Gesamtproblematik der Er-
forschung extraterrestrischen Materials festzulegen, sowie zukünftige Arbeitsrichtungen und Aspekte zu erkunden
    Wenn man bedenkt, daß zur materiellen Erfassung und
zum Verständnis geochemischer und kosmochemischer Vorgänge der uns zugängliche "Mikrokosmos" als Modell derzeit noch immer geeigneter erscheint als der direkte
Vorstoß in galaktische Räume, so wird man vielleicht
einsehen, daß gerade der mikrochemisch geschulte und
ambitionierte Analytiker zur Aufklärung der uns bewegen-
den Fragen Wesentliches beitragen kann. Prof. Hecht ist
ein leuchtendes Beispiel eines Analytikers mit kosmo-
chemischem Interessensschwerpunkt.

VI

Die in der Kosmochemie notwendigen Arbeitsweisen erfordern unter anderem das Denken in Bereichen von mindestens 40 Zehnerpotenzen und das Handeln im Bereich von 6 bis 10 Zehnerpotenzen, in Form von Masse, Zeit, Temperatur u.s.w. Man denke daran, daß z.B. das uns bisher bekannte Universum eine Ausdehnung von 10^{28} cm besitzt, der klassische Elektronenradius $2,8.10^{-13}$ cm beträgt, das analytisch "aktuelle" Probenvolumen extraterrestrischer Materialien bereits unter 1 μm^3 sinken kann, Probenmengen von wenigen Mikrogramm entsprechend; weiters daß die nachzuweisenden und zu bestimmenden Elemente oder Verbindungen in Konzentrationsbereichen von $x.10^1$ bis $x.10^{-15}$ Prozent und sogar darunter liegen. An diesen wenigen Beispielen sieht man ganz klar die engen Verbindungen zwischen der Analyse extraterrestrischen Materials und der Mikro- und Spurenanalyse.

Das breite Spektrum der während des Symposiums behandelten Themen ist auch in diesem Buch zu sehen und dokumentiert deutlich die zentrale Rolle, die die moderne analytische Chemie einschließlich Computertechnik neben der Mineralogie und Petrographie, der Astronomie und besonders der Informatik bei dem Versuch, extraterrestrische Vorgänge zu erforschen, spielt. Dabei sind in diesen Problemkreis auch Untersuchungen der Sternspektren, der Zusammensetzung des Sonnenwindes oder der Identifizierung organischer Moleküle in Dunkelwolken u.s.w. eingegliedert.

Das Studium der in diesem Buch zusammengefaßten Beiträge zeigt auch, daß die analytische Chemie gerade bei der Aufklärung extraterrestrischer Vorgänge immer bedeutender und daher immer häufiger herangezogen wird und mehr Informationen liefert als jede andere Disziplin.

Prof.Dr. Hanns MALISSA

Präsident der Österreichischen Gesellschaft
für Mikrochemie und Analytische Chemie

INHALTSVERZEICHNIS

EDELGASUNTERSUCHUNGEN AN MONDPROBEN

H. WÄNKE, Mainz

Zusammenfassung

Es werden die verschiedenen Edelgaskomponenten, die
in Mondproben von Bedeutung sind, beschrieben. Bei den
Sonnenwindedelgasen werden Vergleiche mit den Ergebnissen analoger Versuche an Meteoritproben sowie mit den Ergebnissen direkter Messungen über die Zusammensetzung des
Sonnenwindes angestellt. Radiogene Alter der verschiedenen Mondproben nach der ^{39}Ar/^{40}Ar-Methode werden diskutiert und mit nach anderen Methoden gewonnenen Alterswerten verglichen.

Die radiogenen Alter und die Alterswerte, welche auf
der Einwirkungsdauer der Höhenstrahlung beruhen, erlauben die Aufstellung einer Zeitskala für die Entstehung
einiger der wesentlichen Formationen der Vorderseite des
Mondes. Zusammen mit unseren heutigen Kenntnissen über
die chemische und mineralogische Zusammensetzung der Mondproben ist es bereits möglich, ein gutes Bild über die
Entstehungsgeschichte der Mondlandschaften zu erhalten.

Abstract

The various rare gas components are described which
are of importance in the lunar samples. The concentrations

of the rare gases derived from the solar wind are compared with the results of similar measurements on meteorites and with direct determinations of the solar wind composition. Radiogenic gas retention ages of lunar samples obtained with the $^{39}Ar/^{40}Ar$-method will be discussed together with the results of age determinations based on other methods.

Radiogenic ages and cosmic ray exposure ages give us a time scale of the formation of some of the most important features of the lunar front side. Together with our knowledge on the chemical and mineralogical composition of the lunar samples we obtain an overall picture about the history of the formation of the lunar landscape.

1. Einleitung

Ein Blick durch ein einfaches Fernrohr lehrt uns, die Mondoberfläche in zwei voneinander deutlich unterscheidbare Landschaften zu unterteilen (Abb. 1): Die dunklen, relativ kraterarmen Mondmeere und die helleren Kontinente oder Bergländer, in denen die Krater dicht aneinander bzw. übereinander liegen.

Nachdem wir sicher sein können, daß die überwiegende Zahl der Krater durch Einschläge entstanden ist, können wir bereits aus der unterschiedlichen Kraterdichte schlieβen, daß die Mondmeere "geologisch" jünger sein müssen als die Kontinente.

Mondproben zur wissenschaftlichen Untersuchung im Labor stehen nunmehr von folgenden Gebieten zur Verfügung:

Mondmeere:

Mare Tranquillitatis	Apollo 11
Oceanus Procellarum	Apollo 12
Mare Imbrium	Apollo 15
Mare Serenitatis	Apollo 17
Mare Fecunditatis	Luna 16

Abb. 1.

Apollo 15 landete ganz am Rand von Mare Imbrium, am
Fuße des Apennin-Gebirges, so daß hier auch Proben aus
diesem Massiv gesammelt werden konnten.Ebenso liegt die
Landestelle von Apollo 17 im Taurus-Littrow Massiv außerhalb des eigentlichen Beckens von Mare Serenitatis, sozu-
sagen in einem Seitental.

                Kontinente:
                Fra Mauro   Apollo 14
                Descartes Region   Apollo 16
                Gebiet nördlich
                Mare Fecunditatis   Luna 20

Das Fra Mauro Massiv ist allerdings eher als Insel
im Oceanus Procellarum anzusprechen und stellt jedenfalls
kein typisches kontinentales Gebiet dar.

Besonders auffallend an jeder Landestelle ist die
Staubschicht (der lunare Regolith), die den ganzen Mond

in einer Dicke von mindestens 5 - 10 Meter bedeckt. Eingebettet in dieser Staubschicht, von der die Astronauten Proben an vielen Stellen sammelten und auch Bohrproben aus einer Tiefe bis zu mehr als 2,5 Meter zurückbrachten, liegen vereinzelt kleinere und größere Felsbrocken. Unter den zurückgebrachten Gesteinsproben befinden sich neben Gesteinen magmatischen Ursprungs (also aus dem Schmelzfluß erstarrte Gesteine) auch sogenannte Breccien, die aus zusammengebackenem Staub bzw. größeren Fragmenten bestehen. Die Abschätzung der Dicke der Staubschicht ist sehr unsicher; sie könnte wesentlich größer sein. Krater mit einer Tiefe von mehr als 5 Meter enthalten im Inneren in zunehmendem Maße Felsbrocken. Wir wissen jedoch nicht, ob es sich hierbei überwiegend um magmatische Blöcke oder aber um Breccien handelt.

2. Die Analyse der ersten Mondproben

Die Untersuchungen an den ersten Mondproben[1], zurückgebracht von den Astronauten von Apollo 11, brachten drei wesentliche Überraschungen. Überraschungen zumindest jeweils für die Anhänger bestimmter Theorien.

2.1. Chemismus

Die Ergebnisse der groben Analysen der unbemannten Surveyorsonden[2] konnten bestätigt werden. Danach ist der Mond keineswegs ein primitiver Körper. Ähnlich wie auf der Erde, so schien es zumindest, sind die Elemente Ca und Al an der Oberfläche angereichert.

Messungen von Spurenelementen ergaben eine extrem hohe Anreicherung vieler Elemente gegenüber der solaren Häufigkeitsverteilung, die uns auf Grund von Analysen der kohligen Chondrite recht gut bekannt ist[3]. Aus dieser Anreicherung, z.B. der Seltenen Erden, und hier wiederum der starken Europiumanomalie, mußte man schließen, daß

die Schmelzprozesse keineswegs auf dünne Oberflächenschichten des Mondes konzentriert waren, sondern daß ausgedehnte magmatische Differenzierungsprozesse zumindest
bis zu einer Tiefe von ca. 200 km (ca. 1/3 der Mondmasse) stattgefunden haben mußten.

Viele Wissenschaftler, vor allem Urey[4], aber auch der
Autor dieses Artikels, hatten vorher die Meinung vertreten, der Mond habe in seinem Inneren die Schmelztempera-
tur nicht oder nur in sehr kleinen Bereichen überschritten. Schmelzprozesse wären vor allem auf die äußeren
Schichten auf Grund des Freiwerdens der kinetischen Energie großer einschlagender Körper beschränkt geblieben.
Die geringe Größe des Mondes deutet bereits auf relativ
niedrige Temperaturen im Mondinneren. Bei einer normalen
(chondritischen) Häufigkeit der Radioelemente würde deren Wärmeproduktion nicht ausreichen, um ausgedehnte
Schmelzprozesse zu liefern. Wir wissen heute, daß diese
Annahme falsch war und daß z.B. das Uran im ganzen Mond
um nahezu einen Faktor 10 gegenüber der chondritischen
Häufigkeit angereichert ist[3,5].

2.2. Hohes Alter der Mondsteine

Erste Altersbestimmungen der magmatischen Steine von
Apollo 11 nach der K/Ar-Methode lieferten Alter von über
3,5 Milliarden Jahren und nicht 500 Millionen Jahre,wie
teilweise für Mare Tranquillitatis angenommen war. Diese
wesentlich zu niedrigen Abschätzungen basierten auf der
etwa um eine Größenordnung geringeren Kraterdichte im
Mare Tranquillitatis gegenüber derjenigen auf den lunaren
Kontinenten, für die man natürlich ein Maximalalter von
4,6 Milliarden Jahren (Alter des Sonnensystems) annehmen
muß. Bei dieser Abschätzung war unberücksichtigt geblieben, daß die Einschlagshäufigkeit im Laufe der Geschichte
unseres Sonnensystems auf Grund der Abnahme der zur Verfügung stehenden Körper abgenommen haben sollte.

2.3. Hoher Gehalt von Edelgasen

Alle Staubproben und Breccien, jedoch nicht die magmatischen Steine, enthielten sehr große Mengen von Edelgasen, vor allem von Helium ($\sim 0,2$ cm^3 He STP/g). Für uns in Mainz war dies allerdings keine Überraschung. Im Gegenteil, wir hatten dies 10 Jahre vorher vorausgesagt und zwar als Folge der Einwirkung des Sonnenwindes[6,7].

3. Edelgasuntersuchungen

Wenn wir hier von Edelgasen sprechen, so beschränken wir uns auf He, Ne, Ar, Kr und Xe; Radon soll uns nicht interessieren. Ihrem Ursprung nach unterscheiden wir drei Gruppen von Edelgasen:

Radiogene Edelgase

Helium-4 (aus dem Zerfall von Uran und Thorium).

Argon-40 (aus dem Zerfall des seltenen Kaliumisotopes der Masse 40).

Xenon-129 (aus dem Zerfall von Jod-129. Dieses Isotop besitzt nur eine Halbwertszeit von 17 Millionen Jahren, ist also längst "ausgestorben". Bei der Entstehung des Planetensystems war es jedoch neben dem stabilen Isotop Jod-127 als zweites Jodisotop vorhanden.)

Kosmogene Edelgase

Helium-3 und 4.

Neon, Argon, Krypton und Xenon.

^{3}He/^{4}He ~ 5, ^{20}Ne:^{21}Ne:^{22}Ne $\sim 1:1:1$

Durch Kernreaktionen, ausgelöst durch die Einwirkung der Kosmischen Strahlung , werden in Meteoriten und in den äußersten Schichten des Mondes (bis zu ca. 1 m Tiefe) Edelgase erzeugt. Sie unterscheiden sich von den Edelgasen anderen Ursprungs durch ihre Isotopenzusammensetzung.

Uredelgase

Helium, Neon, Argon, Krypton und Xenon.

^{4}He/^{3}He $= 2200$. (Alle übrigen Isotopenverhältnisse sind ähnlich denjenigen in der irdischen Atmosphäre.)

Im folgenden werden wir uns nur mit den solaren Uredelgasen, die ihren Ursprung im Sonnenwind haben, beschäftigen.

3.1. Sonnenwindedelgase in den Mondproben

Als erste haben 1956 zwei russische Wissenschaftler, Gerling und Levskii[8], große Mengen von Edelgasen, und zwar vor allem Helium, in einem Steinmeteoriten entdeckt, die weder dem radioaktiven Zerfall noch der Einwirkung der Höhenstrahlung entstammen konnten. In den darauffolgenden Jahren haben wir dann in Mainz gezeigt[7], daß es eine ganze Reihe von Meteoriten gibt, die große Mengen von leichten Edelgasen enthalten. Die Elementhäufigkeiten dieser Edelgase entsprechen etwa denjenigen der natürlichen (solaren) Häufigkeiten; daher auch der Name "Uredelgase". In beinahe allen Fällen war hierbei der Uredelgasgehalt an eine Hell-Dunkel-Struktur der Meteorite gekoppelt. Nur die dunklen Anteile enthielten Uredelgase. Fast alle Steinmeteorite sind ja ebenso wie viele Mondsteine Breccien, das heißt, sie sind aus einzelnen Mineralkörnern bzw. kleineren und größeren Aggregaten zusammengebacken (agglomeriert).

In umfangreichen Untersuchungen über den Sitz der leichten Uredelgase konnten wir 1965 zeigen[7,9]:

a) Alle Mineralkomponenten, auch das in den Chondriten vorhandene metallische Nickeleisen, enthalten Uredelgase. Da Edelgase im Metall unlöslich sind, ist auch bei erhöhten Temperaturen eine Edelgasaufnahme unmöglich.

b) Die Uredelgase sind in den Oberflächenschichten der einzelnen Mineralkörner konzentriert (Tiefe $\leqslant 0,1$ μ). Das Innere der Körner ist nahezu frei von Uredelgasen. Da das Verhältnis von Oberfläche und Volumen (Oberfläche/Volumen = $\frac{1}{d}$) umgekehrt proportional dem Korndurchmesser ist, so ist auch der Uredelgasgehalt dem Korndurchmesser umgekehrt proportional.

Auf Grund dieser Befunde haben wir postuliert, daß der Ursprung dieser Edelgase im Sonnenwind zu suchen ist. Dies ist eine von der Sonne ausgehende intensive Korpuskularstrahlung mit einer Energie von etwa 0,5 KeV/Nukleon. Es handelt sich dabei um Materie aus der Sonnenkorona. Die Intensität in der Erdbahn beträgt etwa 10^8 Protonen/ cm^2.sec.

Da die Reichweite der Teilchen des Sonnenwindes in fester Materie nur einige hundert Angström beträgt, ist es erforderlich, daß die Materie der uredelgashaltigen Meteorite zum Zeitpunkt der Beladung in Form loser Körper vorlag, die außerdem durch bestimmte Prozesse (Einschläge) in einer gewissen Schichtdicke umgewälzt wurden, so daß jedes beladene Korn einmal an der Oberfläche des Meteoritenmutterkörpers lag (Sanddünenmodell). Wir hatten auch geschlossen, daß solche Bedingungen an der Mondoberfläche zu erwarten sind[7]. Wegen der geringen Energie der Teilchen des Sonnenwindes ist ein solcher Vorgang nur auf planetarischen Körpern möglich, die weder eine nennenswerte Atmosphäre noch ein Magnetfeld besitzen.

In Tab. 1 sind die gemessenen Uredelgasmengen einiger Meteorite und Mondproben zusammengestellt. Sowohl durch Messungen von Siebfraktionen als auch durch Abätzen der Oberflächenschichten konnte auch hier die Oberflächenkorrelation der Edelgase nachgewiesen werden. Die Frage der direkten Sonnenwindimplantation der leichten Uredelgaskomponente in den Meteoriten wurde durch die Ergebnisse an den Mondproben endgültig im Sinne meiner Hypothese entschieden.

Bei den Daten für 10084 Ilmenit (Korngröße 41 µ) sind neben der unbehandelten Siebfraktion auch die Edelgas-

Tabelle 1. Sonnenwindedelgase in Meteoriten und Mondproben

	^{4}He	^{20}Ne	^{36}Ar	$\dfrac{^4\text{He}}{^{20}\text{Ne}}$	Lit.
		in 10^{-6}cm^3 STP/g			
Chondrite					
Pantar	680	2,14	0,13	320	10
Pantar (Metall)	1280	1,60	–	800	9
Fayetteville	22500	62,4	2,8	360	11
Achondrit					
Kapoeta	1360	24	1,07	57	12
Mondstaub					
10084 bulk	190000	2100	376	91	13
10084 Ilmenit (Korngr. 41 µm)	389000	1790	633	217	14
" minus 0,16 µm	295000	941	24,6	313	14
" minus 0,19 µm	148000	507	12,4	292	14
" minus 0,35 µm	37800	130	3,6	291	14
Mondbreccie					
10021 bulk	373000	5620	745	66	15

konzentrationen nach dem Abätzen der Oberflächenschichten bis zu einer Tiefe von 0,16 µ, 0,19 µ und 0,35 µ angegeben. Man erkennt aus diesen Ergebnissen besonders deutlich, daß diese Sonnenwindedelgase in den äußersten Schichten konzentriert sind.

Die Intensität des Sonnenwindes ist so groß, daß man schon in wenigen Stunden meßbare Mengen aufsammeln kann. Solche Versuche hat eine Gruppe von Wissenschaftlern aus der Schweiz mit ihrem Sonnenwindsegel durchgeführt[16,17], einer von den Astronauten bei allen Apolloflügen während ihres Mondaufenthaltes aufgespannten Aluminiumfolie.

Auf diese Weise konnte die Zusammensetzung des Sonnenwindes hinsichtlich der Edelgase direkt gemessen werden. Die Konzentrationen der Sonnenwindedelgase in den Mondproben sowie in Meteoriten sind durch Diffusionsverluste, bei denen jeweils die leichteren Edelgase bevorzugt verlorengehen, mehr oder minder stark verfälscht. Da für das metallische Nickeleisen von allen Mineralkomponenten in den Meteoriten die geringsten Diffusionsverluste

zu erwarten sind, haben wir damals die hier gefundenen
Verhältnisse als der tatsächlichen Zusammensetzung des
Sonnenwindes besonders nahekommend bezeichnet.

Tab. 2 enthält die Ergebnisse der schweizer Sonnen-
windsegelexperimente[17]. Ein Vergleich mit den an Metallteilchen des Meteorits Pantar gemessenen Verhältnissen
zeigt die sehr gute Übereinstimmung dieser lange zurück-
liegenden Messungen über die Zusammensetzung des Sonnenwindes. Hierbei hat man zu bedenken, daß die Sonnenwind-
segelexperimente die heutigen Verhältnisse wiedergeben,
während der Zeitpunkt der Sonnenwindimplantation in den
Meteoriten zwar nicht genau bestimmbar ist, sicher jedoch lange Zeit zurückliegt. Wahrscheinlich erfolgte
diese Implantation vor ca. 4,5 Milliarden Jahren bei der
Bildung der Mutterkörper der Meteorite.

Tabelle 2. Verhältnisse der Sonnenwindedelgase im Sonnenwindsegel (Al-Folie),
in Mond- bzw. Meteoritenproben sowie in der Erdatmosphäre

	$\frac{^4He}{^3He}$	$\frac{^4He}{^{20}Ne}$	$\frac{^{20}Ne}{^{22}Ne}$	$\frac{^{22}Ne}{^{21}Ne}$	$\frac{^{20}Ne}{^{36}Ar}$	Lit.
Apollo 11 (Al-Folie)	1860	430	13,5	-	-	17
Apollo 12 "	2450	620	13,1	26	-	17
Apollo 14 "	2230	550	13,6	-	37	17
Apollo 15 "	2310	550	13,6	31	20	17
Apollo 16 "	2260	570	13,8	31	29	17
Lunar fines 10084	2550	96	12,6	31	7	15
Lunar fines 10084	2620	96	12,5	32	5	15
Lunar fines 12001	2740	58	12,6	32	7	15
Ilmenite of 12001	2700	253	12,9	32	27	17
Pantar (Chondrit) (Metalloberfläche)	2200	800	13,3	30	-	9
Versch. Meteorite	3300	320	13,6	-	40	10
Irdische Atmosphäre	7.10^5	0,3	9,8	34,5	0,5	-

Es könnte sein, daß der Einbau der Sonnenwindteilchen
bei manchen Meteoriten während oder sogar vor der Akkumu-
lationsphase der Meteoritenmutterkörper erfolgte. Sonnen-

windneon hat ein ^{20}Ne/^{22}Ne-Isotopenverhältnis von etwa 13,5. In den meisten Meteoriten findet man ein etwas tieferes ^{20}Ne/^{22}Ne-Verhältnis. Eine geringe Verschiebung kann als Isotopeneffekt bei Diffusionsverlusten erklärt werden. Eine solche Erklärung ist jedoch nicht möglich bei einem ^{20}Ne/^{22}Ne-Verhältnis von 10 oder noch tiefer, wie man es vor allem in kohligen Chondriten findet. Im kohligen Chondrit Orgueil fanden Jeffery und Anders[18] im Magnetit ein hohes Isotopenverhältnis von 12,5 für Neon, in den Silikatfraktionen jedoch ein Verhältnis von 8,2. Die Silikate haben zweifellos wesentlich mehr Neon durch Diffusion verloren als der Magnetit, doch ist die große Verschiebung hier auf diese Weise nicht zu erklären. Entgasungsversuche dieses Meteorits bei verschiedenen Temperaturen, ausgeführt von Black[19], liefern hier sogar ein ^{20}Ne/^{22}Ne-Verhältnis von 4 (Abb. 2).

Die Autoren erklären diese variablen Verhältnisse durch eine Reihe von Uredelgaskomponenten recht unterschiedlichen Ursprungs.

Mir erscheint eine andere Deutung der nur selten und in sehr geringer Häufigkeit auftretenden Uredelgaskomponenten mit einem tiefen ^{20}Ne/^{22}Ne-Verhältnis wahrscheinlicher. Jeffery and Anders[18] haben bereits darauf hingewiesen, daß sich als einfachste Erklärung eine Herkunft aus ^{22}Na anbietet, einem Radioisotop mit nur 2,6 Jahren Halbwertszeit. Bei Kernprozessen entstehen im allgemeinen alle drei stabilen Neonisotope mit etwa gleicher Häufigkeit. Bei sehr geringen Teilchenenergien wird jedoch aus Magnesium ^{22}Ne bevorzugt erzeugt. Auf jeden Fall wird aber bei allen Kernprozessen auch ^{22}Na erzeugt. Erfolgt nun die Sonnenwindbeladung zu einem Zeitpunkt, in dem auch höhere Intensitäten solarer Protonen im MeV-Bereich vorhanden waren, so geht der Implantation der Sonnenwindteilchen und des Sonnenwindneons eine Neoner-

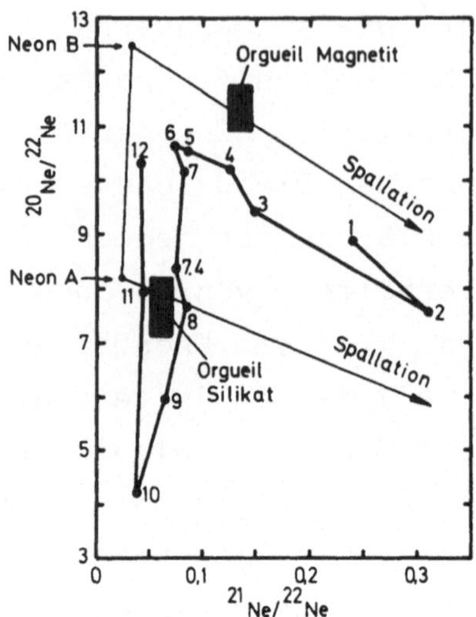

Abb. 2. Gemessene Neonisotopenverhältnisse im Entgasungs-
versuch von Black[19]. Die eingetragenen Zahlen entsprechen
den Temperaturen in 100° C, bei denen die einzelnen Neon-
fraktionen erhalten wurden. Die Isotopenverhältnisse des
Neons im Magnetit und Silikat des kohligen Chondrits
Orgueil, wie sie von Jeffery und Anders[18] gemessen wurden, sind ebenfalls eingetragen.

zeugung durch Kernprozesse parallel. Herrschen gleichzeitig erhöhte Temperaturen, so wird das Sonnenwindneon
und auch der überwiegende Teil des aus Kernreaktionen gebildeten Neons aus den festen Mineralkörnern entweichen,
nicht jedoch ^{22}Na, welches erst mit Verzögerung (Halbwertszeit von 2,6 Jahren) in ^{22}Ne übergeht.

In diesem Zusammenhang muß darauf hingewiesen werden,
daß im Magnetit eine Neonkomponente aus Kernreaktionen
auf Grund der vorhandenen Targetelemente (Fe und O) mit
wesentlich geringerer Häufigkeit zu erwarten ist als in
den Silikaten (Mg, Al, Si). Eine aus Kernreaktionen her-
rührende Neonkomponente ist in allen Meteoriten auf Grund
der Einwirkung der galaktischen Höhenstrahlung vorhanden.
Manche Meteorite enthalten jedoch in ihren uredelgashal-

tigen Anteilen zusätzlich ^{21}Ne, das nur Kernreaktionen entstammen kann. Aus den Messungen von Hintenberger et al.[9] ergibt sich für die Silikatphase des Meteorits Kapoeta ein Überschuß von 1,2 . 10^{-8}cm^3 ^{21}Ne/g, der vermutlich auf diese Weise zu erklären ist. Hierbei wurde eine spallogene ^{21}Ne-Konzentration von 0,77 . 10^{-8}cm^3 ^{21}Ne/g angenommen, wie sie von Signer und Suess[10] für einen hellen, uredelgasfreien Einschluß von Kapoeta gemessen wurde. (^{21}Ne-Komponente aus der galaktischen Höhenstrahlung.)

3.2. Argon-40-Überschuß

Alle uredelgashaltigen Mondproben haben im Gegensatz zu den uredelgashaltigen Meteoriten auch einen hohen Überschuß an ^{40}Ar. Diese ^{40}Ar-Mengen sind mit Sonnenwind-argon-36 korreliert, jedoch gibt es von Probe zu Probe gewisse Schwankungen im ^{36}Ar/^{40}Ar-Verhältnis. Der mögliche Anteil von ^{40}Ar aus dem radioaktiven Zerfall des in den Proben befindlichen Kaliums ist meistens gering; die Menge des durch die Einwirkung der Höhenstrahlung entstandenen ^{40}Ar ist vernachlässigbar.

Trotz der ungefähren Proportionalität dieses überschüssigen ^{40}Ar mit dem ^{36}Ar ist ein Sonnenwindursprung des Argon-40 unmöglich. Die gemessenen ^{40}Ar/^{36}Ar-Verhältnisse liegen um 1, während der theoretische Wert dieses Verhältnisses mehrere Größenordnungen tiefer liegt[20].

Wie von Heymann et al.[21] vorgeschlagen, muß das ^{40}Ar lunaren Ursprungs sein. ^{40}Ar entstand im Inneren des Mondes aus dem Zerfall von ^{40}K, fand seinen Weg an die Oberfläche und bildete eine sehr, sehr dünne temporäre Atmosphäre. Die einzelnen Argonatome werden innerhalb kurzer Zeit ionisiert und durch Wechselwirkung mit dem elektrischen bzw. magnetischen Feld des interplanetaren Plasmas (Sonnenwind) beschleunigt, zum Teil wieder auf

14

die Mondoberfläche zurückgetrieben und nun zusammen mit
dem Argon aus dem Sonnenwind in die einzelnen Staubkörner des lunaren Regoliths eingeschlossen.

Es gibt jedoch eine Reihe von Unstimmigkeiten, die zu
Zweifeln an der Richtigkeit dieser Vorstellung führten.
Das durch den Sonnenwind zurückgetriebene Argon-40 wird
nur auf eine Energie von etwa 2 KeV[22] beschleunigt, hingegen besitzt das Argon-36 des Sonnenwindes eine etwa
10mal höhere Energie. Während das ^{36}Ar aus dem Sonnenwind etwa 500 Angström tief in die Körner des Mondstau-
bes eindringt, sollte das zurückgetriebene ^{40}Ar wesentlich näher an der Oberfläche sitzen. Entgasungsversuche
von Bauer et al.[23] zeigten jedoch, daß ^{40}Ar und ^{36}Ar
nahezu gleichmäßig ausgetrieben werden.

Es wäre auch denkbar, daß ^{40}Ar aus dem Mondinneren
auf dem Weg durch die lunare Staubschicht temporär an
der Oberfläche der einzelnen Staubkörner adsorbiert und
dann durch Stoßwellen, die sich durch Einschläge entwickeln, fest in die Körner eingebaut wird. Hierbei hat
man die große Adsorptionsfähigkeit der durch das Ionen-
bombardement stark gestörten Kristalloberflächen zu bedenken. Auf diese Weise wäre auch erklärt, warum das
^{36}Ar etwa gleich stark in dem Mondstaub gebunden ist wie
das überschüssige ^{40}Ar, weil dafür Stoßwellen beim Ein-
baumechanismus beider Argonisotope die entscheidende Rolle spielen.

3.3. Radiogene Edelgase

Wie bereits eingangs erwähnt, lieferten die ersten
Altersbestimmungen nach der Kalium/Argon-Methode über-
raschend hohe Alter für die Mondgesteine. Wir wollen uns
hier zunächst mit den verwendeten Methoden zur Altersbestimmung auseinandersetzen.

Sowohl die Uran,Thorium/Helium- als auch die Kalium/

Argon-Methode zur Altersbestimmung von Gesteinen basieren
auf der Messung von Edelgasen. In beiden Fällen handelt
es sich bei den radioaktiven Zerfallsprodukten um Edelgase, die erst nach der Erstarrung bzw. Abkühlung der Gesteine in diesen zu akkumulieren beginnen. Leider sind
auch bei normalen oder doch leicht erhöhten Temperaturen
weit unterhalb des Schmelzpunktes der Gesteine Edelgas-
verluste durch Diffusion möglich. Die erhaltenen Alterswerte können deshalb nur als untere Grenze angesehen werden. Vergleicht man allerdings die Kalium/Argon-Alter mit
den Uran,Thorium/Helium-Altern, so ist die Größe der Ver-
fälschung durch Diffusionsverluste abschätzbar. Bei den
wesentlich kleineren und leichteren Heliumatomen sind
gegenüber den Argonatomen im allgemeinen höhere Verluste
zu erwarten. Tatsächlich sind die Kalium/Argon-Alter immer größer als die Uran,Thorium/Helium-Alter. Liegen die
nach den beiden Methoden erhaltenen Alterswerte dicht
beisammen, so darf man annehmen, daß in diesem Fall Verfälschungen durch Diffusionsverluste gering sind.

In letzter Zeit hat sich ein Verfahren durchgesetzt,
welches es erlaubt, derartige Verfälschungen bei den
Kalium/Argon-Altern zu vermeiden. Hierbei handelt es sich
um die ^{39}Ar/^{40}Ar-Methode. Dieses Verfahren beruht auf
einer von uns in Mainz entwickelten Nachweismethode
(Wänke und König[24]). Es ist später unter Anwendung mo-
derner Techniken von Turner[25] zu der heutigen Reife entwickelt worden.

Die Proben werden zunächst im Reaktor einer hohen
Neutronendosis ausgesetzt. Hierbei wird ein allerdings
sehr kleiner Teil des Kalium über die Reaktion ^{39}K(n,p)
^{39}Ar in das radioaktive ^{39}Ar überführt. Die Halbwertszeit
von ^{39}Ar ist mit 269 Jahren so groß, daß wir es wie ein
stabiles Edelgas im Massenspektrometer messen können. Wir
haben also die Messung der Konzentration von Kalium auf
eine Edelgasmessung von Argon zurückgeführt. Treibt man

16

nunmehr das im Reaktor gebildete ^{39}Ar zusammen mit dem
aus dem Zerfall von ^{40}K herrührenden ^{40}Ar durch Erhitzen
aus der Probe, so ist das gemessene ^{40}Ar/^{39}Ar-Verhältnis
ein direktes Maß für das Alter der Probe, d.h. die Abso-
lutmessungen von Kalium und Argon mit allen ihren möglichen Fehlerquellen sind auf eine reine Verhältnismes-
sung zweier Argonisotope zurückgeführt. Solche Verhält-
nismessungen sind mit erheblich größerer Genauigkeit
durchführbar. Der entscheidende Fortschritt jedoch ist
aus Abb. 3 ersichtlich.

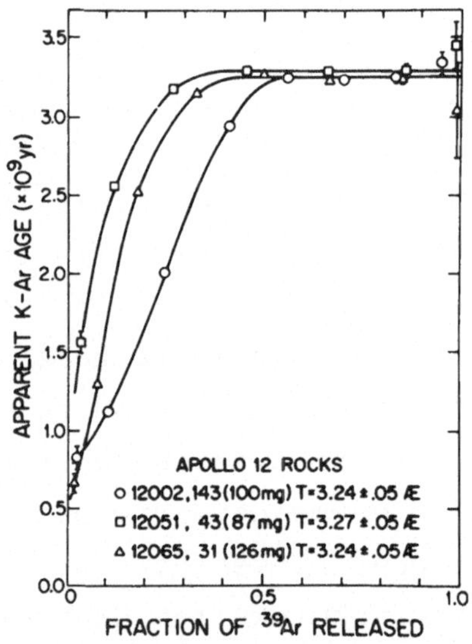

Abb. 3. ^{40}Ar/^{39}Ar-Entgasungskurven verschiedener Mondproben nach Turner[26]. Das scheinbare K/Ar-Alter (apparent
age) ist eine Funktion des gemessenen ^{40}Ar/^{39}Ar-Verhält-
nisses. Das bei niedrigen Temperaturen (in diesem Fall
etwa die ersten 40 % bis 50 % von ^{39}Ar, fraction of ^{39}Ar
released) abgegebene Argon mit einem tiefen ^{40}Ar/^{39}Ar-
Verhältnis und daher einem tiefen scheinbaren K/Ar-Alter
erklärt sich durch Diffusionsverluste von ^{40}Ar nach der
Erstarrung der Gesteine.

Bei einem stufenweisen Aufheizen der Proben und somit einem partiellen Austreiben der Edelgase erkennt man, daß das ^{40}Ar/^{39}Ar-Verhältnis nicht konstant bleibt, sondern sich mit der Temperatur verändert. Bei tiefer Temperatur ist das ^{40}Ar/^{39}Ar-Verhältnis im allgemeinen niedriger, steigt mit der Entgasungstemperatur an und erreicht dann einen konstanten Wert. Nur dieser letzter Plateauwert wird für die Altersbestimmung herangezogen. Die anfänglichen niedrigeren Werte erklären sich dadurch, daß man es hier mit Argon aus solchen Mineralkomponenten bzw. Lokationen zu tun hat, die ^{40}Ar durch Diffusion verloren haben.

Wie ein Vergleich mit den wesentlich schwierigeren, jedoch äußerst zuverlässigen Rubidium/Strontium-Altersbestimmungen zeigt, hat sich für die Mondproben die ^{39}Ar/^{40}Ar-Methode bestens bewährt.

Tabelle 3. Radiogene Alter von Mondsteinen in 10^9 Jahren

		$\dfrac{^{39}\text{Ar}}{^{40}\text{Ar}}$	$\dfrac{\text{Rb}}{\text{Sr}}$
Mondmeere			
Mare Tranquillitatis	(A 11)	3,55 – 3,9o	3,59 – 3,71
Taurus Littrow (Mare Serenitatis)	(A 17)	3,70 – 3,80	–
Mare Imbrium	(A 15)	3,15 – 3,40	3,30 – 3,44
Oceanus Procellarum	(A 12)	3,15 – 3,25	3,16 – 3,36
Mare Fecunditatis	(L 16)	3,45	3,42
Bergländer			
Fra Mauro	(A 14)	3,90 – 4,00	3,87 – 3,96
Descartes	(A 16)	3,80 – 4,25	3,84 – 3,95
Taurus Littrow (Berglandbreccie)	(A 17)	4,00	4,00
Montes Apenninus	(A 15)	3,90 – 4,05	–
Bergland nördlich von Mare Fecunditatis	(L 20)	3,90	–

Laboratorien

$\dfrac{^{39}\text{Ar}}{^{40}\text{Ar}}$: Bern, Heidelberg, Sheffield, Pasadena, Stony Brook (Autoren siehe Proceedings 1., 2., 3. und 4. Lunar Science Conf., Houston)

$\dfrac{\text{Rb}}{\text{Sr}}$: Pasadena (Wasserburg et al.[27])

18

3.4. Spallogene Edelgas-Bestrahlungsalter

Mit Hilfe der radiogenen Edelgase ^{4}He bzw. ^{40}Ar können
wir den Zeitpunkt der Erstarrung eines Gesteines aus der
Schmelze bestimmen. Edelgasmessungen erlauben uns, noch
ein anderes Alter anzugeben, nämlich die Zeit, seit welcher ein einzelner Stein auf der Mondoberfläche liegt.
Wir haben eingangs gesehen, daß der Mond zur Gänze mit
einer mehrere Meter dicken Staubschicht bedeckt ist. Die
vereinzelt in bzw. auf dieser Staubschicht gefundenen
Steine magmatischen Ursprungs entstammen Einschlägen,
welche zu Kratern führten, bei deren Entstehung nicht
nur Material aus der Staubschicht, sondern auch darunter-
liegende Gesteine hochgeschleudert wurden.

Die Lebensdauer einzelner Gesteinsbrocken an der Oberfläche ist begrenzt. Kleinere einschlagende Körper zer-
mahlen diese Steine im Laufe der Zeit zu Staub. Die Reich
weite der Primär- und der wesentlichen Sekundärteilchen
der Höhenstrahlung in fester Materie ist nun gerade so,
daß diese Teilchen die meterdicke Staubschicht praktisch
nicht durchdringen können. (Halbwertsdicke etwa 0,3 Meter). Das heißt, so lange ein Stein unterhalb der Staubschicht liegt, ist er gegen die Einwirkung der Höhenstrahlung praktisch vollständig abgeschirmt. Wird dieser
Stein durch kraterbildende Einschläge an die Oberfläche
gebracht, so wird er von diesem Zeitpunkt an der Einwirkung der kosmischen Strahlung ausgesetzt. Bei den hier-
durch ausgelösten Kernreaktionen (Spallationsreaktionen)
werden unter anderem bestimmte Edelgasisotope, wie ^{3}He,
^{21}Ne und andere, erzeugt. Bei relativ kleinen Steinen (Ver
nachlässigung des Tiefeneffektes) kann das Bestrahlungsalter eines Mondsteines (oder auch eines Meteorits) direkt aus der Konzentration von z.B. ^{3}He abgelesen werden.
Das spallogene ^{21}Ne$_{sp}$ wird vor allem aus dem nur drei
Masseneinheiten entfernten ^{24}Mg erzeugt, analog ist für

die Produktion von $^{38}Ar_{sp}$ das ^{40}Ca dominierend. Calcium ist in den Marebasalten im Gegensatz zum Magnesium nur wenig variabel. In manchen Fällen läßt sich daher die chemische Zusammensetzung - hier der Magnesiumgehalt - auf Grund von Edelgasmessungen angeben. Wie aus Tab. 4 ersichtlich, ist das spallogene $^{21}Ne/^{38}Ar$-Verhältnis dem Magnesiumgehalt weitgehend proportional.

Tabelle 4. Zusammenhang zwischen dem spallogenen ^{21}Neon/^{38}Argon-Verhältnis und dem Gehalt von Magnesium in Gesteinsproben von Apollo 11. Edelgasdaten von Hintenberger et al [29]

Stein	$^{21}Ne_{sp}$ $10^{-8}cm^3/g$	$\left(\dfrac{^{21}Ne}{^{38}Ar}\right)_{sp}$	Mg %
12020	11,9	2,04	9,4
12002	16,3	2,03	8,9
12018	35,7	1,82	8,7
12004	8,6	1,62	7,5
12053	13,1	1,30	4,9
12052	21,5	1,20	5,1
12065	29,4	1,14	5,1
12064	31,3	1,06	4,5
12063	10,0	1,00	5,1

Im Rahmen unserer Untersuchungen an den Proben von Apollo 12 war es uns aufgefallen, daß viele der Steine, die innerhalb des sogennnnten Surveyorkraters (innerhalb dieses Kraters landete die unbemannte Mondsonde Surveyor III) bzw. an dessen Rand von den Astronauten gesammelt wurden, eine einheitliche chemische Zusammensetzung aufwiesen. Beinahe alle diese Steine hatten ein einheitliches Bestrahlungsalter von 180 Millionen Jahren[28]. Auf diese Weise war es möglich, erstmals das Alter eines Mondkraters zu bestimmen. Die einheitliche Chemie und das einheitliche Alter aller dieser Steine ließ nur den Schluß zu, daß sie alle bei der Bildung dieses Kraters aus dem eng begrenzten Gebiet des Kraterbodens an die

Oberfläche gebracht worden waren. Ein einzelner Stein in
derselben Zusammensetzung hatte ein Bestrahlungsalter vor
nur 65 Millionen Jahren. Er stammt aus dem kleinen, inner
halb des Surveyorkraters gelegenen Blockkrater. Es ist
zu vermuten, daß die 65 Millionen Jahre dem Alter des
viel jüngeren Blockkraters entsprechen.

Später war es dann möglich, auf die gleiche Weise noch
andere Krater zu datieren. Bevor wir nun daran gehen
wollen, die Entstehungsgeschichte der wesentlichen Mondlandschaften zu beschreiben, möchte ich noch auf die
Datierung zweier sehr großer Einschlagereignisse eingehen.

Die Landestelle der Apollo-12-Mission war auch deswegen ausgewählt worden, da über dieses Gebiet einer der
Strahlen des Kraters Kopernikus verläuft. Den Astronauten war dieses hellere Material, das sich deutlich von
dem sonst dunkleren Regolith abhebt, an mehreren Orten
in der Umgebung dieser Landestelle aufgefallen. Chemische Analysen ergaben, daß sich dieses hellere Material
hinsichtlich der Zusammensetzung sehr wesentlich von den
lokalen basaltischen Steinen unterscheidet, und daß diese
fremde Material in unterschiedlichen Mengen allen Staubproben von Apollo 12 beigemengt ist[28]. Die "hellen" Proben enthalten bis zu 8o % "fremdes" Material. Radiogene
Altersbestimmungen nach der ^{39}Ar/^{40}Ar-Methode ergaben,
daß diese helle Komponente vor 850 Millionen Jahren star
erhitzt wurde[29]. Aus Kraterzählungen innerhalb und in
der Umgebung des Kraters Kopernikus hatte man ein Alter
von ungefähr 2 Milliarden Jahren für diesen Krater geschätzt. Es kann heute kein Zweifel sein, daß das "fremd
Material von Apollo 12 aus dem Krater Kopernikus stammt[3]
und daß dieser Krater tatsächlich vor 850 Millionen Jahr
gebildet wurde.

Ebenso war schon lange vor den ersten Mondflügen auf
Grund der topographischen Überlegungen geschlossen worde

daß das Fra Mauro-Massiv entweder insgesamt Auswurfmaterial aus der Imbriumkollision darstellt oder aber in
beträchtlicher Dicke mit solchem Auswurfmaterial bedeckt
ist. Die chemischen und mineralogischen Untersuchungen
der Apollo-14-Proben bestätigen diese Hypothese und außerdem lieferten Altersbestimmungen den genauen Zeitpunkt
der Imbriumkollision: Er liegt 3,9 Milliarden Jahre zurück. (Radiogenes Alter der Fra Mauro Proben, s. Tab. 3.)

4. Entstehungsgeschichte der Mondlandschaften

Wir müssen uns hier auf die Vorderseite des Mondes beschränken, da wir nur hiervon Proben besitzen. Die Rückseite ist allerdings auch wesentlich ärmer an großen
Strukturen; so sind alle großen Mondmeere auf der Vorderseite konzentriert, eine Tatsache, die wir noch immer
nicht recht verstehen. Die Rückseite ähnelt im Aussehen
und auch im Chemismus stark den Kontinentalgebieten der
Vorderseite. Es herrscht nunmehr allgemeine Übereinstimmung darüber, daß die großen kreisförmigen Mondmeere, wie
Mare Imbrium, Mare Serenitatis usw., ursprünglich Großkrater waren, die durch Einschläge riesiger Objekte entstanden sind.

Der Mond ist wie die übrigen Körper des Plantensystems
durch Akkumulation von Staub entstanden. Nach der Akkumulation kam es in einer Zeit von weniger als 50 Millionen Jahren zu einer starken Aufheizung im Mondinneren.
Hierbei strömte flüssiges Material nach außen und bildete nach dem Abkühlen eine feste Kruste. Nach seis-
mischen Messungen beträgt die Dicke dieser Kruste etwa
65 km. Die Bildung einer festen Mondkruste war vor etwa
4,2 Milliarden Jahren abgeschlossen. Das Aussehen der
Mondoberfläche zu diesem Zeitpunkt entsprach etwa demjenigen der heutigen lunaren Kontinente, d.h. die Mondoberfläche war bereits mit Kratern, die Durchmesser bis

über 100 km hatten, übersät. Erst nach dieser Zeit entstanden die Großkrater der heutigen Ringmeere. Das spek-
takulärste Ereignis hierbei war die Imbriumkollision. Vor
3,9 Milliarden Jahren kollidierte der Mond mit einem Objekt von etwa 200 km Durchmesser. Die Auftreffgeschwindig-
keit war mit 3 bis 5 km/h relativ gering. Hierbei entstand ein Krater von etwa 700 km Durchmesser und 100 km
Tiefe, d.h. die gesamte, erst kürzlich verfestigte Mondkruste wurde an dieser Stelle weggeschleudert und das
ausgeworfene Material über weite Gebiete der Mondvorder-
seite verteilt. Es entstand ein dreifacher Kraterwall,
ähnlich dem von Mare Orientale an der Mondrückseite.

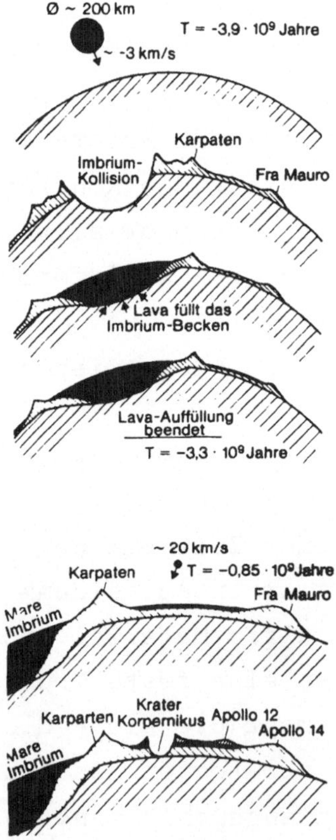

Abb. 4. Schematische Darstellung der Imbriumkollosion
und der weiteren Geschichte dieses Gebietes.

Tabelle 5. Mondgeschichte I

Akkumulierung	$4,6 \cdot 10^9$ Jahre
Lunare Kontinente	$\sim 4,1 \cdot 10^9$ Jahre
Serenitatis Kollision	$4,0 \cdot 10^9$ Jahre
Mare Serenitatis (Ende d. Auffüllung)	$3,8 \cdot 10^9$ Jahre
Mare Tranquillitatis (Ende d. Auffüllung)	$3,8 \cdot 10^9$ Jahre
Imbrium Kollision	$3,9 \cdot 10^9$ Jahre
Mare Imbrium (Ende d. Auffüllung)	$3,3 \cdot 10^9$ Jahre
Oceanus Procellarum (Ende d. Auffüllung)	$3,3 \cdot 10^9$ Jahre
Mare Fecunditatis (Ende d. Auffüllung)	$3,4 \cdot 10^9$ Jahre

Tabelle 6. Mondgeschichte II

Kraterbildungen		
Kopernikus		$850 \cdot 10^6$ Jahre
Surveyor	(A 12)	$180 \cdot 10^6$ Jahre
Cone	(A 14)	$26 \cdot 10^6$ Jahre
North Ray	(A 16)	$30 \cdot 10^6$ Jahre
South Ray	(A 16)	$2 \cdot 10^6$ Jahre

Aufsteigende Lava aus tieferen Schichten des Mondes
füllte in über Hunderte von Millionen Jahren in vielen
zeitlich aufeinanderfolgenden Eruptionen den Imbriumkrater. Die inneren Ringwälle des Kraters sackten ab, nur
der äußere Wall, das heutige Apenninen Gebirge und die
Karpaten, die Teile des äußersten Walls darstellen,
blieben erhalten. Die Lava überflutete schließlich auch
weite angrenzende Gebiete (Oceanus Procellarum), die
wohl teilweise auch abgesackt waren und die bereits mit
Auswurfmaterial aus dem Imbriumkrater bedeckt waren
(Abb. 4). Der letzte Erguß erfolgte vor etwa $3,3 \cdot 10^9$
Jahren, wie aus dem Alter der obersten Gesteinsschichten
von der Landestelle von Apollo 12 (Oceanus Procellarum)
und von Apollo 15 (Rand von Mare Imbrium) hervorgeht
(Tab. 5).

Das Fra Mauro-Massiv blieb bei diesen Lavaergüssen
unbedeckt. Hier liegt das Auswurfmaterial aus dem
Imbriumkrater noch heute an der Oberfläche. Apollo 14

brachte Proben dieses Materials zur Erde.

Diese und die übrigen Altersangaben in Tab. 5 entsprechen dem Erstarrungsalter der jeweils jüngsten magmatischen Steine aus den jeweiligen Gebieten. Die Lava-
schicht (Basalt) im Oceanus Procellarum hat nur eine
Schichtdicke von einigen hundert Metern. Darunter liegt
in beträchtlicher Mächtigkeit Auswurfmaterial aus dem
Imbriumkrater. Vor 850 Millionen Jahren entstand in diesem Gebiet der Krater Kopernikus. Hierbei wurde die relativ dünne Basaltschicht durchschlagen und im wesentlichen Material hochgeschleudert, welches ursprünglich
aus dem Imbriumkrater stammte. Auf diese Weise erklärt
sich die Ähnlichkeit des Strahlenmaterials des Kraters
Kopernikus, das an der Landestelle von Apollo 12 gesammelt wurde, mit den Proben von Apollo 14 aus dem Fra
Mauro-Massiv. Neben dem Alter des Kraters Kopernikus
sind in der Tab. 6 auch noch die Alter einiger kleinerer
und jüngerer Krater enthalten, soweit sie auf Grund von
direkten Bestimmungen der Bestrahlungsalter über die
spallogenen Edelgase an zurückgebrachten Proben gemessen werden konnten. Diese Krater liegen alle in der unmittelbaren Umgebung der Landestellen von Apollo 12 bzw.
14 und 16.

Literatur

1 Lunar Sample Preliminary Examination Team: Science
   165, 1211-1227 (1969).
2 Turkevich, A.L., E.J. Franzgrote, and J.H. Patterson:
   Science 165, 277-279 (1969).
3 Wänke, H.: siehe in diesem Band (1974).
4 Urey, H.C.: J. Geophys. Res. 64, 1721-1737 (1959).
5 Wänke, H., H. Baddenhausen, G. Dreibus, E. Jagoutz,
   H. Kruse, H. Palme, P. Spettel, und F. Teschke:
   Geochim. Cosmochim. Acta. Im Druck.

6 Wänke, H.: Proc. Intern. Conf. on Cosmic Rays. Jaipur
   473 (1963).

7 Wänke, H.: Z. Naturforschg. 20a, 946-949 (1965).

8 Gerling, E.K., und L.K. Levskii: Dokl. Akad. Nauk.
   SSR., 110, 750-753 (1956).

9 Hintenberger, H., E. Vilcsek, und H. Wänke: Z. Naturforschg. 20a, 939-945 (1965).

10 Signer, P., and H.E. Suess: in: Earth Sciences and
   Meteoritics (Ed.: Geiss, J., and E.D. Goldberg),
   241-272, North Holland Publ. Co., Amsterdam (1963).

11 Pepin, R.O., and P. Signer: Science 143, 253-265
   (1965).

12 Zähringer, J., und W. Gentner: Z. Naturforschg. 15a,
   600-602 (1960).

13 Hintenberger, H., H.W. Weber, H. Voshage, H. Wänke,
   F. Begemann, and F. Wlotzka: Proc. Apollo 11 Lunar
   Sci. Conf., Geochim. Cosmochim. Acta, Suppl. 1(2),
   1269-1282 (1970).

14 Eberhardt, P., J. Geiss, H. Graf, N. Grögler,
   U. Krähenbühl, H. Schwaller, J. Schwarzmüller, and
   A. Stettler: Proc. Apollo 11 Lunar Sci. Conf., Geo-
   chim. Cosmochim. Acta, Suppl. 1(2), 1037-1070 (1970).

15 Hintenberger, H., H.W. Weber, and N. Takaoka: Proc.
   Second Lunar Sci. Conf., Geochim. Cosmochim. Acta,
   Suppl. 2(2), 1607-1626 (1971).

16 Bühler, F., P. Eberhardt, J. Geiss, J. Meister, and
   P. Signer: Science 166, 1502-1503 (1969).

17 Geiss, J., F. Bühler, H. Cerutti, P. Eberhardt, and
   Ch. Filleux: Apollo 16 Preliminary Science Report,
   NASA SP-315, 14,1-14,10 (1972).

18 Jeffery, P.M., and E. Anders: Geochim. Cosmochim.
   Acta 34, 1175-1198 (1970).

19 Black, D.C.: Geochim. Cosmochim. Acta 36, 377-394
   (1972).

20 Cameron, A.G.W.: in: Origin and Distribution of the
    Elements (Ed.: Ahrens, L.H.) 125-143, Oxford, Per-
    gamon Press (1968).

21 Heymann, D., A. Yaniv, J.A.S. Adams, and G.E. Fryer:
    Science 167, 555-558 (1970).

22 Manka, R.H., and F.C. Michel: Science 169, 278-280
    (1970).

23 Baur, F., U. Frick, H. Funk, L. Schultz, and P. Signer
    Proc. Third Lunar Sci. Conf., Geochim. Cosmochim.
    Acta, Suppl. 3(2), 1947-1966 (1972).

24 Wänke, H., und H. König: Z. Naturforschg. 14a, 860-
    866 (1959).

25 Turner, G.: Proc. Apollo 11 Lunar Sci. Conf., Geo-
    chim. Cosmochim. Acta, Suppl. 1(2), 1665-1684 (1970).

26 Turner, G.: Earth Planet. Sci. Letters 11, 169-191
    (1971).

27 Papanastassiou, D.A., and G.J. Wasserburg: Earth
    Planet. Sci. Letters 17, 52-63 (1972).

28 Wänke, H., F. Wlotzka, H. Baddenhausen, A. Balacescu,
    B. Spettel, F. Teschke, E. Jagoutz, H. Kruse,
    M. Quijano-Rico, and R. Rieder: Proc. Second Lunar
    Sci. Conf., Geochim. Cosmochim. Acta, Suppl. 2(2),
    1187-1208 (1971).

29 Eberhardt, P., P. Eugster, J. Geiss, N. Grögler,
    J. Schwarzmüller, A. Stettler, and L. Weber: in:
    Lunar Science III (Ed.: Watkins, C.), Lunar Science
    Institute Contr. No. 88 (Houston), (1972).

30 Morgan, J.W., R. Ganapathy, J.C. Laul, and E. Anders:
    Geochim. Cosmochim. Acta 37, 141-154 (1973).

Anschrift des Verfassers: H. Wänke, Max-Planck-
Institut für Chemie, Abteilung Kosmochemie, Saarstraße 23,
D-6500 Mainz, Bundesrepublik Deutschland.

HELIUM, NEON UND ARGON IN EINIGEN STEINMETEORITEN

L. SCHULTZ und P. SIGNER, Zürich

Zusammenfassung

Die Konzentration und Isotopenzusammensetzung von He, Ne und Ar wurde in 15 Chondriten bestimmt. 6 von diesen Meteoriten erlitten Diffusionsverluste von ^{3}He. ^{21}Ne-Bestrahlungsalter wurden berechnet mit Produktionsraten, deren Abhängigkeit von der Lage der Probe im Meteoriten über die gemessenen ^{22}Ne/^{21}Ne-Verhältnisse als Maß für die Tiefenabhängigkeit korrigiert wurde. Diese Korrektur des ^{21}Ne-Alters vermindert den Unterschied zu den ^{3}He-Bestrahlungsaltern deutlich.

Abstract

Concentration and isotopic composition of He, Ne, and Ar have been measured in 15 chondrites. 6 of these meteorites suffered diffusion losses of ^{3}He. The ^{21}Ne-exposure ages have been calculated with shielding-corrected production rates based on measured ^{22}Ne/^{21}Ne used as depth sensors. This procedure reduces the difference between ^{3}He- and ^{21}Ne-exposure ages significantly.

1. Einleitung

Aus den Konzentrationen der Edelgasisotope in Meteoriten kann auf verschiedene Ereignisse in der Entwicklungsgeschichte dieser Körper geschlossen werden. In Steinmeteoriten können neben der Bestimmung von Edelgasaltern (U,Th-He und K-Ar) und Bestrahlungsaltern thermische Einflüsse durch Diffusionsverluste von ^{3}He nachgewiesen werden.

Wir haben die Konzentrationen der Isotope von He, Ne und Ar in 15 verschiedenen Steinmeteoriten bestimmt, wobei 12 Chondrite bislang nicht auf Edelgase untersucht wurden. Besondere Bedeutung in dieser Diskussion soll der Berechnung von Bestrahlungsaltern zukommen.

2. Resultate und Diskussion

Die benutzte Apparatur und experimentelle Einzelheiten wurden kürzlich beschrieben.[1,2] Die Reproduzierbarkeit der Meßwerte ist aus den wiederholten Messungen des als Standard verwendeten Meteorits Bruderheim ersichtlich (Tab. 1). Die Ergebnisse der übrigen Meteorite sind in Tab. 2 zusammengefaßt. Die benutzten Probenmengen lagen zwischen 90 und 350 mg, die angegebenen Fehler stellen die Summe der Fehler aus den statistischen Meßfehlern (1σ) und den abgeschätzten Fehlern der Eichung und Untergrundkorrektur dar.

Keiner der untersuchten Chondrite enthält beträchtliche Mengen solarer Uredelgase. Allein Indio Rico zeigt Spuren dieser Gase, die sich im Isotopenverhältnis des Neons und in dem zum K-Ar-Alter relativ hohen U,Th-He-Alter äußern. ^{3}He und ^{21}Ne in den anderen Meteoriten sind also rein spallogenen Ursprungs, d.h. durch die Einwirkung der kosmischen Strahlung auf die Meteoritenmaterie entstanden. Nur in einigen Fällen ist das spallogene ^{22}Ne durch eine geringfügige Korrektur ($<1\%$)

berechnet worden. Auf die Berechnung von spallogenem ^{38}Ar wurde hingegen verzichtet, da wegen der kleinen Mengen und der Korrektur auf primordiales Argon dieser Wert mit einem hohen Unsicherheitsfaktor belastet ist.

Die Berechnung von Bestrahlungsaltern allein aus spallogenen Edelgaswerten mit einer konstanten Produktionsrate ist mit einem systematischen Fehler behaftet. Die Produktionsraten hängen vom Energiespektrum am Probenort ab. Dieses wird bestimmt durch Größe und Form des Meteoroiden sowie der Lage der Probe in ihm.

Eine erste empirische Näherung für die Bestrahlungsalter ist durch die Abhängigkeit der Verhältnisse ^{3}He/^{21}Ne und ^{22}Ne/^{21}Ne von der Energie der erzeugten Strahlung möglich (Abb. 1). Die Linie B wurde aus der Messung ver-

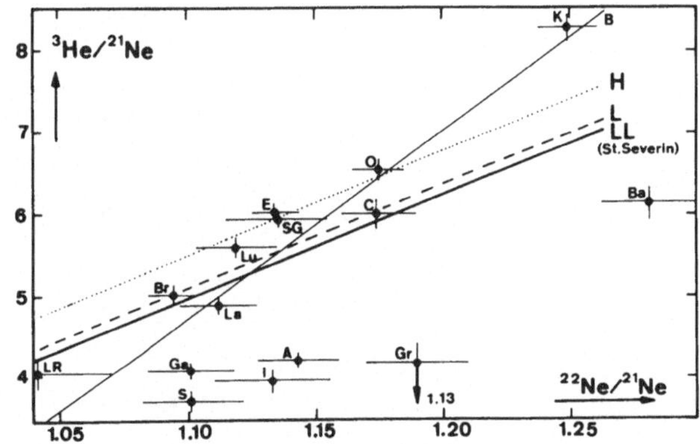

Abb. 1. Die spallogenen Verhältnisse ^{3}He/^{21}Ne und ^{22}Ne/^{21}Ne sind in Steinmeteoriten korreliert. Die Gerade LL gibt die gemessene Beziehung für den LL-Chondriten St. Severin wieder. Die Geraden L und H (für L-Chondrite bzw. H-Chondrite) wurden aus LL mit den durch chemische Unterschiede hervorgerufenen unterschiedlichen Produktionsraten für ^{21}Ne erzeugt. Die Linie B wurde an Proben verschiedener Steinmeteorite gemessen.[3] Chondrite mit ^{3}He-Verlust sind in dieser Darstellung deutlich zu erkennen.

Tabelle 1. Edelgaskonzentrationen im Bruderheim Berkeley Standard
BRU-7-23

Datum der Messung	Probengewicht (mg)	^{3}He $(10^{-8}$cc STP/g)	^{4}He
23. Juli 1969	225,13	5o,5 $\pm$o,6	5o2 $\pm$ 5
24. Juli 1969	351,o9	51,o $\pm$o,6	525 $\pm$ 6
28. Juli 1969	268,o9	5o,7 $\pm$o,9	529 $\pm$ 5
27. Aug. 1969	97,27	5o,3 $\pm$1,2	529 $\pm$13
1o. Dez. 1969	3o1,96	5o,o $\pm$o,9	527 $\pm$ 5
11. Feb. 197o	27o,5o	5o,9 $\pm$o,5	525 $\pm$ 5
25. Feb. 197o	225,77	52,o $\pm$o,5	522 $\pm$ 5
17. Nov. 197o	278,54	51,3 $\pm$o,5	546 $\pm$ 6
27. Apr. 1971	3o4,25	5o,7 $\pm$o,8	544 $\pm$ 7
5. Mai 1971	225,78	51,7 $\pm$o,6	543 $\pm$ 9
2. Feb. 1972	248,5	51,o $\pm$1,o	546 $\pm$ 8
9. Feb. 1972	148,13	52,o $\pm$1,2	546 $\pm$ 9
22. März 1972	286,4	51,4 $\pm$1,3	538 $\pm$11
5. Juli 1972	218,57	52,o $\pm$o,6	555 $\pm$ 6
2o. Mai 1973	117,o6	53,3 $\pm$o,6	58o $\pm$ 6

^{20}Ne	^{21}Ne	^{22}Ne	^{36}Ar	^{38}Ar	^{40}Ar
		(10^{-8}cc STP/g)			
9,oo	9,8o	1o,8o	1,53	1,62	1217
±o,13	±o,16	±o,15	±o,o3	±o,o5	±23
9,42	1o,o8	11,1o	1,5o	1,51	1229
±o,15	±o,17	±o,18	±o,o3	±o,o2	±28
9,2o	1o,o5	11,o5	1,43	1,49	1194
±o,14	±o,15	±o,18	±o,o3	±o,o3	±2o
9,21	1o,o7	1o,99	1,38	1,44	1228
±o,3o	±o,27	±o,36	±o,o7	±o,o4	±38
9,45	1o,1o	11,1o	1,58	1,51	13oo
±o,12	±o,13	±o,12	±o,ʋ7	±o,o4	±22
9,44	1o,15	11,15	-	-	-
±o,11	±o,o9	±o,13			
9,6o	1o,45	11,5o	1,59	1,51	132o
±o,1o	±o,12	±o,14	±o,o6	±o,o4	±3o
9,92	1o,24	11,2o	2,o1	1,6o	141o
±o,11	±o,o7	±o,11	±o,o3	±o,o2	±16
9,34	1o,oo	1o,99	1,31	1,42	1126
±o,15	±o,11	±o,17	±o,o3	±o,o3	±3o
1o,4o	1o,31	11,38	1,61	1,54	1255
±o,4o	±o,11	±o,16	±o,o5	±o,o3	±25
9,5	1o,1	11,2o	1,62	1,54	136o
±o,3	±o,2	±o,25	±o,o5	±o,o7	±26
9,6o	1o,3o	11,1o	1,48	1,47	116o
±o,3o	±o,3o	±o,28	±o,o6	±o,o3	±3o
9,7o	9,9o	1o,8o	1,62	1,54	126o
±o,75	±o,77	±o,8o	±o,o4	±o,o3	±15
1o,1o	1o,45	11,43	1,37	1,45	1215
±o,16	±o,16	±o,16	±o,o3	±o,o2	±15
1o,25	1o,7o	11,7o	1,73	1,5o	131o
±o,13	±o,11	±o,12	±o,o9	±o,o4	±25

Tabelle 2. Edelgaskonzentrationen, Bestrahlungsalter und Edelgasalter

Name (Klasse)	Herkunft[+]	^{3}He	^{4}He	^{2o}Ne	^{21}Ne	^{22}Ne
				$(1o^{-8}cm^3STP/g)$		
Armel (L)	AML	17,o	176	4,08	4,03	4,61
		$\pm$o,2	$\pm$ 2	$\pm$o,06	$\pm$o,o4	$\pm$o,o7
Barwise (H)	AML	9,85	995	1,7o	1,6o	2,o5
		$\pm$o,2o	$\pm$12	$\pm$o,02	$\pm$o,02	$\pm$o,03
Bruderheim (L6)[*]	UCB	51,3	535	9,61	1o,21	11,17
		$\pm$o,7	$\pm$16	$\pm$o,3o	$\pm$o,18	$\pm$o,25
Claytonville (L)	AML	13,8	168o	2,3o	2,3o	2,7o
		$\pm$o,2	$\pm$2o	$\pm$o,03	$\pm$o,o4	$\pm$o,03
Eichstädt (H5)	ZH	46,2	166o	7,23	7,67	8,69
		$\pm$o,4	$\pm$13	$\pm$o,1o	$\pm$o,06	$\pm$o,08
Garraf (L6)	ZH	28,9	1355	6,48	7,12	7,84
		$\pm$o,3	$\pm$15	$\pm$o,11	$\pm$o,09	$\pm$o,14
Gruver (H4)	AML	1,66	132	1,9	1,48	1,82
		$\pm$o,03	$\pm$ 2	$\pm$o,3	$\pm$o,02	$\pm$o,o5
Indio Rico (H6)	ZH	4,1	674	1,56	1,o4	1,23
		$\pm$o,1	$\pm$1o	$\pm$o,06	$\pm$o,o4	$\pm$o,06
Kiel (L)	UK	26,1	119o	3,25	3,15	3,93
		$\pm$o,3	$\pm$12	$\pm$o,o5	$\pm$o,03	$\pm$o,o4
Lakewood (L)	AML	33,1	1425	7,o3	6,81	7,57
		$\pm$o,4	$\pm$15	$\pm$o,o7	$\pm$o,1o	$\pm$o,09
Little River (H)	AML	5,58	12oo	1,4o	1,38	1,44
		$\pm$o,09	$\pm$2o	$\pm$o,03	$\pm$o,o4	$\pm$o,03
Lucè (L)	ZH	66,o	114o	11,2o	11,8o	13,2o
		$\pm$o,5	$\pm$2o	$\pm$o,1o	$\pm$o,2o	$\pm$o,15
Oesede (H)	ZH	17,3	159o	2,67	2,65	3,12
		$\pm$o,4	$\pm$1o	$\pm$o,o5	$\pm$o,o4	$\pm$o,03
St.Germain-du-Pinel[**] (H)	ZH	62,2	2o2o	9,86	1o,46	11,85
		$\pm$o,6	$\pm$17o	$\pm$o,2o	$\pm$o,3o	$\pm$o,3o
Ställdalen	ZH	3,6o	68,5	1,15	o,98	1,1o
		$\pm$o,o5	$\pm$ 2,o	$\pm$o,o5	$\pm$o,02	$\pm$o,02

[+] AML: American Meteorite Laboratory, Denver. UCB: University of California, Berkely (Dr. H. Reynolds). UK: Universität Kiel (Prof. Dr. W. Schreyer). ZH: Immanuel Friedländer Sammlung, ETH Zürich.

[++] Berechnet mit Produktionsraten von [8]. Für ^{21}Ne$_{korr}$ siehe Text.

33

der 15 untersuchten Chondrite

^{36}Ar	^{38}Ar	^{40}Ar	Bestrahlungsalter(10^6a)[++]			Edelgasalter(10^9a)[x]	
			^{3}He[xx]	^{21}Ne	^{21}Ne$_{korr}$	U,Th-He	K-Ar
o,96 ±o,03	o,65 ±o,02	328 ± 9	(6,8)	8,6	9,0	o,35	o,78
1,36 ±o,07	o,48 ±o,02	4115 ±7o	(4,0)	3,7	4,6	2,57	3,78
1,55 ±o,09	1,51 ±o,06	127o ±8o	21,0	22,4	2o,4	o,93	1,99
o,85 ±o,08	o,24 ±o,02	58oo ±1oo	5,6	4,9	5,4	3,7o	4,35
1,78 ±o,05	1,27 ±o,07	524o ±7o	18,6	17,7	18,2	3,77	4,28
o,91 ±o,03	o,91 ±o,02	511o ±65	(11,7)	15,3	14,5	2,88	4,o5
3,77 ±o,09	o,83 ±o,02	185o ±1oo	(o,7)	3,4	3,9	~ o,35	2,65
1,98 ±o,06	o,51 ±o,02	615 ±18	(1,7)	2,4	2,5	< 2,1o	1,33
1,oo ±o,2o	o,4o ±o,2o	6o4o ±8o	1o,5	6,8	8,4	2,64	4,33
4,59 ±o,09	1,38 ±o,03	545o ±75	(13,3)	14,6	14,2	3,21	4,25
2,86 ±o,08	o,67 ±o,02	555o ±1oo	2,3	3,2	2,6	3,oo	4,28
1,74 ±o,06	1,63 ±o,o4	61oo ±2oo	26,5	24,7	24,3	2,25	4,35
1,26 ±o,03	o,64 ±o,05	52oo ±2oo	7,o	6,1	6,8	3,81	4,28
1,98 ±o,09	1,72 ±o,08	61oo ±2oo	25,1	24,2	24,8	4,o9	4,48
2,o4 ±o,03	o,52 ±o,01	65o ±5o	(1,5)	2,3	2,2	~o,15	1,38

[x] Berechnet mit folgenden Konzentrationen: H-Chondrite K=8oo ppm, U=12 ppb. L-Chondrite: K=9oo ppm, U=15 ppb, U/Th=3,6.

[xx] Eingeklammerte Werte sind durch ^{3}He-Defizit zu niedrig.

[+] Mittelwert aus Tab. 1.

[++] Mittelwert aus 5 Einzelmessungen

schiedener Steinmeteorite gewonnen[3], die Linie LL durch die Messung entlang eines radialen Bohrkerns des LL-Chondriten St. Severin.[4] Eine parallele Linie ergibt sich aus ähnlichen Messungen am L-Chondriten Keyes.[5]

Aus dieser Darstellung kann auf ein Defizit an ^{3}He geschlossen werden. Von den hier untersuchten Chondriten haben Armel, Barwell, Garraf, Indio Rico, Stålldalen und ganz besonders Gruver größere Verluste an ^{3}He erlitten. Alle diese Meteorite haben auch kleine U,Th-He-Alter, besonders Armel, Gruver und Stålldalen. Der Verlust an radiogenem ^{4}He in diesen Chondriten kann also zusammen mit dem Verlust des spallogenen ^{3}He (oder von Tritium, das in ^{3}He zerfällt) erfolgt sein. Bruderheim hingegen zeigt keinen Verlust an ^{3}He, allerdings ein niedriges U,Th-He-Alter. Dieser Meteorit hat also seinen Verlust an ^{4}He vor dem Ausbrechen aus dem Meteoritenmutterkörper erlitten.

Die Berechnung eines ^{3}He-Bestrahlungsalters von Chondriten mit ^{3}He-Verlust ergibt einen zu kleinen Wert, deshalb erscheint die Berechnung eines Bestrahlungsalters aus dem weniger leicht diffundierenden Neon[6] zuverlässiger, wenn eine entsprechende Korrektur auf die Tiefenabhängigkeit erfolgt.[7]

Die Produktionsraten[8] gelten nur für ein bestimmtes ^{3}He/^{21}Ne-Verhältnis (L-Chondrite: 5,3) und ein ^{22}Ne/^{21}Ne-Verhältnis von 1,12. Mit Hilfe der in Abb. 1 gezeigten Geraden LL läßt sich nun über das ^{22}Ne/^{21}Ne-Verhältnis die Produktionsrate jeder einzelnen Probe berechnen. Die Voraussetzungen für eine solche Berechnung sind:
1) Die für St. Severin gemessene Beziehung
$$^3He/^{21}Ne = (12\underline{+}2) \quad ^{22}Ne/^{21}Ne = (8,2\underline{+}2,5)$$
ist auch auf andere Chondrite übertragbar.

2) Die Produktionsraten für ^{3}He sind nicht tiefenabhängig.

3) Die chemischen Unterschiede der verschiedenen Meteoritenklassen bewirken kein unterschiedliches Verhalten
   des ^{22}Ne/^{21}Ne-Verhältnisses in Abhängigkeit vom Energiespektrum.

Keine dieser 3 Voraussetzungen ist streng erfüllt, deshalb sind die korrigierten ^{21}Ne-Bestrahlungsalter nur als
empirische Annäherung an das wahre Bestrahlungsalter zu
werten, wobei die Unsicherheit im Absolutwert der Produktionsrate noch nicht berücksichtigt ist.

In Tab. 2 sind neben den unkorrigierten Bestrahlungsaltern die korrigierten eingetragen. Es fällt auf, daß
für Chondrite ohne ^{3}He-Diffusionsverluste die korrigierten ^{21}Ne-Alter wesentlich "konkordanter" mit den ^{3}He-Al-
tern sind als die unkorrigierten. Die relative Diskordanz
ist bei den korrigierten Altern im Mittel nur etwa 30 %.
Natürlich kann auch die Gerade B für diese Korrektur benutzt werden; für extrem hart bestrahlte Meteorite, wie
z.B. Kiel, ist diese Korrektur sicher besser. Im Mittel
ergibt die aus St. Severin gewonnene Gerade allerdings
konkordantere Bestrahlungsalter. Für einen Vergleich von
Bestrahlungsaltern verschiedener Meteorite sind die korrigierten ^{21}Ne-Alter also besser geeignet als die unkorrigierten Alter oder die auf Diffusionsverluste anfälligen
^{3}He-Alter.

Eine verbesserte, physikalisch begründete Korrektur
wäre wertvoll zur Klärung der Frage, ob die Häufung der
Bestrahlungsalter der Meteoritenklassen bei bestimmten
Alterswerten diskrete Produktionsereignisse darstellen.[9]
Weiter könnte die Frage einer Vorbestrahlung zu einem
frühen Zeitpunkt in der Geschichte der Meteorite näher
untersucht werden. Eine exakte Korrektur erfordert aber
ein Modell für den Produktionsprozeß spallogener Kerne.
Da zur Zeit ein befriedigendes Modell noch nicht bekannt
ist, ist die oben beschriebene Korrektur der Bestrahlungsalter als ein Schritt zu verläßlichen relativen Bestrahlungsaltern zu werten.

Literatur

1   Nyquist, L., H. Funk, L. Schultz and P. Signer:
    Geochim. Cosmochim. Acta 37, 1655-1685 (1973).

2   Schultz, L.:Habilitationsschrift ETH Zürich, (1973).

3   Eberhardt, P., O. Eugster, J. Geiss und K. Marti:
    Zs. Naturforsch. 21a, 414-426 (1966).

4   Wright, R.J., L.A. Simms, M.A. Reynolds and D.D.
    Bogard: J. Geophys. Res. 78, 1308-1318 (1973).

5   Schultz, L., D. Phinney and P. Signer: 36th Annual
    Meeting Meteoritical Society, Davos (Abstracts),
    1973, 131.

6   Huneke, L.C., L.E. Nyquist, H. Funk, V. Köppel, and
    P. Signer: in: Meteorite Research (Ed.: Millman,
    P.M.), 901-921 (1969).

7   Bogard, D.D., M.A. Reynolds, and L.A. Simms:
    Preprint 1973 (submitted to Geochim. Cosmochim. Acta)

8   Herzog, G.F., and E. Anders: Geochim. Cosmochim.
    Acta 35, 605-611 (1971).

9   Geiss, J., H. Oeschger und P. Signer: Zs. Natur-
    forsch. 15a, 1016-1017 (1960).

Anschrift der Verfasser: L. Schultz und P. Signer,
Eidgenössische Technische Hochschule Zürich, Laboratorium
für Isotopengeologie und Massenspektrometrie, Sonnegg-
straße 5, CH-8006 Zürich, Schweiz.

INTERSTELLARE EDELGASANTEILE IM SONNENWIND (He, Ne, Ar)

H.J. FAHR, Bonn

Zusammenfassung

Die relativen Elementhäufigkeiten im Sonnenwind sind mit Hilfe von Energiespektrometern und durch die Apollo-Sonnenwindsegel bestimmt worden. Es wird in dieser Arbeit untersucht, inwieweit die so bestimmten Häufigkeiten für die Zusammensetzung des ursprünglichen, aus der solaren Korona herstammenden Sonnenwindes charakteristisch sind. Insbesondere wird der Einfluß des in das Sonnensystem eindringenden interstellaren Neutralgases auf die gemessenen Häufigkeiten untersucht. Es wird hierbei deutlich, daß das interstellare Gas beim Vordringen gegen die Sonne sehr starke Verschiebungen der relativen Elementhäufigkeiten erfährt. Dies bringt es mit sich, daß Sonnenwindmessungen der oben erwähnten Art in speziellen Fällen einer Korrektur bedürfen.

Abstract

Relative elemental abundances in the solar wind have been determined by means of energy spectrometers and solar wind collection foils. It is discussed in this paper whether abundances derived from such measurements are characteristic for the elemental composition of the

original solar wind and solar corona. In particular,
the influence of the neutral interstellar gas entering
the solar system on the measured abundances is studied.
It is shown that the interstellar gas suffers appreciable
changes in its relative elemental composition, while
advancing towards the sun. This leads to the conclusion
that in special cases solar wind abundance measurements
may have to be corrected for a contribution from the
interstellar gas.

1. Einleitung

Massenspektrometer haben an Bord zahlreicher Raum-
sonden die Ionenzusammensetzung des Sonnenwindes zu ermitteln versucht und dabei viele interessante Ergebnisse erhalten[1,2,3]. Da diese Ergebnisse jedoch über eine
Energie-pro-Ladungs-Analyse des Sonnenwindplasmas gewonnen wurden, so verbleiben hinsichtlich der Identi-
fizierbarkeit der Ionen große Unsicherheiten. Häufig-
keitspeaks in den Massenspektrogrammen lassen sich meist
nicht eindeutig einer bestimmten Ionensorte zuordnen.
Diese Unsicherheiten der Zuordnung treffen insbesondere
die schwereren Elemente, die in mehreren Ladungszuständen auftreten können. Hier ist man darauf angewiesen, von Ladungszuständen auszugehen, die sich von der
Annahme des thermodynamischen Gleichgewichtes in der
Korona her empfehlen.

Da die Massenspektrogramme eine Auflösung einzelner
Ionenpeaks nur etwa bis 15 keV/Nukleon zulassen, fehlen
in den massenspektrometrischen Messungen auch jegliche
Informationen über schwerere Ionenbestandteile des Sonnenwindes. Die Elementzusammensetzung unseres solaren
Urnebels, aus dem unser heutiges Sonnensystem hervorge-
gangen ist, spiegelt sich gerade in diesen schweren Bestandteilen; viel mehr als in den leichten Bestandteilen,

deren Abundanzen durch die nuklearen Prozesse im Inneren
der Sonne wesentlich beeinflußt sind. Insbesondere die
relativen Häufigkeiten der schwereren Edelgasisotope von
Neon aufwärts sind der beste Wegweiser in der Frage nach
der Abstammung unserer Planeten und ihrer Atmosphären.
Da die Edelgasisotopenverhältnisse von Neon, Argon, Krypton und Xenon in den Planetenatmosphären weder durch chemische Prozesse noch durch gravitative Fraktionierungen
wesentlichen Veränderungen unterliegen, wird sich an
einem Vergleich dieser Verhältnisse mit den entsprechenden Isotopenverhältnissen des solaren Urnebels klar ab-
lesen lassen, welcher Herkunft unsere Planeten sind.

Um nun diese Verhältnisse für den solaren Urnebel zu
bestimmen, ist man darauf angewiesen,sich an den Sonnenwind als dafür geeigneten Indikator zu wenden, da hierzu
aus optischen Beobachtungen der Sonne kaum Informationen
zu gewinnen sind. Messungen der Edelgasisotopenverhältnisse im Sonnenwind, wie sie mit Massenspektrometern
nicht zu erzielen sind, werden nun seit einigen Jahren
von Geiss[4] und Geiss et al.[5,6,7] anhand von Aluminium-
folien durchgeführt, die von den Apollo-Astronauten mit
bestimmten Anstellwinkeln gegen die Strömungsrichtung des
Sonnenwindes auf dem Mond aufgespannt worden sind. Die
auf das sog. Sonnenwindsegel auftreffenden Partikel werden mit bestimmten Wahrscheinlichkeiten in der Oberfläche des Segels adsorbiert und können später massenspektro-
metrisch untersucht werden. Die relativen Mengen der von
der Al-Folie aufgesammelten Isotope des Neons und Argons
dienen dann als Indikatoren für die entsprechenden Ionen-
abundanzen im Sonnenwind.

2. Interstellare Edelgase im Sonnensystem

Neben den Plasmabestandteilen des primären, also aus
der solaren Korona herstammenden Sonnenwindes trifft man
jedoch im Sonnensystem neutrale und ionisierte Bestand-

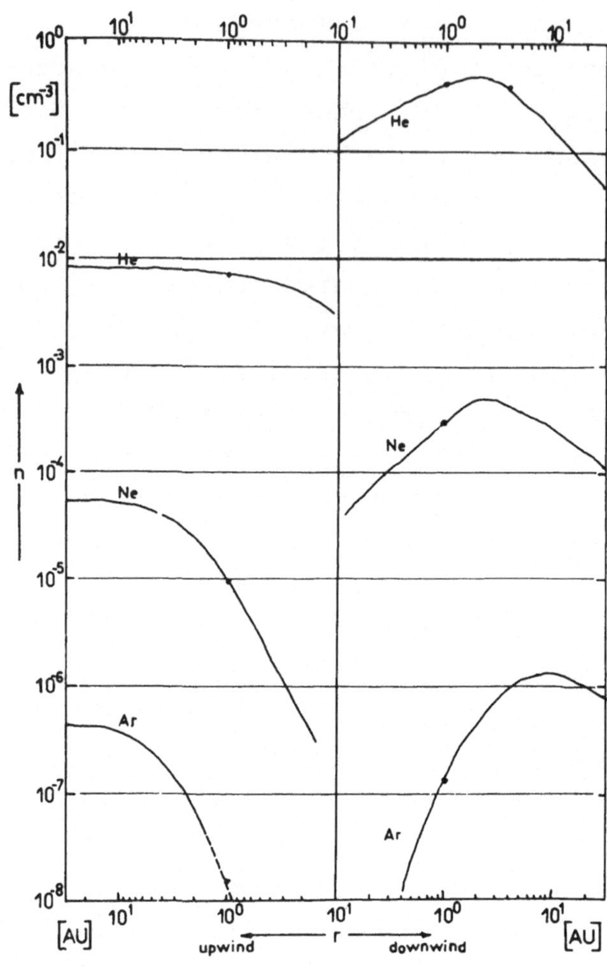

Abb. 1. Dichten von interstellarem He, Ne und Ar gegen den Abstand von der Sonne in Anflug- und Abflugrichtung der Interstellarmaterie.

teile des interstellaren Mediums an. So ist zum Beispiel die Existenz von interplanetarem Wasserstoff durch die Messung des extraterrestrischen Lyman-α-Lichtes durch Thomas und Krassa[8] sowie Bertaux und Blamont[9] absolut gesichert, und für die Existenz von interstellarem Helium im Sonnensystem sind durch die Messungen des extraterrestrischen He-584 Å Hintergrundes durch Weller und Meier[10] starke Evidenzen gegeben. Theoretische Berechnungen der

Dichte von Wasserstoff und Helium im Sonnensystem sind von Fahr[11,12], Holzer und Axford[13] und Feldman et al.[14] durchgeführt worden. Mit den bei Axford[15] angegebenen Ionisationsraten für Helium, Neon und Argon im Sonnenwind bei 1 a.E. lassen sich nach der Theorie von Fahr[11] die interplanetaren Dichten dieser Edelgase, wie sie in Abb. 1 gezeigt sind, berechnen. Die Dichten von He, Ne, Ar außerhalb des Sonnensystems sind hierbei über die bei Unsöld[16] angegebenen kosmischen Abundanzen, basierend auf einer Wasserstoffdichte von $0{,}1$ cm^{-3} außerhalb des Sonnensystems[17,18,19,20], festgelegt worden. Die interstellare Heliumdichte ist an einer radiospektroskopischen Messung von Mezger et al.[21] orientiert, in der eine Heliumabundanz von 8 Prozent für das interstellare Medium angezeigt ist.

Man erkennt deutliche Unterschiede zwischen der Dichteverteilung auf der Anflugseite des Sonnensystems und derjenigen auf der Abflugseite, wo der stark ausgeprägte Fokussierungseffekt des solaren Gravitationsfeldes starke Dichteerhöhungen der strömenden Edelgase bewirkt. Hier auf der Abflugseite resultieren für alle gezeigten Edelgase Dichten, die wesentlich höher als die interstellaren Anfangsdichten sind.

3. Verschiebungen der relativen Abundanzen

Aufgrund dieser Fokussierungs- und Ionisierungsprozesse, die die interstellare Materie beim Eindringen in das Sonnensystem erfährt, ändert sich die relative Elementzusammensetzung dieses Gases beim Vordringen gegen die Sonne ganz entscheidend. Die relativen Abundanzen weichen hier ganz dramatisch von ihren kosmischen Werten ab, wie dies in Abb. 2 gezeigt wird. Insbesonders auf der Abflugseite des Sonnensystems, die der Anflugrichtung des interstellaren Gases entgegengesetzt ist, weist das in-

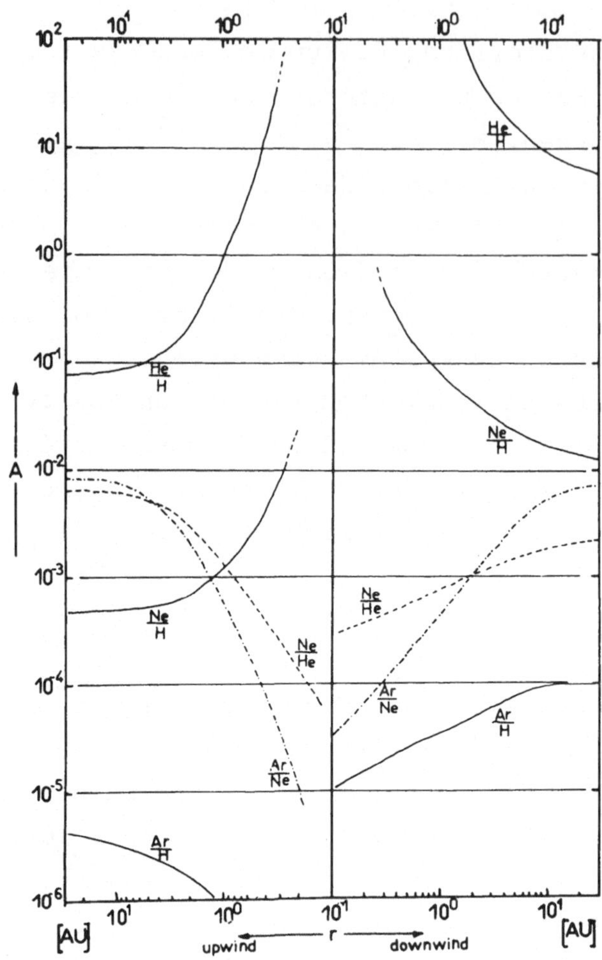

Abb. 2. Gezeigt sind gegen den Abstand von der Sonne in
Anflug- und Abflugrichtung die Edelgasverhältnisse gegen
Wasserstoff (durchgezogene Linien), gegen Helium (ge-
strichelte Linien) und gegen Neon (punkt-gestrichelte
Linien).

terstellare Gas völlig veränderte Zusammensetzungen auf.
Die Abweichungen gegenüber den kosmischen und den für
den Sonnenwind als charakteristisch angegebenen Abundanzen sind in Abb. 3, die aus einer Arbeit von Geiss[4] übernommen wurde, zusammengestellt.

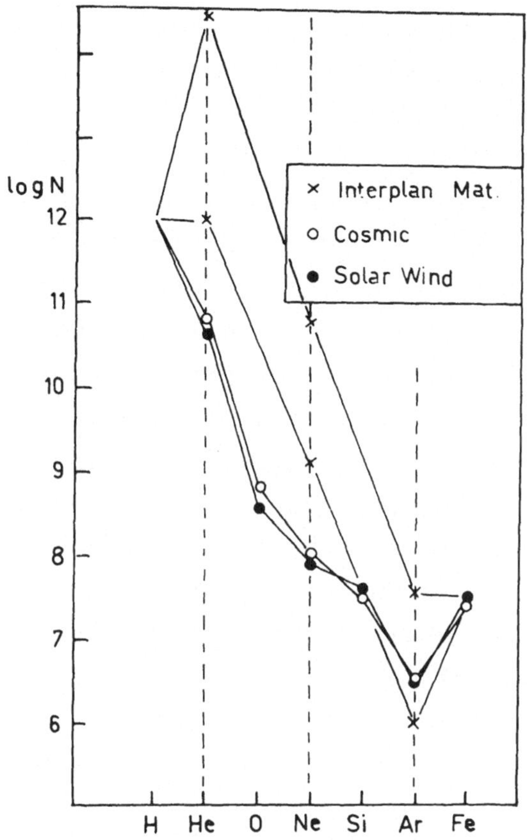

Abb. 3. Element-Abundanzen, bezogen auf $\text{Log}(N_H) = 12$. Offene Kreise geben die Werte für die kosmischen Abundanzen, geschlossene Kreise geben die Werte für den Sonnenwind, Kreuze geben die Werte für die Interstellarmaterie im Sonnensystem bei 1 a.E. in Anflug- und Abflugrichtung an. Das Diagramm ist übernommen von Geiss[4].

4. Sekundärionen im Sonnenwind

Ionen, die durch die Ionisation neutraler Interstellarmaterie innerhalb des Sonnensystems entstehen, gehören unmittelbar nach ihrer Erzeugung nicht dem dynamischen Plasmaverband des Sonnenwindes an, das heißt, sie besitzen weder die lokale Expansionsgeschwindigkeit noch die

lokale Temperatur des Sonnenwindplasmas. Aufgrund der
Tatsache jedoch, daß das interplanetare Magnetfeld in
das hoch leitfähige Sonnenwindplasma eingefroren ist,
werden diese sog. "Sekundärionen" von dem in das expan-
dierende Plasma eingefrorenen Magnetfeld überstrichen
und infolge der dabei auftretenden Lorentzkraft nachbe-
schleunigt. Es läßt sich zeigen[22], daß die Sekundärionen
schon nach wenigen Sekunden eine mittlére Geschwindigkeit annehmen, die gleich der Sonnenwindgeschwindigkeit
ist, und daß sie eine Temperatur von einigen 10^7 bis 10^8K
repräsentieren, welche innerhalb einer Halbwertszeit von
10^2 sec über magneto-hydrodynamische Wellen an das umge-
bende Sonnenwindplasma übertragen wird [23,24]. Danach sind
die so entstandenen Sekundärionen von ihrer Temperatur
und ihrer Geschwindigkeit her nicht mehr von den solaren
Primärionen zu unterscheiden. Lediglich ihr Ladungszu-
stand kann deutlich von demjenigen des entsprechenden
Primärions abweichen. Dies kann zu interessanten Veränderungen der Ionenzusammensetzung des Sonnenwindplasmas
führen.

5. Das Problem einfach geladener Heliumionen im Sonnenwind

Die Tatsache der Existenz sekundärer Sonnenwindionen
hilft so zum Beispiel ein Rätsel zu lösen, das die massenspektrometrischen Sonnenwindanalysen den Physikern
mit dem Auftreten eines unerwartet stark ausgebildeten
Peaks bei etwa 4 KeV/Nukleon aufgaben, der ganz offensichtlich von einfach geladenen Heliumionen herrührt.
Nach thermodynamischen Gleichgewichtsrechnungen für den
Ionenzustand in einer 10^6 K-heißen Korona wäre zu erwarten, daß einfach geladene Heliumionen gegenüber zweifach
geladenen Heliumionen (Alpha-Teilchen) im Sonnenwind mit
einer Häufigkeit von 10^{-6} vorkommen sollten. Dagegen

zeigen die Vela-3 Spektrogramme, daß deren Häufigkeit um gut drei Größenordnungen höher liegt [25]. Die Erklärung für das Auftreten solch anomal hoher He^+-Dichten scheint eindeutig in der Tatsache der Existenz von Heliumsekundärionen zu finden zu sein. Neutrales interstellares Helium wird im Sonnensystem durch Photoionisation oder durch Ladungsaustausch ionisiert und als einfach geladenes Heliumsekundärion in den Sonnenwindverband eingegliedert. Die Berechnung der resultierenden He^+-Dichten im interplanetaren Raum als Funktion des Abstandes von der Sonne und des Winkels gegen die Anflugrichtung der Interstellarmaterie ist von Fahr[26] durchgeführt worden. Wie Abb. 4 zeigt, führen diese Rechnungen bei Annahme

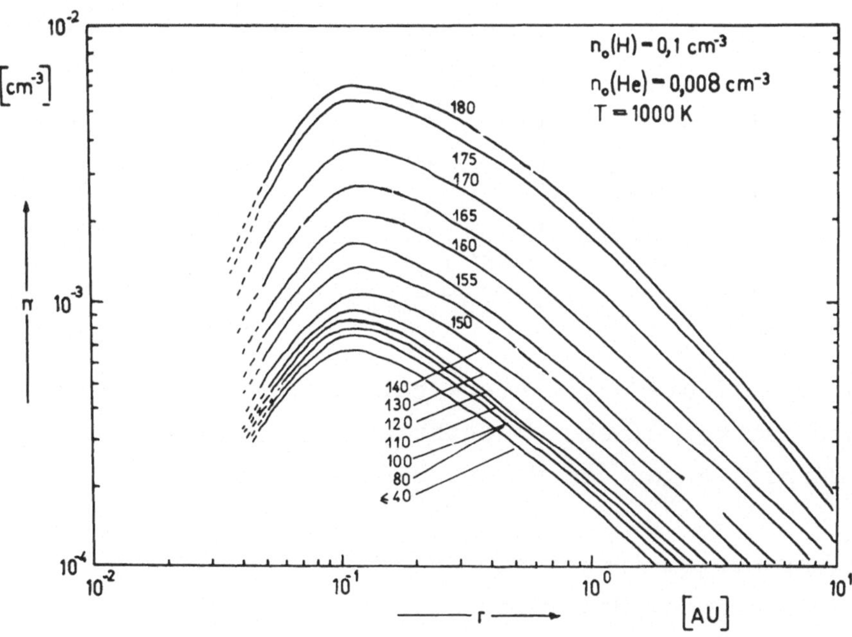

Abb. 4. Helium-Sekundärionen (He^+-Ionen) entstehen aus dem interstellaren Heliumgas im Sonnensystem. Ihre Dichte ist gegen den Abstand von der Sonne für verschiedene Winkel gegenüber der Anflugrichtung wiedergegeben.

eines plausiblen Heliumdichtewertes von 0,08 cm^{-3} außerhalb des Sonnensystems zu interplanetaren He^{+}-Dichten,
die bei einem Sonnenabstand von 1 a.E. sehr gut mit den
beobachteten Werten übereinstimmen. In Abb. 5 ist eine

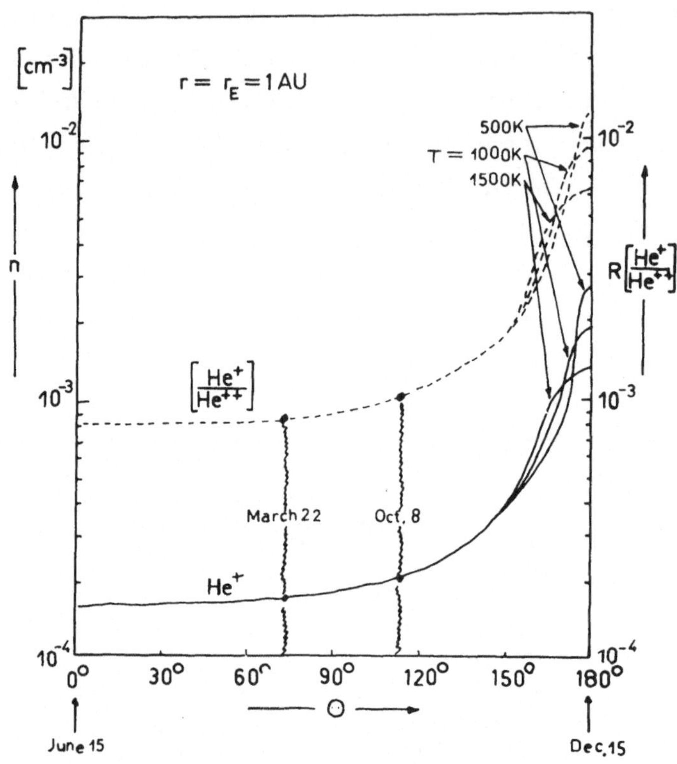

Abb. 5. Die Dichte der einfach geladenen Helium-Sekundärionen ist bei einem Sonnenabstand von 1 a.E. längs
des Erdorbits gegen den Winkel Θ aufgetragen.

Verteilung der zu erwartenden He^{+}-Dichten über den Erd-
orbit aufgetragen. Man erkennt, daß die He^{+}-Dichten um
mehr als eine Größenordnung ansteigen, wenn die Erde
ihre Position von der Anflugseite zur Abflugseite des
Erdorbits hin verlagert. Da der Anflugvektor der Interstellarmaterie mit Koordinaten von $\alpha = 263°$; $\delta = -23°$ durch
Lyman-α-Messungen von Thomas[27] gut bekannt ist, lassen sic
diese Positionen exakt mit den Monaten korrelieren, zu

denen die Erde diese Positionen einnimmt. Aus diesem
Grunde ist es möglich, die Vela-3-Messungen vom Oktober
1965 und März 1966 exakt in die Dichteverteilung der
Abb. 5 einzuordnen, und es zeigt sich, daß auch die Relation der Oktober-Messungen zu den März-Messungen von
der Theorie gut beschrieben wird. Es zeigt sich also
hier, daß Ionen mit unerwarteten Ladungszuständen im
Sonnenwind eine Rolle spielen können, da sie als Sekundärionen aus den Atomen des interstellaren Gases im interplanetaren Raum entstehen können.

Ähnliches gilt auch für die Neon- und Argonionen des
Sonnenwindes. Von der solaren Korona her würde man diese
Ionen als achtfach geladene Ionenspezies erwarten. Als
Sekundärionen können diese Ionen aber auch einfach ge-
laden auftreten, da sie im Sonnenwind aus neutralem
Neon und Argon entstehen können und vom eingefrorenen
Magnetfeld des Sonnenwindes mitgeführt werden. Abb. 6
zeigt nun die aufgrund der in Abb. 1 gezeigten Dichten
des Neons und Argons im Sonnenwind zu erwartenden Dichten der entsprechenden Sekundärionen Ne^+ und Ar^+. Besonders hohe Sekundärionendichten sind ersichtlich in
der Richtung entgegengesetzt der Richtung des Anfluges
der interstellaren Materie zu erwarten, wo die Gravita-
tionsfokussierung besonders hohe Neutralgasdichten resultieren läßt.

6. Möglicher Einfluß auf die Messungen des Sonnensegels

Wenn die Apolloastronauten nun ihr Sonnensegel auf
dem Mond aufspannen, so wird dieses nicht nur von den
Primärionen, sondern auch von den Sekundärionen des Sonnenwindes getroffen. Da die auftreffenden Ionen bei der
Adsorption auf der Aluminiumoberfläche des Segels neutra-
lisiert werden, so ist nachträglich an den insgesamt
aufgesammelten Edelgasanteilen nicht mehr feststellbar,
ob sie von primären oder sekundären Edelgasionen herrüh-

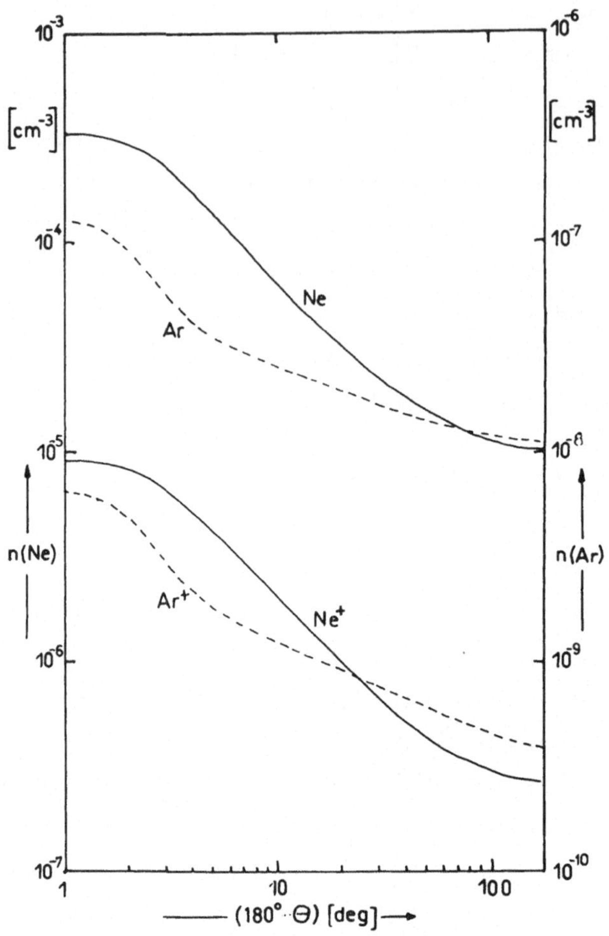

Abb. 6. Die Dichten von interstellarem Neon und Argon,
sowie die Dichten von sekundären Ne^+- und Ar^+-Ionen
sind bei einem Sonnenabstand von 1 a.E. gegen den Winkel
(180- Θ) gegen die Abflugrichtung längs des Erdorbits
aufgetragen.

ren, denn in der Folie sind He^{++}- nicht von He^+-Ionen,
Ne^+-Ionen nicht von achtfach geladenen Neonionen usw.
zu unterscheiden. Man muß sich also die Frage stellen,
ob die gemessenen Edelgasanteile der Mondfolie wirklich
Primärionen-typisch sind, oder ob hier eventuell Einflüss

der interstellaren Materie mit ihren völlig anomalen Abundanzen eine Rolle spielen könnten.

Da die He^+-Ionendichten um den Faktor 10^3 unter den solaren He^{++}-Dichten liegen, kommt eine Beeinträchtigung der Heliumanteile durch He^+-Sekundärionen in der Aluminiumfolie kaum in Frage. Auch die relativ niedrigen Ne^+- und Ar^+-Dichten können zu den gemessenen Neon- und Argonanteilen in der Apollo-Folie keinen wesentlichen Beitrag beigesteuert haben. Sekundärionen scheinen demnach also das Bild der Edelgasionenzusammensetzung des Sonnenwindes, wie es durch die Folien gewonnen werden soll, nicht zu verfälschen.

Anders könnte eine entsprechende Untersuchung allerdings hinsichtlich der neutralen, interstellaren Edelgasanteile ausfallen. Wie in einer Veröffentlichung von Fahr und Blum[28] gezeigt ist, beläuft sich der Strom neutraler Heliumatome, der die Erde und den Mond zur Winterszeit (Nov.-Dez., Abflugseite des interstellaren Mediums) trifft, auf einige 10^6 Atome/cm^2sec mit Maximalwerten um 2.10^6 Atome/cm^2sec. Bei typischen Sonnenwindflüssen von $1,5.10^8$ Protonen/cm^2.sec und mittleren He^{++}-Ionenanteilen von 4 Prozent ergibt sich vom Sonnenwind her ein Heliumstrom von 6.10^6 Ionen/cm^2sec. Wenn also den interstellaren Heliumatomen mit ihren Einschlagenergien von 125 eV eine nicht zu ungünstige Adsorptionschance in der Al-Folie zukommt, so kann der durch interstellare Heliumatome in die Folie eingebrachte Heliumanteil durchaus mit dem vom Sonnenwind herrührenden Anteil konkurrieren.

Insbesondere auf der sonnenabgewandten Seite des Apollo-Sonnenwindsegels, die ja gegen direkte Sonnenwindionen abgeschirmt ist, könnten unter diesen Umständen interstellare Heliumatome eventuell eine Rolle für den nachzuweisenden Heliumanteil in der Folie spielen. Diese Möglichkeit, die Folienmethode für die Untersuchung der Ele-

50

mentenzusammensetzung und der Isotopenhäufigkeiten des
interstellaren Gases anzuwenden, ist von Geiss[6] diskutiert worden.

Bei den interstellaren Neon- und Argonatomen sieht
die Situation wegen deren entsprechend höheren Einschlagenergien wahrscheinlich noch günstiger aus. Neon und
Argon sollten von der Al-Folie bei Energien bis 600 eV
bzw. 1250 eV mit sehr guter Wahrscheinlichkeit absorbiert
werden. Sie könnten dann zumindest bei den zur Winterszeit ausgeführten Messungen der Apollo-12-Mission (19.
Nov.) die insgesamt aufgesammelten Edelgasanteile mit
beeinflußt haben. Da jedoch gerade zu dieser Zeit, wenn
die Erde in der Abflugrichtung des interstellaren Gases
steht, die Ne/He- bzw. die Ar/Ne-Verhältnisse des interstellaren Gases, wie Abb. 2 zeigt, sehr niedrig liegen,
so sollte die Folie um diese Zeit erniedrigte Ne/He-
und Ar/Ne-Verhältnisse zeigen. Wenn man sich die Messung der einzelnen Apollo-Missionen einmal in der Gegenüberstellung ansieht, so gewinnt man den Eindruck, als
sei diese Erscheinung erniedrigter Verhältniswerte zur
Winterszeit in der Tat angedeutet. Die einzige Winter-
messung mit der Al-Folie während der Apollo-12-Mission
zeigt im Vergleich mit den anderen Messungen einen signi-
fikant zu niedrigen Ne/He- und Ar/Ne-Wert.

Literatur

1　Hirshberg, J., J.R. Asbridge, and D.E. Robbins:
　　Journ. Geophys. Res. 77, 3584-3588 (1972).

2　Robbins, D.E., A.J. Hundhausen, and S.J. Bame:
　　Journ. Geophys. Res. 75, 1178-1187 (1970).

3　Burlage, L.F., and K.W. Ogilvie: Astrophys. Journ.
　　159, 659-670 (1970).

4　Geiss, J.: Symp. on Solar Cosmic Rays, Leningrad
　　(1973).

5 Geiss, J., P. Eberhardt, F. Bühler, J. Meister, and
   P. Signer: Journ. Geophys. Res. 75, 5972-5979 (1970).

6 Geiss, J.: Asilomar Solar Wind Conf. (Ed.: Coleman,
   C.P.), NASA-Publ. (1973).

7 Geiss, J., P. Hirt, and H. Leutwyler: Solar Physics
   12, 458-483 (1970).

8 Thomas, G.E., and R.F. Krassa: Astron. Astrophys.
   11, 218-233 (1971).

9 Bertaux, J.L., and J.E. Blamont: Astron. Astrophys.
   11, 200-217 (1971).

10 Weller, C.S., and R.R. Meier: COSPAR-Conference,
    Konstanz (1973).

11 Fahr, H.J.: Astron. Astrophys. 14, 263-274 (1971).

12 Fahr, H.J.: Cosmic Plasma Conf., ESRO, Rom (1972).

13 Holzer, T.E., and W.I. Axford: Journ. Geophys. Res.
    76, 6965-6970 (1971).

14 Feldman, W.F., J.J. Lange, and F. Sherb: in: Solar
    Wind (Ed.: Sonett, C.P., P.J. Coleman Jr., and J.M.
    Wilcox), NASA SP-308, 684-697 (1971).

15 Axford, W.I.: in: Solar Wind (Ed.: Sonett, C.P.,
    P.J. Coleman Jr., and J.M. Wilcox), NASA SP-308,
    609-660 (1971).

16 Unsöld, A.: Der neue Kosmos, Springer-Verlag Heidel-
    berg (1967).

17 Fahr, H.J.: Nature 226, 435-436 (1970).

18 Thomas, G.E.: in: Solar Wind (Ed.: Sonett, C.P.,
    P.J. Coleman Jr., and J.M. Wilcox), NASA SP-308,
    668-683 (1971).

19 Fahr, H.J., and G. Lay: Mitt. Astron. Ges. Wien 32,
    198-202 (1972).

20 Bertaux, J.L.: in: Space Research 12 (Ed.: Bowhill,
    S.A., L.D. Jaffe, and M.J. Rycroft), Akademie Ver-
    lag Berlin, 1559-1567 (1972).

21 Mezger, P.: Private Mitteilg.

22 Fahr, H.J.: Solar Physics $\underline{30}$, 193-206 (1973).

23 Wu, C.S., and R.C. Davidson: Journ. Geophys. Res. $\underline{77}$, 5399-5406 (1972).

24 Wu, C.S., R.E. Hartle, and K.W. Ogilvie: Journ. Geophys. Res. $\underline{78}$, 306-309 (1973).

25 Bame, S.J., A.J. Hundhausen, G.R. Asbridge, and I.B. Strong: Phys. Rev. Letters $\underline{20}$, 393-395 (1968).

26 Fahr, H.J.: in: Space Research $\underline{13}$, 1423 (1972).

27 Thomas, G.E.: in: Solar Wind (Ed.: Sonett, C.P., P.J. Coleman Jr., and J.M. Wilcox), NASA SP-308, 668-683 (1971).

28 Fahr, H.J., and P.W. Blum: EGS-Symposium, Zürich, Sept. 1973.

Anschrift des Verfassers: H.J. Fahr, Institut für Astrophysik und Extraterrestrische Forschung der Universität Bonn, Auf dem Hügel 71, D-5300 Bonn-1, Bundesrepublik Deutschland.

SOLAR WIND NITROGEN IN LUNAR MATERIAL

O. MÜLLER, Heidelberg

Abstract

Chemically bound nitrogen contents have been determined in various lunar samples from the Apollo 11 through
Apollo 16 landing sites using the Kjeldahl method. This
technique discriminates against molecular nitrogen, N_2,
which may be a possible cause for contamination of lunar
material by terrestrial atmospheric nitrogen. The results
show that the main amount of nitrogen is present in a
bound state. Nitrogen analyses on grain size fractions
of fines have revealed that nitrogen is concentrated on
grain surfaces and is derived most likely from the solar
wind. Nitrogen can be used as a reference element in terms
of solar elemental abundances, because it is chemically
active and, therefore, is better retained in fine-grained
lunar material than the lighter solar wind noble gases.
Carbon to nitrogen atomic ratios of Apollo 14, 15 and 16
bulk fines are remarkably constant ranging from 1.35 to
1.75, and are interpreted as lower limits for the abundance ratio of these elements in the sun.

Zusammenfassung

Chemisch gebundene Stickstoffgehalte wurden in ver-
schiedenartigem Mondmaterial der Apollo 11, 12, 14, 15

54

und 16 Landegebiete mittels der Kjeldahl-Methode bestimmt
Diese Technik diskriminiert gegen molekularen Stickstoff,
N_2, der eine mögliche Ursache für die Kontamination des
Mondmaterials durch irdischen atmosphärischen Stickstoff
sein kann. Die Ergebnisse zeigen, daß die Hauptmenge des
Stickstoffs in gebundener Form vorliegt. Stickstoff-Ana-
lysen an Korngrößenfraktionen von Mondstaubproben ergaben, daß Stickstoff an Kornoberflächen konzentriert ist
und sehr wahrscheinlich vom Sonnenwind herstammt. Stickstoff eignet sich als Referenzelement für solare Elementhäufigkeiten, da er wegen seiner chemischen Reaktions-
fähigkeit in feinkörnigem Mondmaterional besser festgehalten wird als die leichten Edelgase des Sonnenwindes.
Kohlenstoff zu Stickstoff-Atomverhältnisse von Apollo 14,
15 und 16-Mondstäuben sind auffallend konstant. Sie
schwanken von 1,35 bis 1,75 und werden als untere Grenze
für das Häufigkeitsverhältnis dieser Elemente in der Sonne interpretiert.

1. Introduction

Different methods have been applied to determine
nitrogen in lunar material of the Apollo missions. Moore
et al.[1,2,3,4] have used a high temperature extraction
method by which all nitrogen compounds are finally trans-
formed to N_2. Goel and Kothari[5], and Kothari and Goel[6,7]
reported on total nitrogen contents in Apollo material
using the neutron activation reaction $^{14}N(n,p)^{14}C$. These
analytical techniques do not distinguish between different
chemical forms in which nitrogen may be present. We have
determined bound nitrogen contents in lunar bulk fines
and their grain size fractions, in breccias and in igneous
rocks using the Kjeldahl method (Müller[8,9,10]). This
technique detects nitrogen only in a bound state and
discriminates against molecular nitrogen which may be

either indigenous to lunar samples or derived from atmospheric nitrogen. Our work revealed that most of the nitrogen in lunar samples is present in a chemically bound form. This is evident when comparing our results with those of the authors[1-7] who measured total nitrogen contents.

The lunar fines contain distinctly more nitrogen compared with lunar igneous rocks. The analyses of grain size fractions of fines performed by Müller[8,9,10], and Goel and Kothari[5] yielded a distinct increase of nitrogen with decreasing grain size. Hintenberger et al.[11] found an enrichment of bound nitrogen on grain surfaces of Apollo 11 fines 10084 by using a stepwise chemical dissolution technique.

In this paper a summary is given on the significance of bound nitrogen contents in lunar samples. The aims of the investigations were: 1) to determine the abundance of chemically bound nitrogen in various Apollo samples; 2) to study the dependence of bound nitrogen on surface area in grain size fractions of lunar fines; 3) to compare ^{4}He/N and ^{20}Ne/N ratios in lunar fines with solar abundance ratios of these elements; 4) to compare C/N ratios of Apollo fines with those of the sun.

2. Analytical procedure

The technique for the chemically bound nitrogen determinations (Kjeldahl method) was the same as that previously described (Müller[8]). Bound nitrogen was converted to NH_4^+ by acid hydrolysis with highly pure HF and H_2SO_4 in a platinum crucible. After a Kjeldahl distillation the ammonia was determined spectrophotometrically with Nessler's reagent (K_2HgI_4). The sample break-up was performed in a lucite box that was ventilated with ammonia-free air. All other operations were done in a clean room.

Blank analyses were run parallel to the lunar and standard samples. Sample weights of about a 100 mg were used
for a single analysis of lunar bulk fines, their grain
size fractions and breccias. For lunar igneous rock
analyses, about 200 mg material were used. Some of the
lunar samples were analyzed in duplicates which agreed
to about $\pm$ 5 ppm N. The bulk fines <1 mm were sieved in
the presence of pure ethanol into several grain size
fractions using calibrated stainless steel sieves.

3. Results and discussion

3.1. Bound nitrogen contens

The results of chemically bound nitrogen determinations
for various lunar samples of different Apollo landing
sites are illustrated in Fig. 1. The fines and the dark
Apollo 11 breccia 10046 have distinctly higher nitrogen
contents than the Apollo 14 fragmental rock and most of
the igneous lunar rocks. This already indicated that at
least part of the nitrogen in fines is derived from an
extra-lunar source, probably from the solar wind. On the
other hand, the nitrogen contents of igneous rocks 12063,
12075 and 15556 which are smaller than 10 ppm N suggest
that indigenous lunar nitrogen was low in abundance at
the time of mineral formation billions years ago.

In Fig. 2 bound nitrogen data with error bars are
illustrated for Apollo 11 through Apollo 16 lunar bulk
fines. In general, these results agree with total nitrogen contents determined by other authors. This agreement
implies that the major portion of nitrogen in fines is
present in a bound state and not as molecular nitrogen.
There appears to be a distinct decrease in nitrogen content of Apollo 16 fines from south to north of the
Descartes landing site. Fines 64421 and 64501 from
Station 4A northeast of South Ray Crater have nitrogen

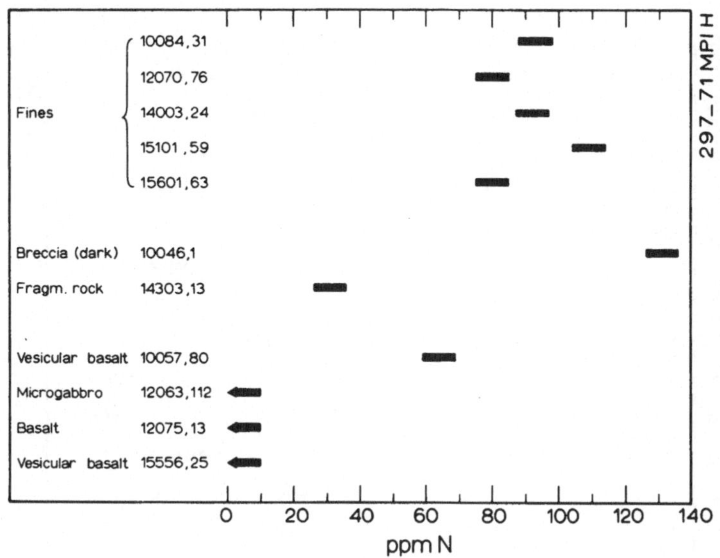

Fig. 1. Chemically bound nitrogen content (in ppm N) in lunar bulk fines (< 1 mm), breccia, fragmental and igneous rocks. The length of the bars corresponds to the error of ± 5 ppm N.

contents of 124 and 96 ppm, respectively, whereas samples 63501 and 63321 from Station 13 southeast of North Ray Crater contain only 72 and 70 ppm N. A similar south-north trend of the trapped solar wind noble gas contents and ^{21}Ne exposure ages was found by Kirsten et al.[12,13]. The varying concentrations of nitrogen in lunar fines may be due to the different nature of soils at the sampling areas and to different durations of solar wind-exposure.

3.2. Grain size analysis

To learn more about nitrogen derived from the solar wind, we have separated each of the bulk fines listed in Fig. 3 into several grain size fractions and determined the bound nitrogen content. In Fig. 3 the nitrogen

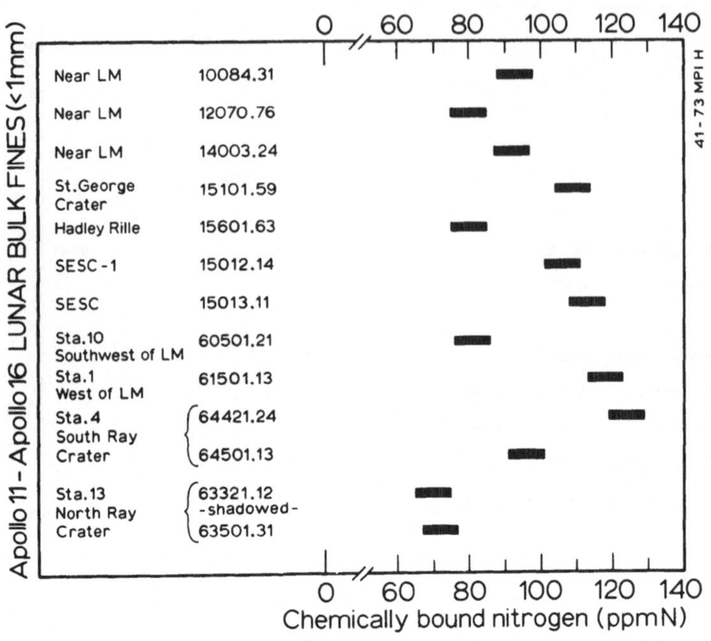

Fig. 2. Chemically bound nitrogen contents (in ppm N) in Apollo 11 through Apollo 16 lunar bulk fines (<1 mm). The length of the bars corresponds to the error of ± 5 ppm N. (SESC = Surface Environmental Sample Container, LM = Lunar Module.)

concentrations of sieve fractions are plotted versus the mean grain diameter. The graph shows a distinct increase of nitrogen with decreasing grain size, i.e. nitrogen is correlated with the surface areas of the grains and derives most likely from the solar wind. For further detail, see Müller[8,9,10]. A similar grain size dependence has been found for trapped noble gases by several authors.

3.3. Nitrogen as reference element for solar abundances

The finding of surface-correlated nitrogen in lunar fines and its presence in a bound state suggest a comparison of nitrogen with solar wind derived noble gases

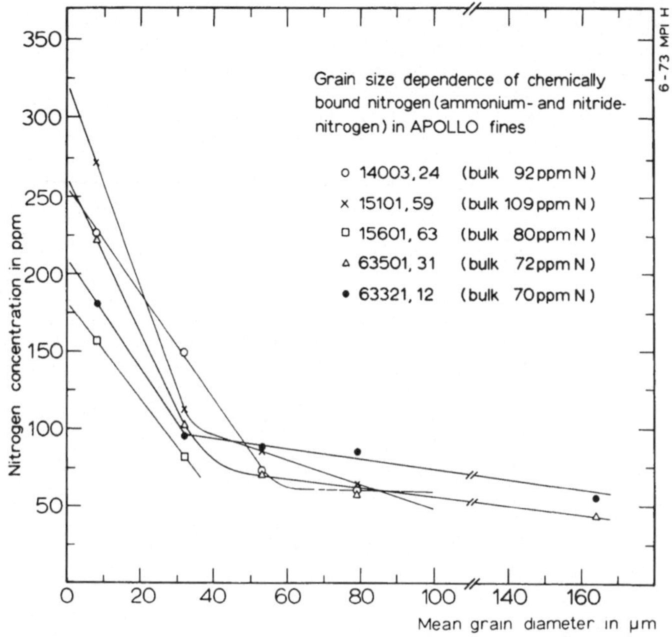

Fig. 3. Grain size dependence of chemically bound nitrogen in sieve fractions of Apollo 14, 15 and 16 lunar
fines.

in terms of solar elemental abundances. It is known that
the lighter solar wind noble gases are partly lost from
grain surfaces by erosion and diffusion processes. As
distinct from noble gases, solar wind nitrogen impinges
on the lunar surface in a chemically active form (plasma
state) and probably reacts with hydrogen and other elements forming nitrogen compounds. Therefore, nitrogen
should be less prone to be lost from grain surfaces and
may thus be useful as a reference element for solar abundances. In Table 1 the abundance of bound nitrogen in
the < 24 μm grain size fraction of Apollo 14 and Apollo
16 fines is compared with the contents of trapped solar
wind noble gases. Noble gas data are from Kirsten et
al.[12,13,14]. The calculated ^{4}He/N ratios of 0.38-0.85
are lower by a factor of 1230 to 550 than the solar ratio

Table 1. The significance of solar wind-derived nitrogen as reference element in terms of solar abundances deduced from its relation with solar wind noble gases

Lunar fines grain size fraction $<24\ \mu m$	$\dfrac{^4He}{^{20}Ne}$	$\dfrac{^{20}Ne}{^{36}Ar}$	$\dfrac{^4Ne}{N}$	$\dfrac{^{20}He}{N}\cdot10^{-2}$	Ref.
14003,24	54	3,6	0,85	1,6	
64421,24	49	2,0	0,62	1,3	
67601,16	46	2,5	0,38	0,82	
63321,12	43	2,7	0,48	1,1	
63501,31	46	2,9	0,50	1,1	
Solar Wind Comp. Exp. Apollo 14	550	37	-	-	17
Apollo 16	570	29	-	-	18
Solar abundances	394	67	466	80	15
Solar abundances	980	11	860	90	16

of Suess and Urey[15] (see also Cameron[16]). The $^{20}Ne/N$ ratios of $(0.82-1.6)\cdot10^{-2}$ are lower by a factor of 100 to 50 than the solar ratio. Assuming complete retention of implanted nitrogen, we can estimate that only about 0.1-0.2 % of solar helium and 1-2 % of solar neon are retained in lunar fines. The loss of the lighter noble gases from fine grained material is also evident when comparing $^4He/^{20}Ne$ and $^{20}Ne/^{36}Ar$ ratios of lunar fines with the ratios found in the Solar Wind Composition experiments by Geiss et al.[17,18].

3.4. Solar wind carbon and nitrogen

Because of its chemically active character solar wind carbon probably has also a high retention on grain surfaces which is comparable to that of nitrogen. The C/N atomic ratios of Apollo 14, 15 and 16 bulk fines listed in Table 2 are remarkably constant ranging from 1.35 to 1.75, except Apollo 16 fines 64421. Carbon data are from Moore et al.[3,4,19]. The four Apollo 15 soils from differ-

Table 2. Total carbon to chemically bound nitrogen atomic ratios in Apollo 14, 15 and 16 lunar fines and the C/N ratio of the solar photosphere

Fines <1 mm	Station	C $(10^{18} at./g)$	N $(10^{18} at./g)$	$\frac{C}{N}$
14003	near LM	7,0	4,0	1,75
15012	Sta.6 near Spur Cr.	6,9	4,6	1,50
15013	Sta.8 LM/ALSEP	7,5	4,9	1,53
15101	Sta.2 St. George	6,5	4,7	1,38
15601	Sta.9a Rille	4,8	3,4	1,41
61501	Sta.1	6,9	5,1	1,35
64421	Sta.4a	14,0	5,3	2,64
Solar Photosphere* (C = 100)		100	24	4,2

* Lambert[21]. Carbon data: Moore et al.[3,4,19]

ent sampling stations even show a smaller range in C/N
of 1.38 to 1.53.

Heating experiments showed that, unlike nitrogen, at
temperatures of a few hundred ^{O}C a variety of volatile
carbon compounds as CO, CO_2 and hydrocarbons are pro-
duced in lunar surface material which facilitate the
diffusion loss of carbon from fine-grained material
(Funkhouser et al.[20]; Müller[8]). Similar chemical reactions
should take place on the moon's surface during the lunar
day. We regard, therefore, the C/N ratios of Table 2 as
lower limits for the abundance ratio of these elements
in the solar wind. One of the most reliable abundances
of carbon, nitrogen and oxygen in the solar photosphere
were determined by Lambert[21] from an analysis of atomic
and molecular spectra. Lambert found a carbon to nitrogen
ratio of 4.2. The C/N ratio of planetary nebulae is
about 2 (Unsöld[22]). In conclusion, the carbon to nitro-

gen ratios in lunar fines represent a lower limit of the
astrophysical data.

Acknowledgments

We thank the National Aeronautics and Space Ad-
ministration for providing the lunar samples. - Valuable
discussions with Prof. W. Gentner, Prof. D. Heymann,
Dr. P. Horn and Dr. T. Kirsten are highly appreciated.
Useful advice of Dr. H. Holweger, Institut für Theoretische Physik und Sternwarte der Universität Kiel, is
gratefully acknowledged. I thank Mrs. S. Hasse and
Mr. D. Kaether for their skillful assistance, and Mr.
R. Schwan for making the grain size fractions.

References

1   Moore, C.B., E.K. Gibson, J.W. Larimer, C.F. Lewis,
    and N. Nichiporuk: Proc. Apollo 11 Lunar Sci. Conf.,
    Geochim. Cosmochim. Acta Suppl. 1(2), 1375-1382
    (1970).

2   Moore, C.B., C.F. Lewis, J.W. Larimer, F.M. Delles,
    R.C. Gooley, W. Nichiporuk, and E.K. Gibson Jr.:
    Proc. Second Lunar Sci. Conf., Geochim. Cosmochim.
    Acta Suppl. 2(2), 1343-1350 (1971).

3   Moore, C.B., C.F. Lewis, J. Cripe, F.M. Delles, and
    W.R. Kelly: Proc. Third Lunar Sci. Conf., Geochim.
    Cosmochim. Acta Suppl. 3(2), 2051-2058 (1972).

4   Moore, C.B., C.F. Lewis, and E.K. Gibson Jr.: in:
    The Apollo 15 Lunar Samples (Ed.: Chamberlain, J.W.,
    and C. Watkins) 316-318, Lunar Science Institute,
    Houston (1972).

5   P.S. Goel, and B.K. Kothari: Proc. Third Lunar Sci.
    Conf., Geochim. Cosmochim. Acta Suppl. 3(2), 2041-
    2050 (1972).

6   Kothari, B.K., and P.S. Goel: in: The Apollo 15 Lunar
Samples (Ed.: Chamberlain, J.W., and C. Watkins)
282-283, Lunar Science Institute, Houston (1972).

7   Kothari, B.K., and P.S. Goel: Proc. Fourth Lunar
Sci. Conf., Geochim. Cosmochim. Acta Suppl. 4, in
press.

8   Müller, O.: Proc. Third Lunar Sci. Conf., Geochim.
Cosmochim. Acta Suppl. 3(2), 2059-2068 (1972).

9   Müller, O.: in: Lunar Science IV (Ed.: Chamberlain,
J.W., and C. Watkins) 546-548, Lunar Science Institute,
Houston (1973).

10 Müller, O.: Proc. Fourth Lunar Sci. Conf., Geochim.
Cosmochim. Acta Suppl. 4, in press.

11 Hintenberger, H., H.W. Weber, H. Voshage, H. Wänke,
F. Begemann, and F. Wlotzka: Proc. Apollo 11 Lunar
Sci. Conf., Geochim. Cosmochim. Acta Suppl. 1(2),
1269-1282 (1970).

12 Kirsten, T., P. Horn, and J. Kiko: in: Lunar Science
IV (Ed.: Chamberlain, J.W., and C. Watkins), 438-440,
Lunar Science Institute, Houston (1973).

13 Kirsten, T., P. Horn, and J. Kiko: Proc. Fourth
Lunar Sci. Conf., Geochim. Cosmochim. Acta Suppl. 4,
in press.

14 Kirsten, T., J. Deubner, P. Horn, I. Kaneoka, J. Kiko,
O.A. Schaeffer, and S.K. Thio: Proc. Third Lunar
Sci. Conf., Geochim. Cosmochim. Acta Suppl. 3(2),
1865-1889 (1972).

15 Suess, H.E., and H.C. Urey: Rev. Modern Phys. 28,
53-74 (1956).

16 Cameron, A.G.W.: in: Origin and Distribution of the
Elements (Ed.: Ahrens, L.H.), 125-143, Oxford,
Pergamon Press (1968).

17 Geiss, J., F. Buehler, H. Cerutti, P. Eberhardt,
and J. Meister: Apollo 14 Preliminary Science Report,
NASA SP - 272, 221-226 (1971).

18 Geiss, J., F. Buehler, H. Cerutti, P. Eberhardt, and
    Ch. Filleux: Apollo 16 Preliminary Science Report,
    NASA SP - 315, 14,1-14,10 (1972).

19 Moore, C.B., and C.F. Lewis: in: Lunar Science IV
    (Ed.: Chamberlain, J.W., and C. Watkins), 534-536,
    Lunar Science Institute, Houston (1973).

20 Funkhouser, J., E. Jessberger, O. Müller, and J.
    Zähringer: Proc. Second Lunar Sci. Conf., Geochim.
    Cosmochim. Acta Suppl. 2(2), 1381-1396 (1971).

21 Lambert, D.L.: Monthly Notices Roy. Astron. Soc.
    138, 143-179 (1968).

22 Unsöld, A.O.J.: Science 163, 1015-1025 (1969).

Anschrift des Verfassers: O. Müller, Max-Planck-
Institut für Kernphysik, Saupfercheckweg 1, D-6900
Heidelberg, Bundesrepublik Deutschland.

INTERPRETATION DES ^{14}C-TIEFENPROFILS IN EINEM MONDSTEIN

W. BORN, Mainz

Zusammenfassung

Im Mondstein 12053 wurde das ^{14}C-Tiefenprofil gemessen. Es bestätigt frühere Aussagen über die Steifigkeit der solaren Protonen von 80 bis 100 MV. Der Fluß beträgt 100 Prot./cm^2.sec (E>10 MeV),gemittelt über mehrere Sonnenzyklen. Oberflächenimplantierter ^{14}C wird als von einem solaren ^{14}C-Fluß von $6{,}6.10^{-4}$ ^{14}C/cm^2.sec in Erdnähe herstammend gedeutet.

Summary

The ^{14}C-depthprofile has been measured in the lunar sample 12053. It agrees with former estimations on the rigidity of solar protons of 80 to 100 MV. The flux accounts 100 prot./cm^2.sec (E>10 MeV), averaged over a number of solar cycles. Surface implanted ^{14}C is regarded as due to a solar ^{14}C-flux of about $6{,}6.10^{-4}$ ^{14}C/cm^2.sec near the earth.

Einleitung

Die ersten ^{14}C-Bestimmungen in extraterrestrischem Material, nämlich in Meteoriten, wurden von Goel[1] und Suess und Wänke[2] im Jahre 1961 durchgeführt. Der mittle-

66

re Radiocarbongehalt, den Suess und Wänke in den von
ihnen untersuchten Meteoriten fanden, beträgt 50 dpm/kg.
^{14}C in Steinmeteoriten ist ein Reaktionsprodukt der kosmischen Strahlung am Sauerstoff. Die Anregungsfunktion
hierfür ist in Abb. 1 dargestellt. Die untere Kurve er-

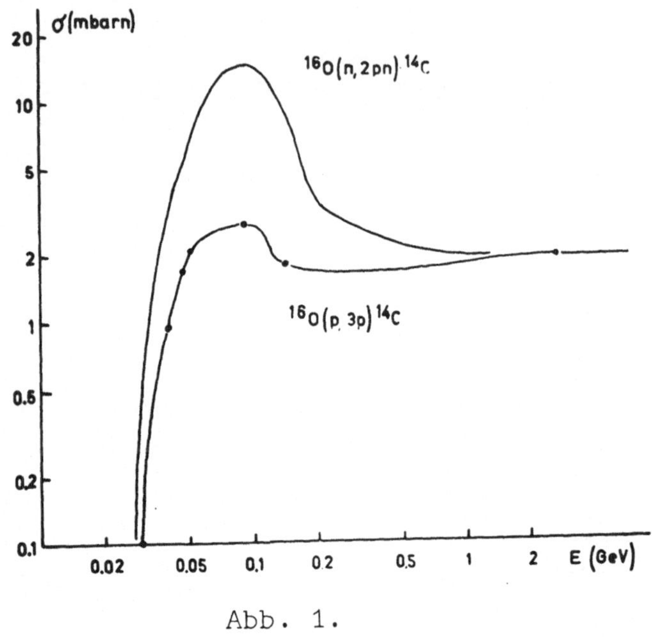

Abb. 1.

gibt sich aus den Messungen von Tamers[3], die obere Kurve
wurde von Reedy und Arnold[4] berechnet.

Es kommen zwei Reaktionen zum Tragen: Einmal die Erzeugung durch primäre kosmische Protonen: ^{16}O(p,3p)^{14}C,
zum zweiten die Reaktionen sekundärer Neutronen:
^{16}O(n,2pn)^{14}C. Beide Reaktionen sind endothermisch und
benötigen eine Mindestenergie von 22 MeV. Der Wirkungsquerschnitt hat in beiden Fällen sein Maximum bei 100 MeV
und ist für hohe Energien konstant 2 mbarn.

2. Aufschlußverfahren und ^{14}C-Bestimmung

Der apparative Aufwand zur Bestimmung von ^{14}C aus
Mond- oder Meteoritenproben ist in Abb. 2 skizziert: Die
Probe wird in einem Achatmörser bis auf eine Korngröße

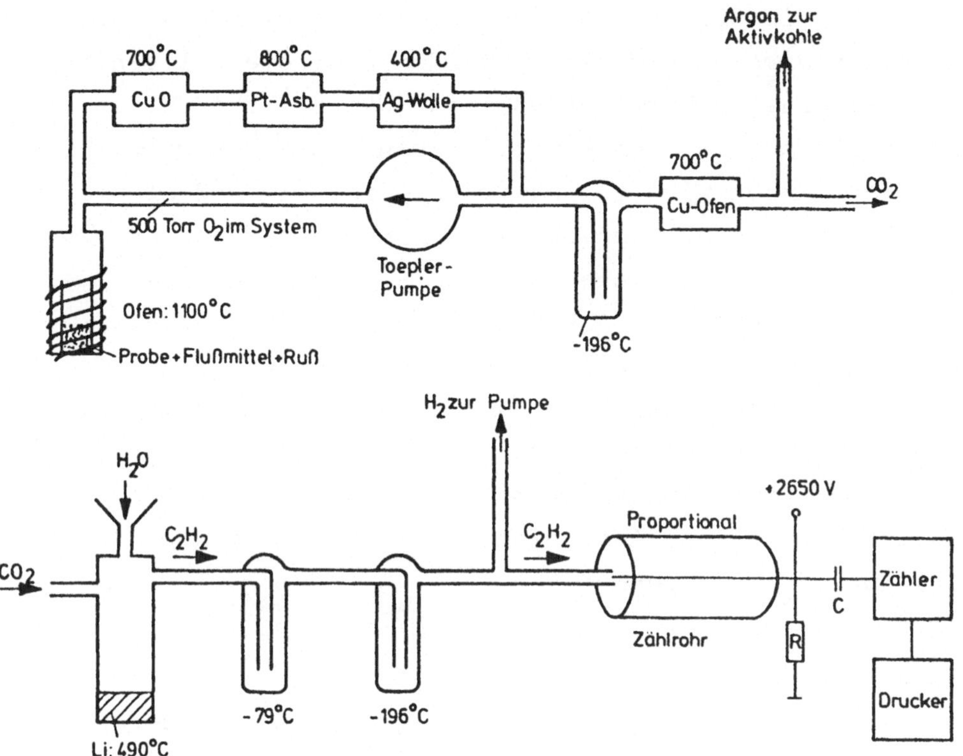

Abb. 2.

von 100 μ zerkleinert und in einem Porzellantiegel, der sich in einem Edelstahltopf befindet, mit Hilfe eines Elektroofens auf 1100° C erhitzt und mindestens fünf Stunden auf dieser Temperatur gehalten. Als Fluß- und Oxydationsmittel wird eine Bleichromat ($PbCrO_4$)- Kaliumchromat (K_2CrO_4)-Mischung im Verhältnis 10:1 beigegeben, wobei das Verhältnis Probe:Aufschlußmittel 1:4 beträgt. Außerdem wird dem Aufschluß ca. 1 g Kohlenstoff in Form von Ruß als Träger zugesetzt, um die chemische Ausbeute des Kohlenstoffs zu bestimmen. Die freiwerdenden Gase und der mit einem Druck von 500 Torr im System gehaltene Sauerstoff werden mittels einer Toepler-Pumpe im Kreislauf durch verschiedene Öfen gepumpt. Der CuO-Ofen oxy-

diert CO zu CO_2. Platinasbest wirkt als Katalysator und
setzt SO_2 in SO_3 um, das im Silberwolle-Ofen als Ag_2SO_4
gebunden wird. Gleichzeitig werden hier die Halogenide
als Silberhalogenid festgehalten. Während das CO_2 in der
Kühlfalle ausgefroren wird, verbrennt der Sauerstoff im
Cu-Ofen. Argon wird zur Aktivkohle gepumpt und steht für
weitere Untersuchungen bereit.[5] Danach wird das CO_2 auf
Lithium von 490° C geleitet. Das sich bildende Lithium-
carbid wird nach dem Abkühlen mit Wasser beträufelt, wodurch Azetylen frei wird. Die Reinigung des C_2H_2 erfolgt
über die nachgeschalteten Kühlfallen. Das Azetylen wird
dann in ein Proportionalzählrohr eingelassen, das zu
einer Low-Level-Apparatur mit Eisenabschirmung für das
Zählrohr und einer Antikoinzidenz-Ausrüstung zur Senkung
des Untergrundes gehört.

3. Ergebnisse

Von der NASA wurde dem Max-Planck-Institut für Chemie
in Mainz unter anderem eine ca. 1 cm dicke Scheibe des
Steins 12053 zur wissenschaftlichen Untersuchung zur Verfügung gestellt (Apollo-12 Mission zum Oceanus Procellarur
Diese Scheibe wurde in drei verschieden tiefe Schichten
zerlegt (Abb. 3), und der ^{14}C-Gehalt in jeder Schicht bestimmt.

Um festzustellen, welche Seite der Scheibe auf dem Mon(
nach oben zeigte, wurde die Oberfläche nach Mikrokratern,
hervorgerufen durch Einschlag von Kleinst-Meteoriten, ab-
gesucht und so die ursprüngliche Lage des Steins festgelegt. Die Ergebnisse sind in Tab. 1 aufgeführt und in
Abb. 4 graphisch dargestellt.

Tabelle 1

Tiefe (mm)	^{14}C (dpm/kg)
0 - 5	72,4 $\pm$ 6,9
5 - 20	32,8 $\pm$ 3,3
20 - 65	29,7 $\pm$ 3,1

Microkrater
10 cm

Abb. 3.

80
70
60
50
40
30
20
10
0
Ro = 100 MV
J = 300
Ro = 80 MV
J = 500
Ro = 100 MV
J = 100
Ro = 80 MV
J = 100
0 10 20 30 40 50 60 70
Tiefe [mm]

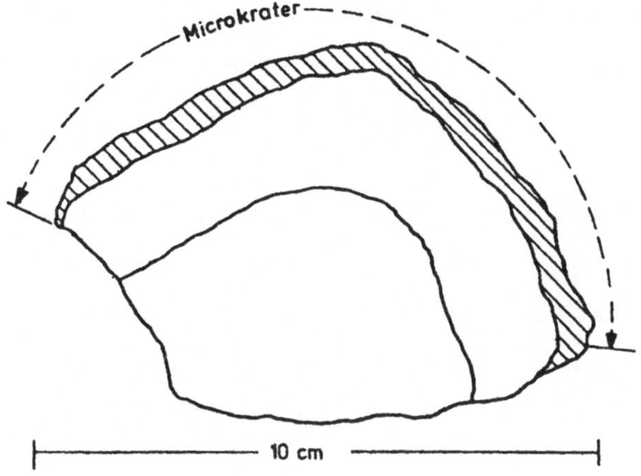

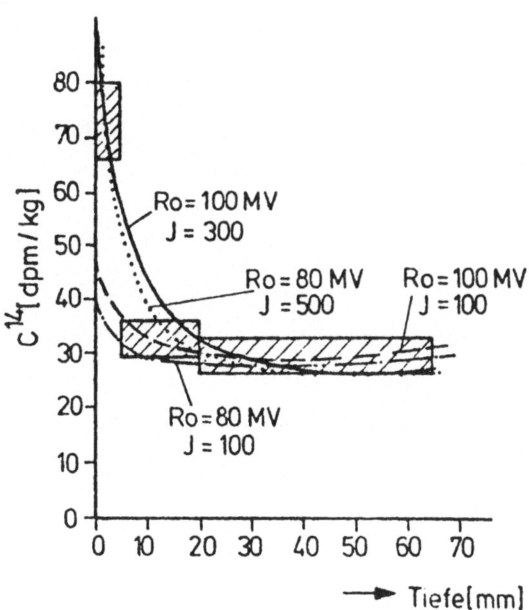

Abb. 4.

Während sich die ^{14}C-Aktivitäten in den beiden unteren Schichten nur schwach unterscheiden, ist die Aktivität in der Oberflächenschicht doppelt so groß wie in der ihr benachbarten. Es sollen die Mechanismen betrachtet werden, die zu diesem ^{14}C-Tiefenprofil führen.

4. ^{14}C-Produktion in extraterrestrischem Material

^{14}C wird einmal von der galaktischen kosmischen Strahlung erzeugt. Diese Strahlung trifft auf dem Mond auf, erzeugt Sekundärteilchen, erhöht also die Zahl der reaktiven Teilchen und nimmt dann durch Kernreaktionen ab. In den oberen Schichten muß der ^{14}C-Gehalt demnach ansteigen. Nach Berechnungen von Reedy und Arnold[4] ist dies tatsächlich der Fall (Abb. 5). Dieser galaktischen Komponente überlagert ist jedoch der Anteil der durch den Einfall der solaren Strahlung erzeugten ^{14}C-Atome. Die Energie dieser Strahlung ist erheblich niedriger (ca. 100 MeV) als die der galaktischen und führt nicht zur Ausbildung einer Sekundärkaskade. Diese solare Komponente besteht zu 90 % aus Protonen, zu 10 % aus α-Teilchen und schwereren Kernen und nimmt stetig mit der Tiefe ab.

Für den differentiellen Fluß ergibt sich[6]:

$$\frac{dJ(R,d)}{dR} = K \cdot e^{-R/R_o} \quad (\text{Teilchen}/\text{cm}^2 \cdot \text{secMV}) \quad (1)$$

$\dfrac{dJ(R,d)}{dR}$: differentieller Fluß der reaktiven Teilchen in der Tiefe d mit der Steifigkeit R = pc/Ze (MV)

R_o : Formparameter mit typischen Werten von 50-200 MV

K : Normalisierungskonstante

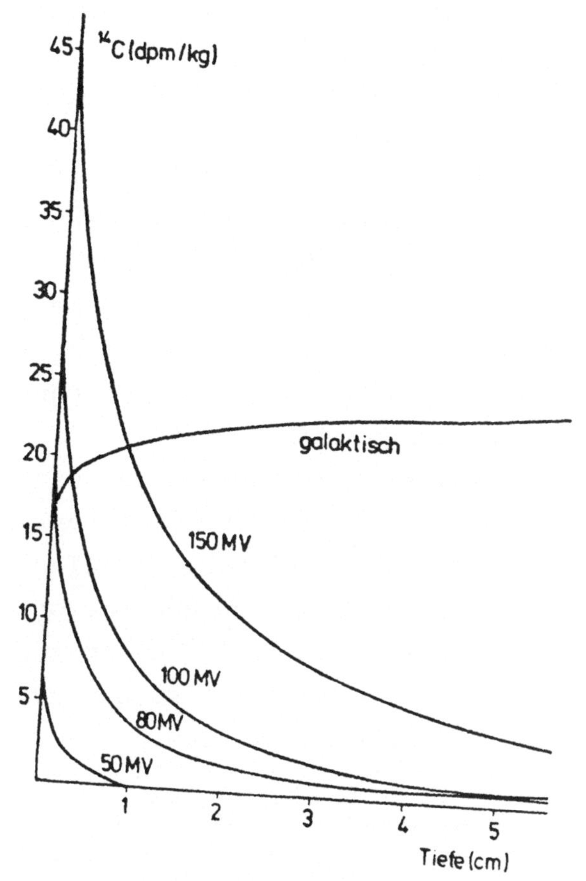

Abb. 5.

Hiermit errechnet sich für die Tiefe d die ^{14}C-Produktion nach:

$$^{14}C(d) = N \int_0^\infty \frac{dJ(R,d)}{dR} \sigma(R) \; dR \; (dpm/kg) \qquad (2)$$

N : Targetatome/kg

$\sigma(R)$: Wirkungsquerschnitt (cm^2)

Reedy und Arnold[4] haben hiernach, gemittelt über mehrere Sonnenzyklen, die ^{14}C-Produktion für verschiedene Steifigkeiten berechnet (Abb. 5). Wie man sieht, ist in der Tiefe von 5 cm die solare Produktion gegenüber der galaktischen schon vernachlässigbar.

5. Diskussion des ^{14}C-Tiefenprofils

In Abb. 4 sind die Produktionen für R_o = 80 MV, J = 100 Protonen/cm^2.sec und R_o = 100 MV, J = 100 an die Messungen angepaßt (integraler 4π-Fluß mit E>10 MeV). Dabei wurde der berechnete galaktische Anteil um 25 % erhöht, so daß in 6 cm Tiefe die ^{14}C-Produktion rein galaktisch ist. Die Kurven stimmen in den beiden unteren Schichten ausgezeichnet mit den Meßwerten überein, in der oberen Schicht ergibt sich ein Überschuß der Messung gegenüber der Rechnung von 30 dpm/kg.

Hält man die galaktische Komponente fest, und erhöht den solaren Fluß auf 500 bzw. 300 Protonen/cm^2.sec, so kommt man zu einer Übereinstimmung in allen drei Schichten. Diese hohen Flüsse widersprechen jedoch den bisherigen Messungen.[7] In Tab. 2 sind die magnetischen Steifigkeiten und Flüsse für die Isotope aufgeführt, deren Tiefenprofile gemessen wurden.

Tabelle 2

	R_o(MV)	J(Prot./cm^2.sec)
^{56}Co	80	130
^{22}Na	80	160
^{54}Mn	80	125
^{55}Fe	100	100
^{26}Al	80	100
^{53}Mn	80	100

Flüsse von 300 bzw. 500 Prot./cm^2.sec sind demnach erheblich zu hoch, so daß im weiteren der übliche Fluß von 80-100 Prot./cm^2.sec zugrunde gelegt wird. So ergibt sich nach Abb. 4 folgendes: Die berechneten und gemessenen ^{14}C-Aktivitäten stimmen in den beiden unteren Schichten überein. In der oberen Schicht wird ein ^{14}C-Überschuß von 30 dpm/kg gegenüber der Rechnung gemessen.

6. Solarer ^{14}C-Fluß

Der Überschuß von 30 dpm/kg in der oberen Schicht wird als oberflächenimplantiert betrachtet. D'Amico et al.[8] haben im Stein 12002 in der Oberflächenschicht eine Tritiumanomalie gefunden und führen sie auf einen solaren ^{3}H-Fluß von 5.10^{-3} Tritonen/cm^2.sec in Erdnähe zurück. Der ^{14}C-Überschuß von 30 dpm/kg in der 8,3 g schweren Schicht mit einer Oberfläche von 6,3 cm^2 führt zu einem ^{14}C-Fluß von $6,6.10^{-4}$ ^{14}C/cm^2.sec.

Eine Möglichkeit,diese beiden Isotope in der Photosphäre der Sonne zu erzeugen, ist die (n,p)-Reaktion von "thermischen" Neutronen an ^{3}He und ^{14}N. Wenn der Beschleunigungsmechanismus keine Fraktionierungen bewirkt, gilt für das Verhältnis der Flüsse:

$$\frac{^{3}H}{^{14}C} = \left(\frac{^{3}He}{^{14}N}\right)_{Sonne} \cdot \frac{T_{1/2}(^{3}H)}{T_{1/2}(^{14}C)} \cdot \frac{\sigma(3)}{\sigma(14)} \qquad (3)$$

$\left(\dfrac{^{3}He}{^{14}N}\right)_{Sonne}$: Häufigkeitsverhältnis auf der Sonne[9] = 0,263

σ : Wirkungsquerschnitt für (n,p)-Reaktion mit "thermischen" Neutronen

Temperatur der Photosphäre = 6000° C $\hat{=}$ E_n = 0,5 eV

$\sigma(3)$ = 1200 barn $\sigma(14)$ = 0,41 barn

$$\frac{^{3}H}{^{14}C} = 1,6 \quad \text{vgl. den gemessenen Wert:} \quad \frac{^{3}H}{^{14}C} = 7,6$$

Die hier gemachten Berechnungen gelten für Gleichgewichtszustände, d.h. es müßte ebensoviel ^{3}H bzw. ^{14}C produziert werden, wie durch den Beschleunigungsmechanismus von der Sonne abtransportiert wird. Dies würde eine sehr große Aktivität in den Produktionszonen ver-

74

langen, da durch vertikale Mischung auf der Sonnenober-
fläche der Verdünnungsfaktor sehr hoch ist (Masse der
Konvektionszone/Masse der Reaktionszone). Allerdings
wird zur Zeit von Sonnenphysikern die Möglichkeit diskutiert, daß nachfolgend zu großen Sonnenflares die Regionen um deren Fußpunkte in die Korona gesaugt werden.
Dies würde die Verdünnung verhindern und nur Gleichge-
wichtsbedingungen in der relativ kleinen Reaktionszone
erfordern.

<u>Literatur</u>

1 Goel, P.S.: U.S.A.E.C. Report No. NYO-8922 (1962).
2 Suess, H.E., and H. Wänke: Geochim. Cosmochim. Acta
   <u>26</u>, 475-48o (1962).
3 Tamers, M.A., et G. Delibrias: Comptes Rendus <u>253</u>,
   12o2-12o3 (1961).
4 Reedy, R.C., and J.R. Arnold: Journ. Geophys. Res.
   <u>77</u>, 537-555 (1972).
5 Begemann, F.: Journ. Geophys. Res. <u>77</u>, 365o-3659
   (1972).
6 S.H.R.E.L.L.D.A.L.F.F.: Proc.Apollo 11 Lunar Sci. Conf
   Geochim.Cosmochim.Acta <u>Suppl. 1(2)</u>, 1503-1532 (1970).
7 Finkel, R.C., J.R. Arnold, M. Imamura, R.C. Reedy,
   J.S. Fruchter, H.H. Loosli, J.C. Evans, and
   A.C. Delany: Proc. Second Lunar Science Conf.,
   Geochim. Cosmochim. Acta <u>Suppl. 2(2)</u>, 1773-1789 (1971)
8 D'Amico, J., J. DeFelice, E.L. Fireman, C. Jones,
   and G. Spannagel: Proc. Second Lunar Science Conf.,
   Geochim. Cosmochim. Acta <u>Suppl. 2(2)</u>, 1825-1839 (1971)
9 Cameron, A.G.W.: in: Origin and Distribution of the
   Elements (Ed.: Ahrens, L.H.), Pergamon Press,
   125-143 (1968).

Anschrift des Verfassers: W. Born, Max-Planck-Institut
für Chemie, Saarstraße 23, D-65oo Mainz, Bundesrepublik
Deutschland.

ZUR KOSMOCHEMIE VON KOHLENSTOFF-14

R. BOECKL, Darmstadt

Zusammenfassung

Einige Anwendungen von ^{14}C-Analysen an extraterrestrischen Proben werden diskutiert. Es wird über das
[14]C-Tiefenprofil in einer Mondoberflächenprobe berichtet,
über terrestrische Alter von Meteoritfunden und über die
maximale Zeit, die Australite kosmischer Strahlung ausgesetzt waren, wenn das irdische Alter dieser Tektite
mit 10^4 Jahren angenommen wird.

Abstract

Some applications of ^{14}C-analysis in cosmochemistry
are discussed. Reported are a depth-profile of ^{14}C in
surface-exposed lunar material, terrestrial ages of
meteorite finds, and a maximum cosmic-ray exposure time
for australites assuming the terrestrial age of 10^4 years
for these tectites.

1. Einleitung

Die Veränderungen, welche kosmische Strahlung in
Materie bewirkt, wurde in den letzten 15 Jahren eingehend
untersucht [1,2]. Die hohe Energie der Protonen und Alpha-
teilchen, die den größten Teil der kosmischen Strahlung

ausmachen, führt beim Auftreffen auf ein Targetmaterial zu Spallationsreaktionen. Dabei entstehen sowohl inaktive als auch radioaktive Nuklide, die über die Zeit Auskunft geben können, während der das betreffende Target kosmischer Strahlung ausgesetzt war.

2. Bildung von ^{14}C

^{14}C wird hauptsächlich nach den drei folgenden Kernreaktionen gebildet:

$$^{14}N \ (n, \ p) \ ^{14}C$$
$$^{16}O \ (p, \ 3p) \ ^{14}C$$
$$^{16}O \ (n, \ 2pn) \ ^{14}C.$$

Die erste Reaktion läuft überwiegend in der Erdatmosphäre ab und bildet die Grundlage für die allgemein bekannte Methode der ^{14}C-Altersbestimmung. Diese Reaktion hat ihren größten Wirkungsquerschnitt von 1,7 barn bei Energien thermischer Neutronen. Die ^{16}O-Spallationsreaktionen erfordern Geschoßenergien, die größer sind als 10 MeV. Die Luftmasse von 1 kg/cm^2 über der Erdoberfläche nimmt in Ionisations- und Anregungsreaktionen den größten Teil der Energie der primären kosmischen Strahlung auf. Daher ist die Produktion von ^{14}C in Gesteinen auf der Erdoberfläche vernachlässigbar klein.

Die Oberfläche eines atmosphärelosen Objekts im Raum ist aber dem gesamten Fluß der primären kosmischen Strahlung ausgesetzt, und so enthalten Meteorite meßbare Mengen von Hochenergie-Spaltprodukten. Andererseits ist der Stickstoffgehalt in Meteoriten sehr klein, und die ^{14}C-Produktion ist allein auf Kernreaktionen an Sauerstoff zurückzuführen. Deswegen sind die ^{14}C-Gleichgewichtsaktivitäten in Meteoriten von denen in der Erdatmosphäre unterschiedlich. Die Produktionsrate auf der Erdoberfläche beträgt 120 Atome $^{14}C/cm^2$.min [3]. Der durchschnittliche Wert für Meteorite beträgt 57 Atome $^{14}C/kg$.min [4,5]

3. Tiefenabhängigkeit der ^{14}C-Produktion im Mondgestein

Das Spektrum der kosmischen Strahlung ist eine Funktion der pro Flächeneinheit durchdrungenen Masse. Da der Wirkungsquerschnitt für die in Betracht kommenden Reaktionen ebenfalls von der Geschoßenergie abhängt, sollte die ^{14}C-Produktion in einem dem kosmischen Strahlungsfluß ausgesetzten Target deutlich eine Tiefenabhängigkeit erkennen lassen. Ein ideales Objekt, dies zu untersuchen, ist der Mond. Die Strahlung, die die Bildung von ^{14}C in Mondgestein bewirkt, ist zweifacher Art und von zweifachem Ursprung [6,7]. Die sogenannte "Solare Kosmische Strahlung" ist hauptsächlich eine relativ niederenergetische Protonenstrahlung, die selten 100 MeV übersteigt. Diese Teilchen werden durch Ionisationsverluste so schnell gestoppt, daß ihr Anteil an der ^{14}C-Produktion auf die ersten wenigen mm der Mondoberfläche begrenzt ist.

In größeren Tiefen übernimmt die andere Komponente der kosmischen Strahlung, die "Galaktische Kosmische Strahlung", den überwiegenden Teil der ^{14}C-Produktion. Es ist nun möglich, den galaktischen Anteil der ^{14}C-Aktivität von den experimentell gemessenen Werten abzuziehen. Man erhält so eine ^{14}C-Aktivität, die allein den Effekt der solaren kosmischen Strahlung, aufsummiert über die letzten 20.000 Jahre, wiedergibt [8]. Dies ist in Abb. 1 dargestellt. Damit ist es möglich, durch Messung von Tiefenprofilen radioaktiver Nuklide mit unterschiedlicher Zerfallskonstante Aussagen über die Geschichte der spektralen Gestalt und des Flusses der solaren kosmischen Strahlung in der Erd-Mond-Region zu machen.

In Tab. 1 sind zum Vergleich Daten von Finkel et al.[7] gezeigt. Diese Werte wurden aus den gleichen Proben erhalten, an denen ich das ^{14}C-Tiefenprofil gemessen habe.

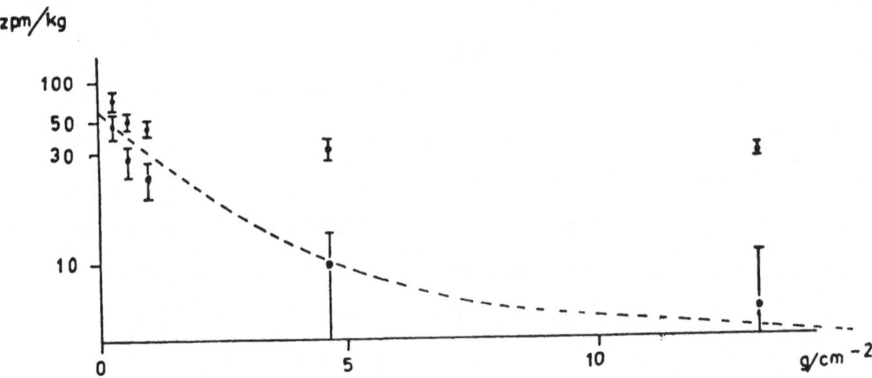

Abb. 1. Die Tiefenabhängigkeit der ^{14}C-Aktivität im Mondstein 12002. Die obere Serie von Punkten zeigt die experimentell erhaltenen Aktivitäten. Die unteren Punkte
geben den Anteil der solaren kosmischen Strahlung an der
^{14}C-Produktion wieder.

Tabelle 1. Solarer Protonenfluß

Nuklid	t 1/2(a)	Ro (MeV)	ϕ (p/cm.sec)	Lit.
^{22}Na	2,6	85	110	7
^{55}Fe	2,6	100	100	7
^{14}C	$5,7 \times 10^3$	100	100	8
^{26}Al	$7,4 \times 10^5$	100	80	7
^{53}Mn	$3,4 \times 10^6$	100	90	7

Die Daten zeigen sehr schön, daß die durchschnittliche
Sonnenaktivität während der letzten Jahrmillionen im wesentlichen konstant blieb.

4. Bestimmung des terrestrischen Alters von Meteoriten-
funden

Von Beobachtungen an Mondmaterial ausgehend, kann
auch in Meteoriten ein nicht zu vernachlässigender Tiefen-

gradient der ^{14}C-Aktivität vorausgesagt werden, solange
diese sich auf einem Orbital im Raum befinden. Der Luft-
widerstand während der Passage durch die Erdatmosphäre
ist groß genug, um bis zu 1o cm der Meteoritenoberfläche
abzutragen. Andererseits können Teile eines Meteoriten
den Flug durch die Erdatmosphäre nahezu unbeschädigt
überstehen und die Erdoberfläche erreichen.

Meteorite kann man in zwei Gruppen einteilen: die
Fälle - Meteorite, deren Fall auf die Erdoberfläche beobachtet wurde, und Funde - Meteorite, für deren Fall
es keine Augenzeugen gibt. Durch Messung der ^{14}C-Akti-
vität an mehreren Fällen erhält man einen Bezugswert für
den durchschnittlichen, von kosmischer Strahlung indu-
zierten ^{14}C-Gehalt in Meteoriten. Legt man diesen Wert
Funden zur Zeit ihres Falls zugrunde, kann man durch
Messung der contemporären ^{14}C-Aktivität etwas über das
terrestrische Alter dieser Meteorite aussagen.

Der präterrestrische ^{14}C-Gehalt der Meteorite ist
proportional der Sauerstoffkonzentration. Direkte Sauer-
stoffbestimmungen wurden von Vogt und Ehmann[9] durchgeführt. Danach enthalten die kohligen Chondrite durchschnittlich 41 % Sauerstoff und liegen damit nur um 10 %
über dem Durchschnittswert gewöhnlicher Chondrite. Funde
zeigen durch den Verwitterungsprozeß gewöhnlich einen
wesentlich höheren Sauerstoffgehalt. Die Schwierigkeit
einer definierten Probenahme, der unterschiedliche Sauerstoffgehalt und mögliche Variationen in den präterre-
strischen Bahnparametern erschweren die Normalisierung
der ^{14}C-Aktivität in Funden, so daß der Bestimmung des
terrestrischen Alters von Meteoriten mit ^{14}C ein innerer
Fehler von $\pm$ 2000 Jahren anhaftet.

In Tab. 2 sind auf diese Weise gewonnene terrestrische
Alter von 19 Funden angeführt[5]. Diese Meteorite sind
eine mehr oder weniger zufällige Auswahl aus den Samm-
lungen des National Museum of Natural History und der

Nininger Collection. Das durchschnittliche terrestrische Alter ist 5200 a. Da es sich bei dem untersuchten Satz von Proben um gewöhnliche Chondrite handelt, deren Fundorte im westlichen Teil der USA liegen, kann dieser Wert als repräsentativ für das Alter gewöhnlicher Chondrite angesehen werden, die der Verwitterung in einem vergleichsweise trockenen Klima ausgesetzt sind.

Tabelle 2. Der ^{14}C-Gehalt von Meteoriten

Meteorit	Ort und Jahr des Falls/Funds	^{14}C zpm/kg	Terrestrisches Alter
Fälle:			
Allende	Mexico, 1969	64,3 ± 4,3	-
Bruderheim	Alberta, 1960	56,5 ± 5,0	-
Peace River	Canada, 1963	68,2 ± 5,1	-
Richardton	North Dakota, 1918	40,3	-
Funde:			
Alamogordo	New Mexico, 1938	31,7 ± 2,4	5,000 ± 2,600
Bluff	Texas, 1878	35,9 ± 2,7	3,900 ± 2,600
Brownfield	Texas, 1937	12,2 ± 2	12,700 ± 4,500
Clovis	New Mexico, 1961	66,4 ± 5,0	2,000 ± 2,000
De Nova	Colorado, 1940	20,6 ± 2	8,300 ± 3,000
Densmore	Kansas, 1879	38,6 ± 2,9	3,500 ± 2,500
Dimmit	Texas, 1947	37,5 ± 2,7	3,800 ± 2,600
Elm Creek	Kansas, 1906	49,6 ± 3,7	1,200 ± 2,000
Estacado	Texas, 1883	24,3 ± 2	6,800 ± 3,000
Faucett	Missouri	58,1 ± 4,4	2,000 ± 2,000
Gilgoin	New South Wales, 1889	37,8 ± 2,9	3,500 ± 2,500
Keyes	Oklahoma, 1939	41,4 ± 3,1	2,700 ± 2,000
Kingfisher	Oklahoma, 1950	48,1 ± 3,1	1,600 ± 2,000
Ladder Creek	Kansas, 1937	36,5 ± 2,7	3,800 ± 2,600
Leon	Kansas	18,1 ± 2	9,200 ± 3,100
Mc Kinney	Texas, 1870	16,5 ± 2	10,200 ± 3,500
Texline	Texas, 1937	26,3 ± 2	6,400 ± 3,000
Tulia	Texas, 1917	26,4 ± 2	6,400 ± 3,000
Weldona	Colorado, 1934	24,9 ± 2	6,800 ± 3,000

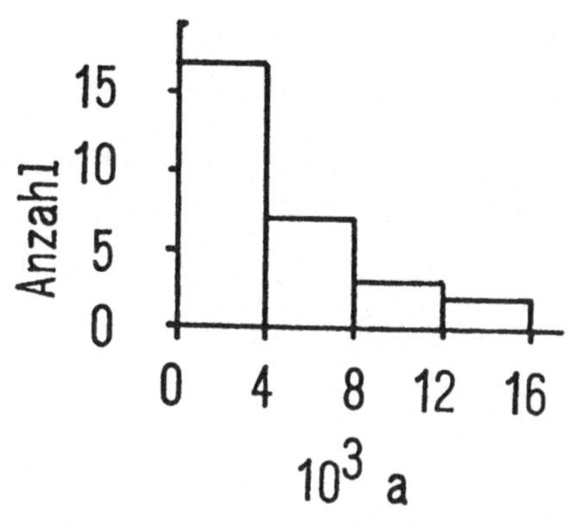

Aus dem Alter-Histogramm in Abb. 2 kann eine terrestrische Halbwertszeit abgeleitet werden, die den Zerfall gewöhnlicher Chondrite durch Verwitterung in einem Klima ähnlich dem im Westen der USA angibt, bis man diese als Meteorite nicht mehr erkennt. Diese Halbwertszeit beträgt 3600 a.

Abb. 2. Zahl der Meteoritenfunde als Funktion des irdischen Alters.

5. Bestimmung der maximalen Zeit, die Australite der kosmischen Strahlung ausgesetzt waren

Ein drittes Objekt kosmochemischen Interesses sind die Tektite. Geologen[10] meinen, daß wegen der stratigraphischen Lage der Australite deren terrestrisches Alter nicht größer als einige zehntausend Jahre sein kann. K-Ar-Bestimmungen[11] und Fission Track Analysen[12] weisen auf ein Alter größer 500.000 a. Experimente an Australiten und anderen Tektiten zeigten, daß ^{26}Al in diesen Spezies nicht vorhanden ist [13]. Aufgrund der Nachweisgrenze ergibt sich daraus als obere Grenze 90.000 a für die Zeit, in der die Australite der kosmischen Strahlung ausgesetzt waren. In Anbetracht einer gewissen Unsicherheit über den Ursprung der Australite wäre eine tiefere Grenze für die kosmische Strahlungszeit wertvoll.

Geht man von einem terrestrischen Alter in der Größenordnung von 500.000 a aus, kann die Möglichkeit, kosmogenes ^{14}C in Tektiten zu finden, von vornherein ausgeschlossen werden. Mit terrestrischem Alter von Australi-

liten um 10.000 a erlaubt das Vorhandensein bzw. Nicht-
vorhandensein von ^{14}C gültige Schlüsse die Zeit betreffend
die sich Australite im Kosmos aufhielten. Ebenso wie ^{26}Al
konnte auch ^{14}C nicht nachgewiesen werden.[14] Zieht man
einen statistischen Fehler von 2σ in Betracht, ergibt
sich bei einem terrestrischen Alter der Australite von
10.000 a maximal 1000 a für die Zeit, die Australite der
kosmischen Strahlung ausgesetzt waren.

Literatur

1 Honda, M., und J.R. Arnold: Handbuch der Physik 46,
   613-632 (1967).

2 Arnold, J.R., M. Honda, and D. Lal: Journ. Geophys.
   Res. 66, 3519-3531 (1961).

3 Lingenfelter, R.E.: Rev. Geophys. 1, 35-55 (1963).

4 Suess, H.E., and H. Wänke: Geochim. Cosmochim. Acta
   26, 475-480 (1962).

5 Boeckl, R.: Nature 236, 25-26 (1972).

6 Reedy, R.C., and J.R. Arnold: Journ. Geophys. Res.
   77, 537-555 (1972).

7 Finkel, R.C., J.R. Arnold, M. Imamura, R.C. Reedy,
   J.S. Fruchter, H.H. Loosli, J.C. Evans, A.C. Delany,
   and J.P. Shedlovsky: Proc. Second Lunar Sci. Conf.,
   Geochim. Cosmochim. Acta Suppl. 2 (2), 1773-1789
   (1971).

8 Boeckl, R.S.: Earth Planet Sci. Letters 16, 269-272
   (1972).

9 Vogt, J.R., and W.D. Ehmann: Radiochim. Acta 4, 24-
   28 (1965).

10 Gill, E.D.: Journ. Geophys. Res. 75, 996-1002 (1970).

11 Gentner, W., und J. Zähringer: Zeitschr. Naturforsch.
    15a, 93-99 (1960).

12 Fleischer, R.L., and P.B. Price: Geochim. Cosmochim.
    Acta 28, 755-760 (1964).

13 Viste, E., and E. Anders: Journ. Geophys. Res. <u>67</u>,
    2913-2919 (1962).
14 Boeckl, R.S.: Journ. Geophys. Res. <u>77</u>, 367-368
    (1972).

Anschrift des Verfassers: R. Boeckl, Technische
Hochschule, Hochschulstraße 1, D-6100 Darmstadt, Bundesrepublik Deutschland.

ISOTOPIE-EFFEKTE UND "PARTICLE TRACKS" IN LUNAREM
MATERIAL UND IHR BEZUG ZUR BESTRAHLUNGSGESCHICHTE
DES MONDES

U. HERPERS, W. HERR, W.A. KAISER, H. KULUS, R. MICHEL
und K. THIEL, Köln

Zusammenfassung

Die Rolle des ^{53}Mn bei der Aufklärung der Bestrahlungsgeschichte des Mondes wird an Hand der Mikrobreccie 14305
der Apollo-14-Mission studiert. Darüber hinaus wird das
Ergebnis der Re-Isotopenhäufigkeit in der Breccie 14321
diskutiert. Die Auswertung der Re-Isotopenanomalie in den
beiden Breccien weist auf eine komplexe Neutronenbestrahlungsgeschichte hin.

Es wird ein Simulationsexperiment beschrieben, bei dem
150 kg künstlicher Mondstaub mit 600 MeV-Protonen bestrahlt
wurde. Dies führt zu genaueren Vorstellungen über die Wechselwirkung der kosmischen Partikelstrahlung mit fester
Materie.

Abstract

The role of the nuclide ^{53}Mn is studied with respect
to the lunar cosmic ray exposure history of the Apollo 14
micro breccia 14305. Results of Re-isotope anomalies observed in both these lunar samples indicate a very complex
neutron irradiation history.

Finally a simulated experiment is described where
150 kg of synthetical lunar soil was irradiated with
600 MeV protons. This experiment leads to a better under-
standing of interactions of cosmic particle rays with
compact matter.

1. Einleitung

Die Mondproben, die durch die amerikanischen Apollo-
und die russischen Luna-Unternehmungen zur Erde gebracht
wurden, haben es erstmals erlaubt, das ganze Spektrum
der in Erdnähe beobachteten Effekte der Wechselwirkung
von kosmischer und solarer Strahlung mit fester Materie
zu untersuchen. Die verschiedensten dabei entstandenen
Reaktionsprodukte ermöglichten es dann, gewisse lunare
Prozesse, wie z.B. die Bildung von Kratern und anderen
Oberflächenveränderungen sowie die Bewegung einzelner
Objekte und a.m. chronologisch zu ordnen resp. zu datieren.

Es hat sich als notwendig erwiesen, zwei Arten der
kosmischen Partikelstrahlung zu betrachten. Erstens existiert eine hochenergetische Komponente, die ihren Ursprung außerhalb unseres Sonnensystems im Kosmos hat, die
galaktische Strahlung, und zweitens gibt es eine wesentlich niederenergetischere Strahlung solaren Ursprungs,
die mit den Sonneneruptionen, den sog. Flares, verknüpft
ist. Teilchen beider Komponenten reagieren mit Materie
der Mondoberfläche und erzeugen sowohl stabile als auch
instabile Reaktionsprodukte. Allerdings sind die Tiefenprofile dieser Wechselwirkungen sehr unterschiedlich.
Die niederenergetische solare Komponente wird primär nur
mit den ersten Zentimetern der Mondoberfläche reagieren
können, während die galaktische Komponente mehrere Meter
tief einzudringen vermag. Beide Anteile erzeugen ihrer-
seits wieder sekundäre Teilchen, u.a. auch Neutronen, die

nun Kernreaktionen bis in beträchtliche Tiefen auszulösen vermögen.

Von den zahlreichen neuen Beobachtungen soll hier nur auf drei Effekte der kosmischen Strahlung, die im Hinblick auf Datierungsmöglichkeiten von Interesse sind, näher eingegangen werden, so auf die Bestimmung des "Spallationsnuklids" ^{53}Mn in Mondproben. Die hierbei gewonnenen Informationen über sog. Bestrahlungsalter sind sodann mit solchen, die mittels der Particle-Track-Method erhalten werden, zu vergleichen. Zum anderen soll über Isotopenanomalien an lunarem Rhenium und im Edelgas Xenon berichtet werden. Letztere lassen sich durch Einfang sekundärer Neutronen der kosmischen Strahlung deuten.

Um diese Deutung eingehend begründen zu können, haben wir dann ein Laboratoriumsexperiment mit hochenergetischen (600 MeV) Protonen durchgeführt und die lunaren Bestrahlungsbedingungen annähernd simuliert.

2. ^{53}Mn-Tiefenprofil in der Mondbreccie 14305

Neben dem Reinelement ^{55}Mn hat man in den letzten Jahren festgestellt, daß noch ein anderes, beinahe stabiles Mn-Isotop mit der Massenzahl 53 im extraterrestrischen Material vorkommt. Es entsteht hauptsächlich aus Eisen als Targetnuklid durch eine (p,α) Reaktion am ^{56}Fe, und zwar bevorzugt mit dem niederenergetischen Teil der kosmischen Strahlung. Dieser Kern, der durch K-Einfang in das stabile ^{53}Cr zerfällt, hat eine recht lange Halbwertszeit von 3,8 Millionen Jahren[1,2,3]. Er ist deswegen gut zur Bestimmung von Bestrahlungsaltern geeignet. Im lunaren Material ist es nur in sehr geringen Konzentrationen enthalten, zwischen 0,1 und 0,5 . 10^{-11} g/g, das entspricht etwa einer spezifischen Radioaktivität von 10-50 Zerfällen pro Minute und

kg(dpm/kg). Der überaus schwierige, direkte Zählnachweis
des K-Strahlers ^{53}Mn, der auch relativ große Material-
mengen verlangt, kann durch ein in unserem Institut ent-
wickeltes, äußerst empfindliches Verfahren umgangen werden. Dabei wird dieses ^{53}Mn-Isotop durch eine intensive
Reaktorbestrahlung (n-Einfang) in das γ-strahlende ^{54}Mn
überführt[4,5,6]. ^{54}Mn hat eine Halbwertszeit von nur etwa
300 Tagen. Durch die Bestimmung dieses Radionuklids kann
bei bekanntem (n,γ)-Wirkungsquerschnitt indirekt auf die
Anzahl der vorliegenden ^{53}Mn-Atome geschlossen werden.
Der besondere Vorzug dieses Verfahrens ist es, daß noch
mit vergleichsweise winzigen Substanzmengen von größen-
ordnungsmäßig 100 mg gearbeitet werden kann, da die Zer-
fallsrate durch den Trick dieser Transmutation bis zu
10^4-fach verstärkt wird.

Die Rolle, die das ^{53}Mn in der Aufklärung der Bestrahlungsgeschichte einzelner lunarer Objekte spielen kann,
läßt sich besonders gut am Beispiel des Steines 14305
der Apollo-14-Mission darstellen. Diese Mikrobreccia
wurde in der Nähe des Cone-Craters etwa 2,5 km von der
Apollo-14-Landestelle entfernt gefunden[7]. In Abb. 1 ist
die Probenaufteilung dargestellt. Untersucht wurden von
die Teilproben CA1, FB1, BD1, EC1 und DD1, was etwa einer
größten Tiefe von ~8 cm bzw. 25 g/cm^2 entspricht.

Das ^{53}Mn-Tiefenprofil der Breccie 14305 ist in Abb. 2
wiedergegeben. Verglichen wird es mit dem des bereits
früher untersuchten Basaltsteines 10017 der Apollo-11-
Mission[8,9,1]. Aus Edelgasdaten ist bekannt, daß der
letztgenannte Stein ein Bestrahlungsalter von mehr als
$300 \cdot 10^6$ Jahren besitzt[10,11,12]. Daher darf angenommen
werden, daß sich seine ^{53}Mn-Radioaktivität in der Sättigung befindet. Sein ^{53}Mn-Tiefenprofil zeigt relativ
hohe Werte in der Oberfläche, die durch die zusätzliche
Wirkung der solaren Komponente der kosmischen Strahlung
gedeutet werden. Mit der größer werdenden Tiefe wird dann

14305

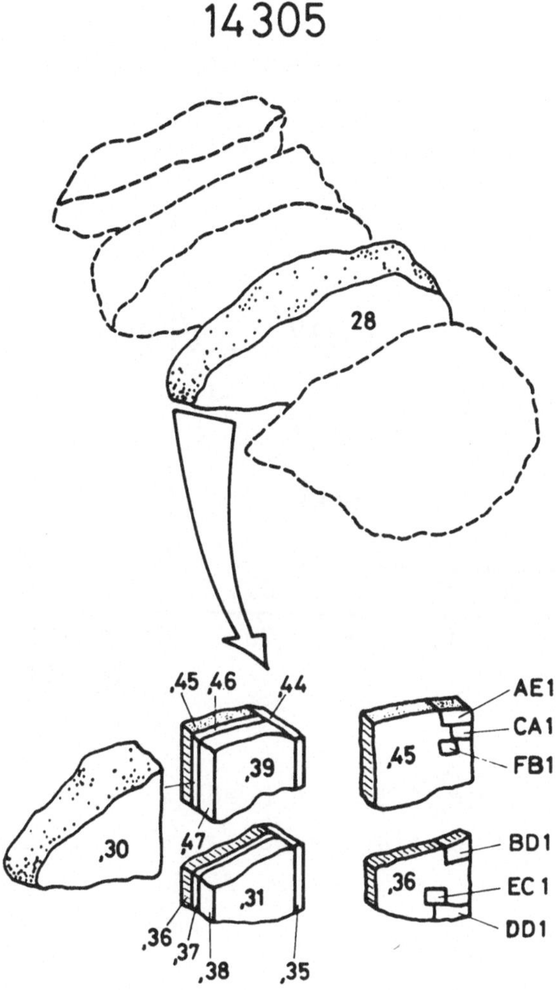

Abb. 1. Schneideplan der Mikrobreccia 14305,28.

ein exponentieller Abfall beobachtet, der der härteren galaktischen Komponente zuzuschreiben ist [8,13,14,15].

Offensichtlich hat nun aber die ^{53}Mn-Aktivität des Steines 14305 keine Sättigung erreicht, und, was noch bemerkenswerter ist, sein Tiefenprofil unterscheidet sich von dem des Steines 10017 ganz beträchtlich. Es hat eine wannenförmige Gestalt, und eine genauere Analyse der Kurve läßt nur die Deutung zu, daß es sich hierbei um einen Stein handelt, der während seines Aufenthaltes

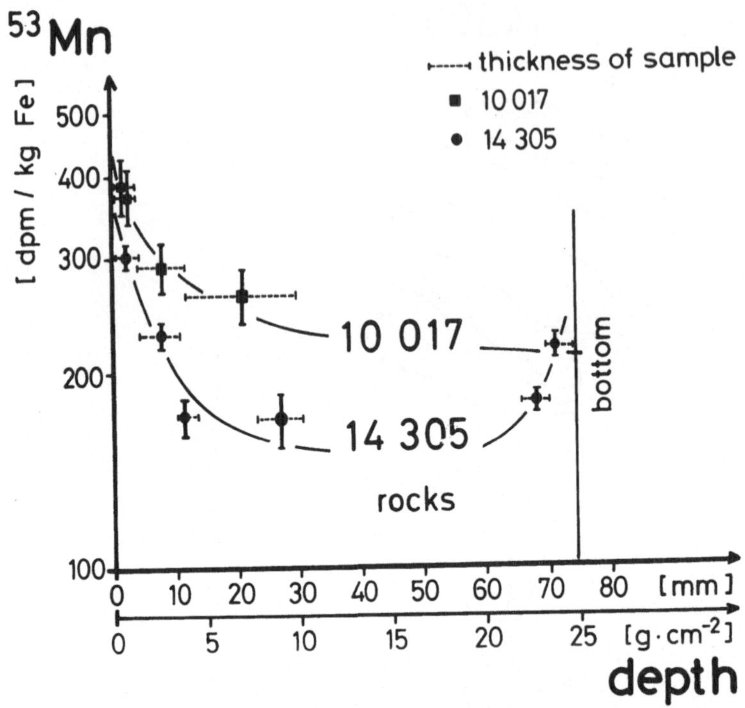

Abb. 2. ^{53}Mn-Tiefenprofile der Breccia 14305 und des Basalts 10017. Die Abszisse wurde so normalisiert, daß bei beiden Steinen 1 g/cm^2 einer Tiefe von 3 mm entspricht.

auf der Mondoberfläche in verschiedenen Orientierungen bestrahlt wurde. Folglich kann es sich hierbei nur um einen sog. "rolling stone" handeln. Aus der Kurvenanalyse folgt weiter, daß die mit "oben" bezeichnete Seite (AE1) ein Bestrahlungsalter von $T_R \leqslant 14 \cdot 10^6$ Jahren aufweist und für die Seite DD1 sich ein solches von $T_R \approx 10 \cdot 10^6$ Jahren ergibt.

Nach diesen Befunden zu urteilen, handelt es sich bei diesem Stein höchstwahrscheinlich um einen Auswurf aus dem Cone-Crater, dessen Alter, wie aus verschiedenen Edelgasmessungen folgt, zwischen 20 und 27 Millionen Jahren liegen sollte [16,17]. Ein in der Nähe stattgefundenes

kleineres Impaktereignis hat ihn dann später nochmals
gewendet. Gestützt wird diese Deutung noch ganz unabhängig durch eine weitere Untersuchung. Es handelt sich
hierbei um die Bestimmung der Kernspuren-Dichte in einzelnen Kristallen, die aus verschiedenen Tiefen dieser
Breccie entnommen werden konnten. Solche durch die kon-
stante kosmische Strahlung erzeugte Kernspuren bleiben
latent in Nichtleitern, wie z.B. in Olivin- und Feldspatkristallen usw. über sehr lange Zeiträume erhalten und
lassen sich dann durch Anätzen sichtbar machen. Auf Grund
der Tiefenabhängigkeit der Spurendichte in geeigneten
Mineralien der Breccie ist es möglich, das sog. Oberflä-
chenbestrahlungsalter, d.h. die Verweilzeit der Breccie
unmittelbar an der Mondoberfläche, abzuschätzen. Jedoch
muß man dazu die sog. minimalen Spurendichten verwenden,
denn man hat damit zu rechnen, daß bei der gewaltsamen
Breccienentstehung durch Meteoriteneinschlag nicht in
allen Kristalliten eine vollständige Spurenausheilung
erfolgte. Verwendet man von Comstock[18] berechnete Er-
zeugungsraten für Teilchenspuren der kosmischen Strahlung, so ergibt sich für den Stein 14305 ein Bestrahlungsalter von ca. 23,4 . 10^6 Jahren. Auch die Spuren-
dichte-Verteilung (Abb. 3) ergibt bei 6 verschiedenen
Tiefen eine Kurve in Wannenform, die den gleichen Schluß
über die "bewegte" Bestrahlungsgeschichte des Steines
zuläßt. Die etwas höheren Spurendichten auf der Seite
AE1 deuten darauf hin, daß diese Seite dem Teilchenfluß
der kosmischen Strahlung länger ausgesetzt war als die
Seite DD1. Berücksichtigt man, daß die systematischen
Fehler dieser Methode mit 25-30 % angegeben werden müssen, so ergibt sich hier eine recht gute Übereinstimmung
mit den ^{53}Mn-Daten.

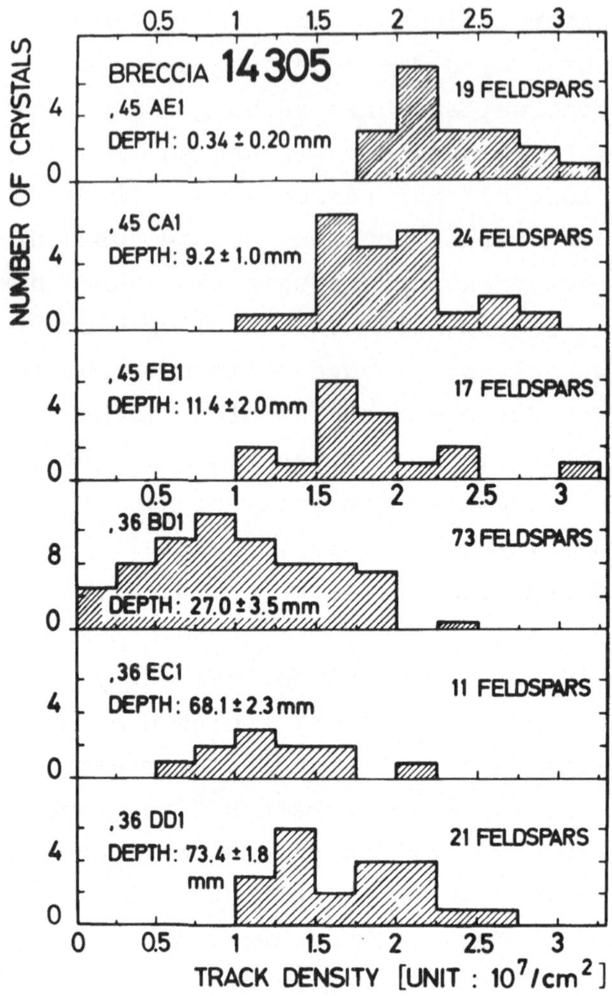

Abb. 3. Häufigkeitsverteilung der Spurendichten in 165 Feldspatkristallen aus 6 verschiedenen Tiefen der Breccie 14305.

3. Der Re-Isotopie-Effekt

Neben den Reaktionsprodukten, die durch geladene Teilchen der kosmischen Strahlung erzeugt werden, werden aber auch Reaktionsprodukte ungeladener Teilchen, die primär in dieser Strahlung nicht vorkommen, beobachtet.

In den letzten Jahren konnte eine Reihe von Isotopie-Anomalien, d.h. unterschiedliche Isotopenhäufigkeiten der stabilen Isotope gewisser Spurenelemente in extraterrestrischem Material festgestellt werden, die auf Neutronenreaktionen zurückgehen und die wegen ihrer meist die Zeit integrierenden Wirkung von besonderem Interesse für die Kosmochemie sind. Bei der Analyse lunaren Rheniums haben wir kürzlich einen solchen Isotopieeffekt entdeckt, der in einer Anreicherung des ^{187}Re gegenüber irdischem Re besteht [19,20,21]. Dabei wird in lunarem Gestein durch Neutroneneinfang des Nachbarelementes Wolfram, und hier speziell am ^{186}W und durch nachfolgenden ß$^-$-Zerfall, zusätzliches ^{187}Re erzeugt. Da W in lunarem Material 10^3 bis 10^4 mal häufiger ist als Re, führt dieser Prozeß trotz des verhältnismäßig kleinen thermischen Neutroneneinfangsquerschnittes des ^{186}W zu einer deutlich ausgeprägten Isotopenanomalie im Element Rhenium. Die Isotopenhäufigkeitsbestimmungen können jedoch wegen der extrem kleinen Re-Mengen (<1 ppb) vorerst nur auf aktivierungsanalytischem Wege durchgeführt werden. Gesteinsproben von nur 50 - 100 mg Gewicht werden für eine solche Aktivierungsanalyse benötigt. Gleichzeitig muß auch der Gehalt des Targetelementes Wolfram bestimmt werden.

Das Prinzip einer Isotopenhäufigkeitsbestimmung auf dem Wege einer Neutronenaktivierungsanalyse ist nun folgendes: Aus beiden natürlichen Re-Isotopen entstehen durch n-Einfang relativ kurzlebige Radioisotope, ^{186}Re ($T_{1/2}$ = 90,64 h) und ^{188}Re ($T_{1/2}$ = 16,97 h)[22], die in ihrer Radioaktivität miteinander verglichen werden. ^{186}Re kann über die 136 keV-γ-Linie und ^{188}Re über die 155 keV-γ-Linie erfaßt werden. Die γ-Spektren wurden unter annähernd gleichen Bedingungen aufgenommen. In Abb. 4 wird ein γ-Spektrum von irdischem Rhenium mit dem von lunarem Rhenium aus der Breccie 14321 verglichen. Das lunare ^{188}Re ist gegenüber dem "irdischen" stärker ange-

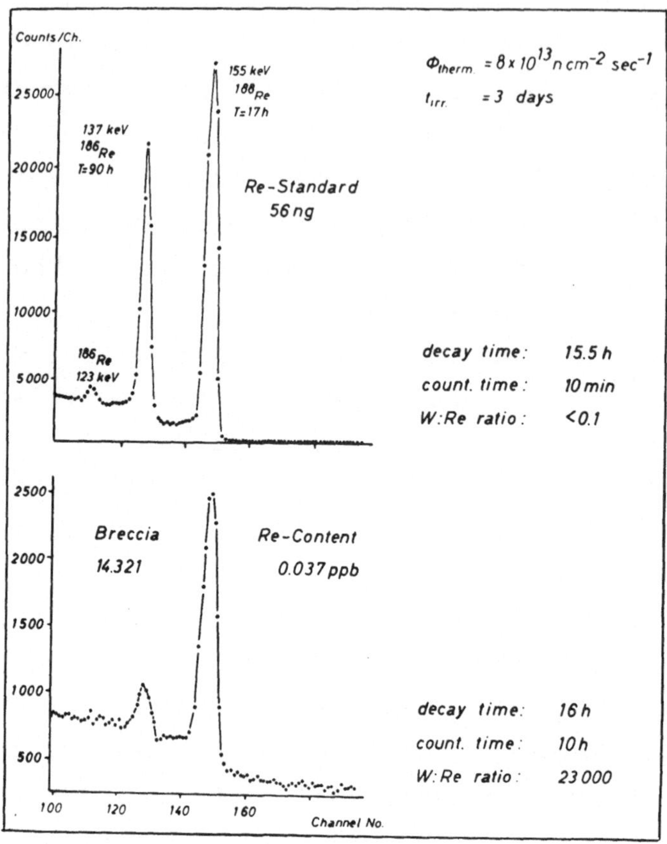

Abb. 4. γ-Spektren von lunarem und irdischem Rhenium.

reichert. Die Anreicherung beträgt im Stein 14321 sogar 29 %, wohingegen im Regolith, d.h. im Mondstaub, nur ein ^{187}Re-Überschuß in der Größenordnung von 1,4—1,8 % festgestellt wird.

Allerdings ist nicht der gesamte am Re gemessene Isotopie-Effekt lunaren Ursprungs. Eine Schwierigkeit entsteht nämlich insofern, als die Reaktorneutronen während der Aktivierung der Mondprobe die Reaktion

$$^{186}W(n,\gamma)^{187}W \xrightarrow{\ \beta^- \ } {}^{187}Re(n,\gamma)^{188}Re$$

eingehen. Dadurch wird ein gewisser Anteil an ^{188}Re produziert und ein größerer Isotopieeffekt vorgetäuscht.

Eine quantitative Erfassung und Korrektur dieser Störung ist aber durch die Analyse von mitbestrahlten W-Standards möglich.

Einige Ergebnisse der Re-Isotopenhäufigkeitsanalysen sind in Tab. 1 dargestellt. Das W/Re-Verhältnis ist in

Tab. 1. Angereichertes ^{187}Re in lunarem Rhenium der Apollo-14 Mission

Sample	Re** [ppb]	W [ppm]	Lunar ^{187}Re excess [%]	$[10^{-12}g]$ *	$\frac{\Delta Re\text{-}187(lun.)}{W\text{-}186}$ $[10^{-3}]$
14305 DD1 surf.	0.729±0.03	2.37±0.04	0.54	1.6 ± 0.2	0.043±0.006
CA1 int.	0.708±0.03	2.74±0.04	0.69	1.2 ± 0.2	0.033± 0.006
14321	0.021 ±0.002	0.86±0.01	15.5	0.7 ± 0.09	0.071±0.007
14163	1.316 ±0.004	1.32±0.02	1.36	2.6 ± 0.3	0.14 ±0.01
14259	1.41 ± 0.03	1.56±0.02	1.36	2.6 ± 1.4	0.12 ±0.06

* normalisiert auf 50 mg Probengewicht.

** Es wurde eine Isotopenhäufigkeit von 37,07 % für ^{185}Re in "normalem" Re zugrunde gelegt.

allen untersuchten Gesteinen größer als 1000. In der Breccie 14321 steigt das Verhältnis sogar auf mehr als 40.000 an, was auch den hier gemessenen großen Isotopieeffekt von 29 % verständlich macht, wovon allerdings nur etwa die Hälfte, d.h. 15,5 %, auf die Wirkung lunarer Neutronen zurückzuführen ist. Insgesamt liegen also die prozentualen "lunaren" Erhöhungen des ^{187}Re zwischen 0,5 und 15,5 %. In der vorletzten Spalte sind die Absolutmengen an "lunarem" Überschuß ^{187}Re (in Picogramm) wiedergegeben. Alle Werte wurden auf Probenmengen von 50 mg normiert, die tatsächlichen Einwaagen lagen stets zwischen 49 und 104 mg.

96

Der in der letzten Spalte dargestellte Quotient $\Delta^{187}Re(lun)/^{186}W$ ist gleich der Zahl der Neutroneneinfangsprozesse pro ^{186}W-Atom, die während der lunaren Bestrahlungsgeschichte der Probe stattfanden. Diese Werte liegen zwischen 3,3 und 14 . 10^{-5}.

Wichtig für die Deutung dieser Einfangsraten ist es nun, daß auf dem Mond der Neutroneneinfang am ^{186}W hauptsächlich über epithermische Neutronen geschieht. ^{186}W besitzt mehrere (n,γ)-Resonanzen; u.a. eine bei 18,8 eV mit einem maximalen Wirkungsquerschnitt von 14.600 barn, die zu >90 % zum gesamten Resonanzintegral von 478 barn beiträgt. Der thermische Wirkungsquerschnitt (σ_{th}) des ^{186}W liegt lediglich bei 38 barn. In Abb. 5 ist die Anregungsfunktion des ^{186}W dargestellt, wie sie aus den

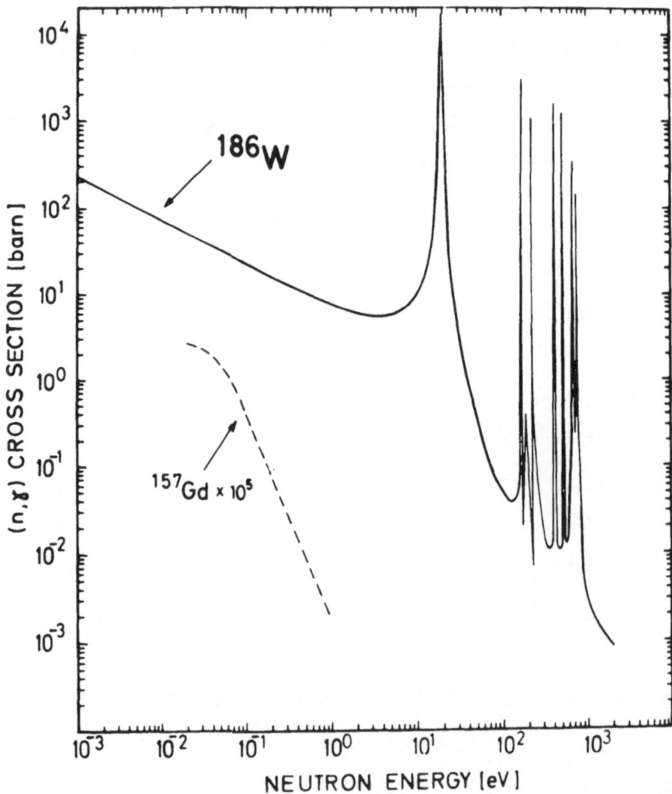

Abb. 5 Vergleich der Anregungsfunktion des ^{186}W mit der des ^{157}Gd

Resonanzparametern[23] berechnet wurde. Zum Vergleich ist ein Ausschnitt aus der Anregungsfunktion des ^{157}Gd mit in das Diagramm eingezeichnet. Der Neutroneneinfang des ^{157}Gd wird allerdings vornehmlich durch thermische Neutronen verursacht. Bei 0,2 eV ist hier der Wirkungsquerschnitt bereits um zwei Zehnerpotenzen gefallen. Höherenergetische Neutronen tragen folglich zur Einfangsreaktion am ^{157}Gd nur noch vergleichsweise wenig bei.

Die äußerst wichtige Frage nach dem Aussehen des lunaren Neutronenspektrums stellt sich nun automatisch, wenn man einen Vergleich der n-Einfangsraten, die an verschiedenen durch Neutronen hervorgerufenen Effekten gemessen werden, vornimmt. Offenbar lassen sich erst einheitliche Aussagen über die Neutronenbestrahlungsgeschichte von lunaren Proben machen, wenn das lunare n-Energiespektrum bekannt ist. Es wurde nämlich eine Reihe solcher n-induzierter Effekte bei der Untersuchung lunaren Materials entdeckt. So fanden Wasserburg und Mitarbeiter im lunaren Gadolinium und Samarium deutliche Isotopie-Anomalien, die auf thermischen Neutroneneinfang zurückzuführen sind [24,25].

Vornehmlich epithermischer Neutroneneinfang wurde andererseits am ^{79}Br und ^{81}Br von Lugmair und Marti[17] (die übrigens auch Gd untersuchten) über die entsprechenden Kr-Isotope nachgewiesen. Unabhängig voneinander haben dann W. Kaiser[26,27] und R. Eberhardt und Mitarbeiter[28] die sog. ^{131}Xe-Anomalie entdeckt und eine Deutung über den Neutroneneinfang des ^{131}Ba gegeben.

Auch an der Bildung von ^{37}Ar und von ^{236}U sind nach Fireman et al.[29] bzw. Fields et al.[30] neutroneninduzierte Prozesse beteiligt. Da alle diese Effekte durch Neutronen sehr unterschiedlicher Energie hervorgerufen wurden, ist es im Prinzip möglich, aus diesen Beobachtungen das lunare Neutronenspektrum zu rekonstruieren. Lingenfelter et al.[31] haben es unternommen, die genannten Isotopenanomalien und das lunare Neutronenspektrum zu berechnen. Da nach ihren Ergebnissen die Neutroneneinfangsraten für verschiedene Nuklide weitgehend tiefenunabhängig sind, lassen sich die verschiedenen n-Effekte, ungeachtet der Bestrahlungsgeschichte der Proben, vergleichen. So ergibt sich aus den von Lingenfelter berechneten "effektiven" Wirkungsquerschnitten mit den Gd-Daten für Apollo-14-Staubproben ein zeitintegrierter Neutronenfluß von $3 \cdot 10^{16}$ n/cm^2 für Neutronen mit Energien $<0,2$ eV [24]. Dies ist in verhältnismäßig guter Übereinstimmung mit den W-Re-Messungen, die hierfür einen Fluß von $3,8 \cdot 10^{16}$ n/cm^2 für denselben Energiebereich ergeben. Für den gesamten vom ^{186}W erfaßten Neutronenenergiebereich ergibt sich danach ein zeitintegrierter Neutronenfluß von $2,3 \cdot 10^{17}$ n/cm^2. Aus dem Bestrahlungsalter von 515 Millionen Jahren für den Regolith 14163, gefolgert aus Xe-Analysen [32], ergibt sich so ein thermischer Neutronenfluß von $\emptyset_{th} \approx 2$ n/cm^{2}s.

Die Auswertung der Re-Isotopenanomalien der Breccien 14321 und 14305, die beide sehr wahrscheinlich Auswurfsmaterial des Cone-Craters sind, zwingt jedoch zu dem Schluß, daß hier eine sehr komplexe Neutronenbestrahlungsgeschichte vorliegt. Die ^{186}W n-Einfangsraten, die zwischen 0,33 und 0,73 $\cdot 10^{-3}$ capt./atom liegen, weisen, wenn man Expositionsalter in der Größenordnung von 24 Millionen Jahren in Betracht zieht (Cone-Crater-Ereignis), darauf hin, daß bereits vorher eine Neutronenbestrahlung dieser Proben stattfand, als sie noch tiefer unter der Mondoberfläche begraben lagen.

Auf eine mancherorts recht komplexe Bestrahlungsgeschichte der Mondoberfläche weisen auch Untersuchungen der Caltec-Arbeitsgruppe von Wasserburg und Mitarbeitern[25] hin, in denen die neutroneninduzierten Anomalien in Gd und Sm in Abhängigkeit von der Tiefe der Bohrkernproben der Apollo-15- und -16-Missionen gemessen wurden.

Hier zeigten sich Abweichungen von den theoretisch berechneten Tiefenprofilen, die dazu zwingen anzunehmen, daß man an diesen Bohrstellen nicht unbedingt von einer ungestörten Bestrahlungsgeschichte des Mondbodens sprechen kann. Zur genauen Analyse dieser Kurven ist allerdings eine bessere Kenntnis des vorliegenden Neutronenspektrums resp. der Änderung des n-Flusses mit der Tiefe die Voraussetzung. Die bisherigen theoretischen Arbeiten, die u.a. teilweise auf Analogieschlüssen der besser bekannten Verhältnisse in der Erdatmosphäre beruhen, geben hier noch keine absolut befriedigenden Ergebnisse.

4. Simulationsexperimente mit 600 MeV-Protonen an künstlichem Mondstaub

Um genauere Kenntnisse zu erlangen, kann man auf zwei Wegen vorgehen: Einmal ließe sich das Neutronenspektrum auf dem Mond direkt messen. Zum anderen bietet sich an, die Bedingungen auf dem Mond annähernd zu simulieren, indem man künstlichen Mondstaub in der Art eines "Thick-Target"-Experimentes mit hochenergetischen Protonen bestrahlt. Ersterer Weg wurde noch während der Apollo-17-Mission beschritten, doch steht eine genaue Auswertung dieser Messungen noch aus[33].

In unserem Laboratorium wurde der zweite Weg gewählt, um dieses Ziel anzugehen[34]. Dazu wurde ein Simulationsexperiment am CERN-Synchro-Cyclotron in Genf durchgeführt. Unser Target bestand aus 150 kg künstlichem Mondstaub, der über 15 Stunden mit 600 MeV-Protonen bei einem Fluß von $6{,}3 \cdot 10^{11}$ p/s bestrahlt wurde. Die räumliche Verteilung sowohl der Spallations- als auch der Neutronenreaktionen wurde mittels zahlreicher Sonden untersucht, die auf 8 Rahmen befestigt waren. Eine schematische Darstellung der Bestrahlungsanordnung ist in Abb. 6 gegeben.

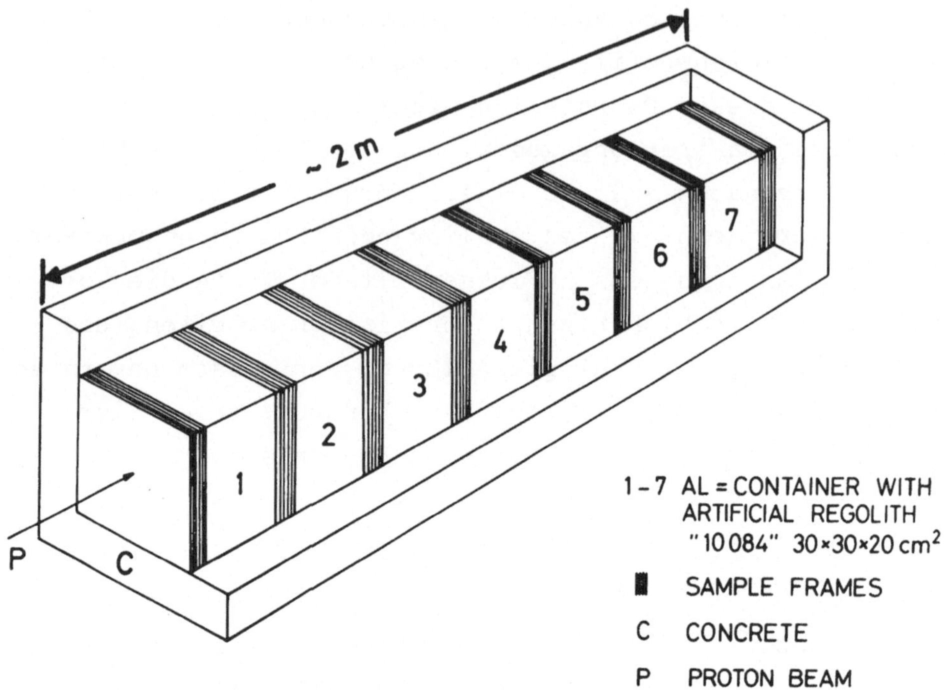

Abb. 6. Schema der "Thick Target"-Anordnung.

In Abb. 7 sind einige Ergebnisse der Untersuchung neutroneninduzierter Reaktionen in diesem "Thick-Target" dargestellt. Das Neutronenenergiespektrum wurde mit 5 verschiedenen Neutronenresonanz-Monitoren ausgemessen. Es waren dies ^{197}Au, ^{191}Ir, ^{186}W, ^{59}Co und ^{63}Cu-Proben, die das Spektrum bis hinauf zu etwa 0,5 keV abzutasten vermochten. Bestätigt finden wir, daß die jeweiligen Verhältnisse der Einfangsraten dieser Kerne weitgehend unabhängig von der Tiefe sind. Der Kurvenverlauf der gemessenen (n,γ)-Aktivitäten als Funktion der Tiefe ist dem von Lingenfelter berechneten sehr ähnlich. Man erkennt, daß der Neutronenfluß von der "Oberfläche" bis zu einem Maximum bei einer Tiefe von etwa 60 g/cm^2 ansteigt und danach ein exponentieller Abfall mit einer Halbwerts-

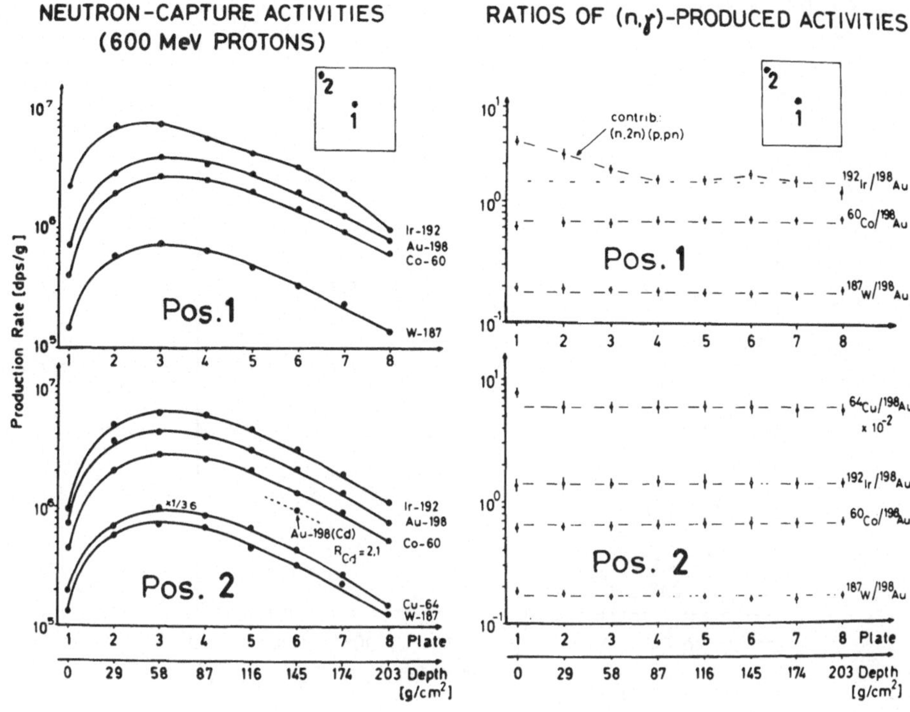

Abb. 7. Untersuchung neutroneninduzierter Reaktionen in einem "Thick Target" aus künstlichem Mond. (Pos. 1: Strahlmittelpunkt, Pos. 2: 22 cm vom Zentrum entfernt.)

tiefe von ca 50 g/cm^2 folgt. Das Maximum der Kurven ist allerdings gegenüber dem von Lingenfelter berechneten zur Oberfläche hin etwas verschoben, und der Abfall ist stärker ausgeprägt. Dies dürfte wohl dadurch bedingt sein, daß wir vorerst nur mit 600 MeV-Protonen bestrahlen konnten, während unter lunaren Bedingungen auch weit höhere p-Energien am Bombardement beteiligt sind.

Die 5 Neutronenmonitoren erlaubten es jedoch nun, in Verbindung mit den entsprechenden Cd-Verhältnissen das Neutronenspektrum in dieser "Thick-Target"-Anordnung zu konstruieren. Diese Ergebnisse werden in Abb. 8 dargestellt. Das Neutronenspektrum setzt sich zusammen aus

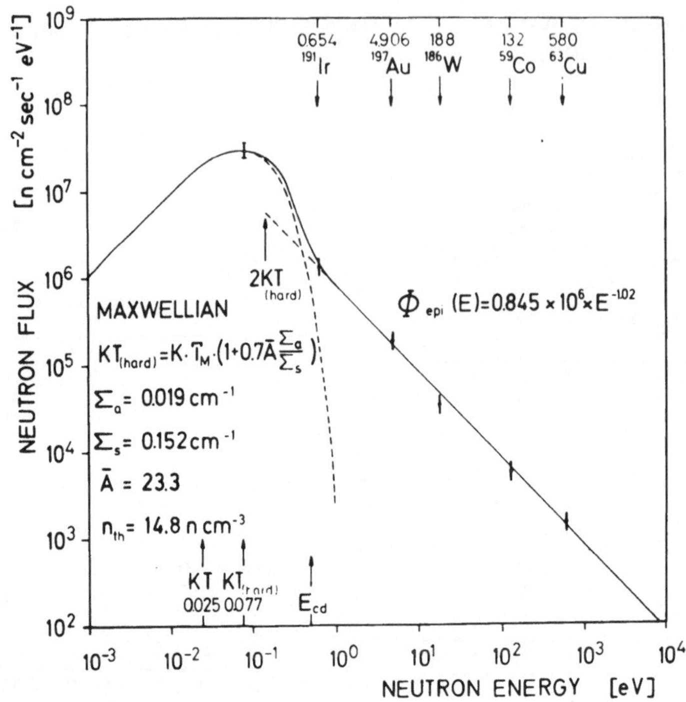

Abb. 8. Experimentell bestimmtes Neutronenenergiespektrum in einem "Thick Target" aus 150 kg künstlichem Mond während des 600 MeV-Protonenbeschusses in einer Tiefe von 145 g/cm^2.

einem "gehärteten" thermischen Anteil und einer epithermischen Komponente, die sich innerhalb der Fehlergrenzen recht gut durch eine 1/E-Funktion darstellen läßt.

Auch die bereits erwähnte ^{131}Xe-Anomalie wurde im Simulationsexperiment studiert. Erste Ergebnisse sind in Abb. 9 dargestellt. Ba ist das Haupttargetelement für Isotopenanomalien am Xe. Die beiden Kurvenpaare geben die aus natürlichem Ba entstandenen Radioaktivitäten, ^{131}Ba (T = 12 d) und ^{127}Xe (T = 36 d), als Funktion der Tiefe wieder. [Einmal für Proben entlang der Strahlachse (im Strahlmittelpunkt) und einmal über die gesamte Fläche senkrecht zum Strahl integriert.] Xe-Isotopenanomalien

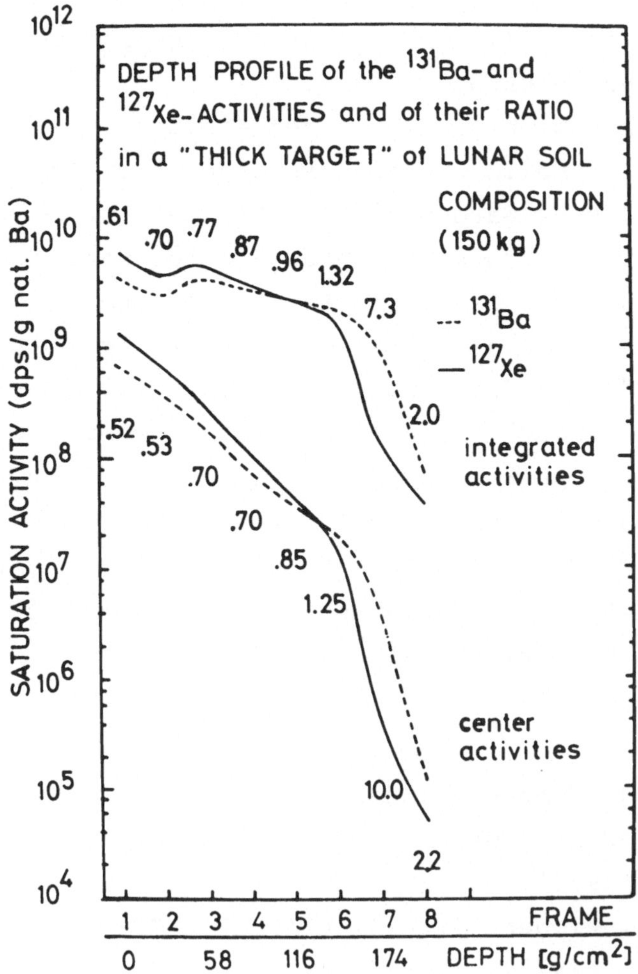

Abb. 9.

entstehen sowohl durch n-induzierte, als auch durch Spallationsreaktionen. Dies äußert sich in der Xe-Massenspektrometrie z.B. durch unterschiedliche ^{131}Xe/^{126}Xe-Verhältnisse bei Mondproben mit verschiedener Bestrahlungsgeschichte. Aus diesen Kurven folgt bspw., daß das Produktionsverhältnis der Radionuklide ^{131}Ba/^{127}Xe sehr tiefenabhängig ist. Ähnliches gilt sicherlich auch für das wichtigere ^{131}Xe/^{126}Xe-Verhältnis, dessen Messung aber erst nach dem Abklingen der radioaktiven Vorläufer ^{131}Ba $\xrightarrow{\varepsilon}$ ^{131}Cs $\xrightarrow{\varepsilon}$ ^{131}Xe (stabil) auf massenspektrometrischem Wege durchgeführt werden kann.

Wir sind der Ansicht, daß aus dem eingehenden Studium der Xe-Isotopenanomalie wichtige Aussagen über sog. "Burial Depths"- und "Gardening"-Effekte gemacht werden können. Die Voraussetzung für derartige Messungen ist aber eine Eichung der Xe-Tiefenskala, die kaum mit Mondproben (bei denen man nicht mit Sicherheit voraussagen kann, daß sie "ungestört" sind), wohl aber mit einem solchen "Thick Target"-Experiment erreicht werden kann.

Die gleichzeitige Erfassung von Protonen und sekundären Neutronenreaktionen in einem Beschleuniger-Experiment dieser Art kann also ein recht genaues Bild der vielfältigen Wechselwirkungen der kosmischen Partikelstrahlung mit fester Materie ergeben.

Literatur

1 Herr, W., U. Herpers, and R. Wölfle: Proc. Third Lunar Sci. Conf., Geochim. Cosmochim. Acta Suppl. 3(2) 1763-1769 (1972).

2 Wölfle, R., W. Herr, and U. Herpers: Radiochim. Acta 18, 207-211 (1973).

3 Honda, M., and M. Imamura: Phys. Rev. C. 4, 1182-1188 (1971).

4 Herpers, U., W. Herr, and R. Wölfle: in: Radioactive Dating and Methods of Low-Level Counting, I.A.E.A. Vienna, 199-205 (1967).

5 Herpers, U., W. Herr, and R. Wölfle: in: Meteorite Research (Ed.: Millman, P.M.), 387-396, D. Reidel, Dordrecht (1969).

6 Herr, W., U. Herpers, and R. Wölfle: Journ. Radioanal. Chem. 2, 197-203 (1969).

7   LSPET - The Lunar Sample Preliminary Examination Team:
    Apollo 14 Preliminary Science Report NASA SP-272,
    109-131 (1971).

8   Shedlovsky, J.P., M. Honda, R.C. Reedy, J.C. Evans Jr.,
    D. Lal, R.M. Lindstrom, A.C. Delany, J.R. Arnold,
    H.H. Loosli, J.S., Fruchter, and R.C. Finkel: Proc.
    Apollo 11 Lunar Sci. Conf., Geochim. Cosmochim. Acta
    Suppl. 1 (2), 1503-1532 (1970). Also in: Science 167,
    574-576 (1970).

9   Herr, W., U. Herpers, and R. Wölfle: Proc. Second
    Lunar Sci. Conf., Geochim. Cosmochim. Acta Suppl. 2(2),
    1797-1802 (1971).

10 D'Amico, J., J. de Felice, and E.L. Fireman: Proc.
    Apollo 11 Lunar Sci. Conf., Geochim. Cosmochim. Acta
    Suppl. 1 (2), 1029-1036 (1970).

11 Marti, K., G.W. Lugmair, and H.C. Urey: Proc. Apollo 11
    Lunar Sci. Conf., Geochim. Cosmochim. Acta Suppl. 1 (2),
    1357-1367 (1970).

12 O'Kelly, G.D., J.S. Eldridge, E. Schonfeld, and
    P.R. Bell: Proc. Apollo 11 Lunar Sci. Conf., Geochim.
    Cosmochim. Acta Suppl. 1 (2), 1407-1423 (1970).

13 Finkel, R.C., J.R. Arnold, M. Imamura, R.C. Reedy,
    J.S. Fruchter, H.H. Loosli, J.C. Evans, A.C. Delany,
    and J.P. Shedlovsky: Proc. Second Lunar Sci. Conf.,
    Geochim. Cosmochim. Acta Suppl. 2 (2), 1773-1789 (1971).

14 Finkel, R.C., M. Wahlen, J.R. Arnold, C.P. Kohl, and
    M. Imamura: in: Lunar Science IV (Ed.: Chamberlain,
    J.W., and C. Watkins), 242-244, Lunar Science Institute,
    Houston (1973).

15 Wahlen, M., M. Honda, M. Imamura, J.S. Fruchter, R.C.
    Finkel, C.P. Kohl, J.R. Arnold, and R.C. Reedy: Proc.
    Third Lunar Sci. Conf., Geochim. Cosmochim. Acta
    Suppl. 3 (2), 1719-1732 (1972).

106

16 Bogard, D.D., and L.E. Nyquist: in: Lunar Science III
    (Ed.: Watkins, C.), 89-91, Lunar Science Institute,
    Houston (1972).
17 Lugmair, G.W., and K. Marti: Proc. Third Lunar Sci.
    Conf., Geochim. Cosmochim. Acta Suppl. 3 (2), 1891-
    1897 (1972).
18 Comstock, G.M.: General Electric Technical Information
    Series 71-C-190, 1-13 (1971).
19 Herr, W., U. Herpers, R. Michel, A.A. Abdel Rassoul,
    and R. Wölfle: Proc. Second Lunar Sci. Conf., Geochim.
    Cosmochim. Acta Suppl. 2(2), 1337-1341 (1971).
20 Michel, R., U. Herpers, H. Kulus, and W. Herr: Proc.
    Third Lunar Sci. Conf., Geochim. Cosmochim. Acta
    Suppl. 3 (2), 1917-1925 (1972).
21 Michel, R., U. Herpers, H. Kulus, and W. Herr: in:
    Analytical Methods developed for Application to Lunar
    Sample Analysis, American Society for Testing and
    Materials ASTM-STP 539, 140-150 (1973).
22 Michel, R., und U. Herpers: Radiochim. Acta 16, 115
    (1971).
23 Goldberg, M.D., S.F. Nughabgal, S.N. Purohit, B.A.
    Maurno, and V.M. May: Neutron Cross Sections,
    Vol. II C, Z-61-87, BNL-325 (1966).
24 Russ III, G.P., D.S. Burnett, and G.J. Wasserburg:
    Earth Plan. Sci. Letters 15, 172-186 (1972).
25 Russ III, G.P.: Earth Plan. Sci. Letters 17, 275-289
    (1973).
26 Kaiser, W.A.: Proc. Second Lunar Sci. Conf., Geochim.
    Cosmochim. Acta Suppl. 2 (2), 1627-1641 (1971).
27 Kaiser, W.A., and R.S. Rajan: Earth Plan. Sci.
    Letters, in press (1973).
28 Eberhardt, P., J. Geiss, H. Graf, N. Groegler,
    U. Kraehenbuehl, H. Schwaller, J. Schwarzmueller,
    and A. Stettler: Earth Plan. Sci. Letters 10, 67-72
    (1970).

29 Fireman, E.L., J. D'Amico, and J. de Felice: in: Lunar
    Science IV (Ed.: Chamberlain, J.W., and C. Watkins),
    248-250, Lunar Science Institute, Houston (1973).

30 Fields, P.R., H. Diamond, D.N. Metta, and D.J. Rokop:
    in: Lunar Science IV (Ed.: Chamberlain, J.W., and C.
    Watkins), 239-241, Lunar Science Institute, Houston
    (1973).

31 Lingenfelter, R.E., F.H. Canfield, and V.E. Hampel:
    Earth Plan. Sci. Letters $\underline{16}$, 355-369 (1972).

32 Burnett, D.S., J.C. Huneke, F.A. Podosek, G.P. Russ III,
    G. Turner, and G.J. Wasserburg: in: Lunar Science III
    (Ed.: Watkins, C.), 105-107, Lunar Science Institute,
    Houston (1972).

33 Woolum, D.S., D.S. Burnett, and C.A. Baumann: in:
    Lunar Science IV (Ed.: Chamberlain, J.W., and C.
    Watkins), 793-795, Lunar Science Institute, Houston
    (1973).

34 Kaiser, W.A., W. Herr, K. Bär, U. Herpers, H. Kulus,
    R. Michel, P. Rösner, K. Thiel, and H. Weigel: in:
    Lunar Science IV (Ed.: Chamberlain, J.W., and C.
    Watkins), 242-244, Lunar Science Institute, Houston
    (1973).

Anschrift der Verfasser: U. Herpers, W. Herr, W.A.
Kaiser, H. Kulus, R. Michel und K. Thiel, Institut für
Kernchemie der Universität zu Köln, Zülpicher Straße 47,
D-5000 Köln, Bundesrepublik Deutschland.

DIE BEDEUTUNG DER SPURENELEMENTE FÜR DIE KOSMOCHEMIE

W. KIESL, Wien

Zusammenfassung

Es wird ein kurzer Überblick über den gegenwärtigen
Stand der Kosmochemie gegeben. Die Bedeutung der Spurenelemente sowie der in Spuren auftretenden organischen
Verbindungen in extraterrestrischem Material wird an Hand
einiger Beispiele aufgezeigt, deren Ergebnisse Rückschlüsse auf kosmisch — chemische Vorgänge zulassen.

Abstract

A short review concerning the present position of
cosmochemistry is given. The significance of trace
elements as well as traces of organic compounds in
extraterrestrial matter with respect to conclusions
about cosmochemical events is shown by discussing some
examples.

1. Einleitung

Der Einsatz der modernen instrumentellen analytischen
Hilfsmittel, wie etwa der Massenspektroskopie, γ-Spektro-
metrie, Elektronenstrahl-Mikroanalyse und Atomabsorptions-
spektroskopie, sowie die in den letzten Jahrzehnten erfolgte Verbesserung der spektroskopischen Geräte haben dazu

geführt, die Bedeutung der Spurenelemente für die Kosmochemie weit über jenes Maß hinauszuheben, auf welches
sie anfangs beschränkt war, nämlich die Ermittlung der
normalen Häufigkeiten der chemischen Elemente.

So haben die Spurenelemente heute ihre Bedeutung u.a.
bei der Erklärung der Kondensationsvorgänge aus dem abkühlenden solaren Urnebel, sie geben Hinweise auf die
Bildungsgeschichte des Erdmondes - des bisher einzigen
Himmelskörpers, von dem Proben nach wissenschaftlichen
Gesichtspunkten gesammelt wurden - , und schließlich sind
sie wichtig bei der Erklärung von Differentiationsprozessen im Inneren kosmischer Körper. Als Probenmaterial
stehen dem Kosmochemiker dazu neben den Mondproben die
Meteorite zur Verfügung, von denen heute feststeht, daß
sie Material ehemals größerer Himmelskörper darstellen,
die mit großer Wahrscheinlichkeit innerhalb unseres Sonnensystems gebildet wurden.

Vor einigen Jahren begann auch die Suche nach organischen Verbindungen in extraterrestrischem Material. Die
in Meteoriten auftretenden geringen Mengen an Kohlenwasserstoffen und Aminosäuren sollen dazu beitragen, unsere
Erkenntnisse über die Bildung von Leben im Kosmos zu er-
weitern. Die junge Disziplin "Exobiologie" hat die kos-
mochemische Forschung der letzten Jahre wesentlich be-
reichert, weshalb ihr im Rahmen dieser Arbeit entsprechender Raum gewidmet wird.

2. Die Häufigkeit der Elemente

Man bezeichnet heute die chemische Zusammensetzung
unseres Sonnensystems als normale Häufigkeit, weil im
allgemeinen die Elementhäufigkeiten anderer Objekte im
Kosmos auf sie bezogen wird. Von der früher üblichen Bezeichnung "kosmische Häufigkeit" sollte man nicht mehr
sprechen, da es sich mittlerweile herausgestellt hat, daß

im Kosmos keine einheitliche chemische Zusammensetzung
besteht.

Obwohl alle Körper unseres Sonnensystems ursprünglich
aus einheitlich zusammengesetzter Materie entstanden sind,
treten heute große Unterschiede in der chemischen Zusammensetzung auf. Das ist eine Folge von Differentiationsprozessen während der frühen Entwicklungsstadien des solaren Nebels sowie von gravitativen Separationsvorgängen,
denen die gebildeten Planeten unterworfen waren. Darüber
hinaus findet in der Zentralregion der Sonne die kern-
chemische Umwandlung von H in He statt, so daß nur die
Sonnenatmosphäre noch die ursprüngliche Zusammensetzung
aufweist, mit Ausnahme einer Abreicherung der leicht um-
wandelbaren Elemente wie Li z.B. Unter Berücksichtigung
solcher Veränderungen wird bei der Erstellung der normalen Häufigkeitsverteilung das Interesse der Analyse der
Photosphäre, der Korona, der solaren kosmischen Strahlung
sowie der kohligen Chondrite gelten, von denen heute bekannt ist, daß sie - abgesehen von den gasförmigen Elementen - die Häufigkeiten der Elemente höherer Atomnum-
mern am ehesten widerspiegeln. Außerdem bereitet heute
nicht nur die Berechnung der Häufigkeit der Spurenelemente aus den Spektrallinien der Sonnenatmosphäre gewisse
Schwierigkeiten[1,2,3,4,5], es ist möglicherweise auch mit
Verlusten schwerer Elemente in den äußeren Sonnenschich-
ten infolge thermischer und Gravitationsdiffusion zu
rechnen. Die äußeren Zonen der Sonne sind nämlich im kon-
vektiven Gleichgewicht, d.h. das Material rezirkuliert
dauernd, die Region bleibt homogen. Die Innenregion der
Sonne mit einem Radius von ~80 % $R_{\odot}$ ist dagegen im
Strahlungsgleichgewicht, so daß unter dem Einfluß des
Temperatur- und Dichtegradienten schwerere Atome offenbar die Tendenz haben, durch die Grenze der beiden Zonen
nach innen zu diffundieren. Dadurch entgehen sie aber
einer Beobachtung.

112

Ein anderer Nachteil der Sonnenspektroskopie ist der,
daß sich Isotopenverhältnisse nur in wenigen günstigen
Fällen ermitteln lassen, wie z.B. das ^{6}Li/^{7}Li-Verhält-
nis infolge der großen Isotopieverschiebung oder das
^{12}C/^{13}C-Verhältnis aus Molekülbanden.

Diese Daten sind dagegen für terrestrische und extraterrestrische Proben gut bestimmbar. Dabei hat man allerdings streng darauf zu achten, daß für die Häufigkeitsbestimmung der Spurenelemente die Zusammensetzung der Proben repräsentativ ist, somit keine Verfälschungen infolge
von Auswahleffekten auftreten.

Die erhaltenen Daten liefern dann wertvolle Informationen, die Theorien über die Entstehung der Elemente
zu berücksichtigen haben. Dazu mußten vorerst noch die
kernphysikalischen Grundlagen, wie Kernreaktionen, ihre
Wirkungsquerschnitte und Reaktionszeiten in Abhängigkeit
von Temperatur und Dichte geschaffen werden. Heute be-
herrschen wir wohl wesentliche Teilprobleme der Chemie
des Kosmos, von einer quantitativen Theorie der Element-
entstehung sind wir aber noch weit entfernt. Dazu sind
die Kenntnisse über Geburts- und Sterberate von Sternen
unterschiedlicher Masse und chemischer Zusammensetzung,
über die Entwicklungsphasen der Sterne nach dem Kohlen-
stoffbrennen, über die Frühphasen des Kosmos und die
Rolle der aktiven Galaxien bei der Elementbildung, nur
um einige zu nennen, noch viel zu lückenhaft. Außerdem
gibt es auf eine für die quantitative Theorie wichtige
Frage derzeit noch keine Antwort: Auf die Frage nämlich,
welcher Anteil der Sternmasse im Laufe der Sternentwick-
lung an das interstellare Medium abgegeben wird.

3. Kondensationsvorgänge in kosmischen Gaswolken

Die in den letzten Jahren erfolgte systematische Spurenanalyse an extraterrestrischem Material hat zu Über-

legungen hinsichtlich der Kondensationsfolgen in abkühlenden heißen kosmischen Gaswolken geführt, im speziellen Fall für die um unsere Sonne gebildete Gaswolke, dem sogenannten "Urnebel",aus welchem schließlich die Planeten hervorgingen. Dazu war es jedoch notwendig, einige wichtige Parameter, wie Temperatur, Dichte und Masse, vernünftig festzulegen.

Aus jüngsten Modellen für die Sonne[6,7] wird heute allgemein die Ansicht vertreten, daß die Temperatur über die Nebelscheibe nicht konstant gewesen sein kann. Zum Zeitpunkt der höchsten Sonnenaktivität vor mehreren Milliarden Jahren herrschte in Merkurnähe eine Temperatur von $3000 - 3500^{\circ}$ K, in Erdbahnnähe $1700 - 2000^{\circ}$ K, in der Umgebung der Marsbahn $1400 - 1700^{\circ}$ K, in der Asteroidenregion $1000 - 1300^{\circ}$ K, während in der Gegend von Jupiter 1000° K nicht mehr überschritten wurden. Für die Masse des Urnebels folgt aus der gegenwärtigen Masse der Planeten $\sim 10^{-3}$ $M_{\odot}$. Infolge eines Verlustes von Wasserstoff aus dem Urnebel dürfte dessen Masse ursprünglich etwas größer gewesen sein. Damit ergeben sich Werte von 10^{-4} bis 10^{-5} atm für den Druck in jenen Regionen, in denen sich Planeten bzw. Asteroide aggregierten.

Die ersten umfassenden thermodynamischen Berechnungen von Lord[8] ergaben eine Kondensationssequenz für 120 Atome und Molekel einfacherer Natur. Die Berechnung komplexer Verbindungen stößt auf die Schwierigkeit, daß deren Thermodynamik in der Gasphase bisher nicht bekannt ist. Selbst für Reinelemente wird die Berechnung erschwert, wenn Legierungsbildung in Betracht gezogen werden muß, da für die betreffenden Systeme die Aktivitätskoeffizienten unbekannt sind. Am geringsten sind die Schwierigkeiten für jene Elemente, die in Eisen begrenzt löslich sind, wie Hg, Ag, Bi, In und Tl (Larimer[9]).

Die flüchtigen Elemente seien deshalb erwähnt, weil sie dem Kosmochemiker ein Mittel in die Hand geben, die

Aggregationstemperatur eines Meteoritenmutterkörpers
festzulegen. Die von Larimer[10] ausgeführten Berechnungen
lassen den Schluß zu, daß die heute beobachteten Häufigkeiten zur Zeit der Aggregation etabliert wurden und
vermeiden die Erstellung komplizierter Zusatzhypothesen,
wie der Elementneuverteilung nach der Aggregation oder
das Zurückgreifen auf Ungleichgewichtszustände, um die
Beobachtungen zu erklären. In einem Diskussionsvortrag vo
Hermann und Wichtl (siehe dieser Band) wird eine derart
einfache Erklärung für die Bildung der Enstatit-Chondri-
te gegeben, wobei man bei entsprechender Wahl des Aggre-
gationszeitraumes nur den Bildungsort in die Innenregion
des Sonnensystems zu verlegen hat, um Übereinstimmung
der Häufigkeiten der flüchtigen Spurenelemente mit der
mineralogisch-petrographischen Beschaffenheit dieser
Meteoritenklasse herbeizuführen.

Das Kapitel soll jedoch nicht abgeschlossen werden,
ohne an Hand eines Beispieles die Probleme aufzuzeigen,
die es zu bewältigen gibt.

So konnte Miller[11] zeigen, daß die stabile gasförmige
Spezies des In in einem Gas solarer Zusammensetzung
In_2S ist, die stabile kondensierte Form dagegen InS.
Für die Kondensationsreaktion wurde von Larimer[9] ursprünglich die Gleichung

$$In_2S_{(g)} + H_2S \rightleftharpoons 2\,InS + H_2 \qquad (1)$$

angesetzt. Da aber das solare Gas sowohl $Fe_{(met)}$ als auch
FeS enthält, kann das H_2/H_2S-Verhältnis infolge der
Reaktion

$$Fe + H_2S \rightleftharpoons FeS + H_2 \qquad (2)$$

variieren. Für die Kondensationsgleichung war daher
richtig

$$In_2S_{(g)} + FeS \rightleftharpoons 2\,InS + Fe \qquad (3)$$

zu setzen, womit die quantitative Berechnung den tatsächlichen Gegebenheiten entsprach.

Hg dagegen bleibt nach wie vor ein Paradoxon. Die unerwartet hohe Hg-Häufigkeit der gewöhnlichen Chondrite dürfte entweder einer bisher noch nicht bekannten wenig flüchtigen Hg-Verbindung oder dem hohen Ionisationspotential (Arrhenius und Alfven[12]) zuzuschreiben sein.

4. Aggregationsvorgänge in kosmischen Gaswolken

Es wurde eben angedeutet, daß mit Hilfe der sogenannten Kosmothermometer der Aggregationszeitpunkt bzw. das Aggregationstemperaturintervall der Kondensate ermittelt werden kann. Der Vorgang der Aggregation kann unter Umständen zu einer Fraktionierung im Urnebel führen. Daß ein nachträglicher Verlust der flüchtigen Elemente, wie z.B. In, Hg, Cd, etc. von Himmelskörpern ab etwa 100 km Radius während eines späteren "Aufheizens" infolge der gravitativen Kontraktion oder des Zerfalls radioaktiver Elemente nicht sehr wahrscheinlich ist, zeigt die Gegenüberstellung der Gehalte der flüchtigen Elemente in Enstatitchondriten mit jenen der gewöhnlichen Chondrite. Petrographische Untersuchungen haben gezeigt, daß die Enstatitchondrite (bzw. deren Mutterkörper) höheren Temperaturen nach ihrer Agglomeration ausgesetzt waren als die gewöhnlichen Chondrite. Trotzdem ist ihr Gehalt an flüchtigen Elementen um Größenordnungen höher.

Mit Hilfe eines Fraktionierungsvorganges im solaren Nebel läßt sich auch die Entstehung des Erde-Mond-Systems plausibel erklären. Die bis vor Apollo 11 bestehenden Entstehungstheorien waren z.T. vom Standpunkt der Himmelsmechanik äußerst unwahrscheinlich (Einfangtheorie) oder aber bargen dynamische Schwierigkeiten (Fissionstheorie) in sich. Die mineralogisch-petrographischen und chemischen Untersuchungen der Mondproben bestätigten dann auch die Verschiedenheit der Gesteine des Mondes gegenüber jenen des Erdmantels. So wurde eine eher selten diskutierte

Idee von Öpik[13] reaktiviert, nach der der Mond aus einem
sogenannten "Sediment-Ring" gebildet wurde, der unabhängig von der Erde entstand. Die Modifikation dieser
Theorie von Ringwood[14] lieferte ein Modell, wonach der
Mond aus einem Restnebel um die Erde agglomerierte. Die
Tatsache, daß die siderophilen Elemente im Mond stark
abgereichert sind, hat die Diskussion über die Möglichkeit einer Metall-Silikat-Fraktionierung im solaren Nebel stark belebt. Die Grundlagen für diesen Mechanismus
wurden von Urey[15,16] und Wood[17] geschaffen. Bei Drucken
von $\sim 10^{-3}$ atm kondensiert das solare Ni-Fe mit Olivin
und Enstatit. Von Harris und Tozer[18] konnte gezeigt werden, daß unterhalb des Curie-Punktes der Ni-Fe-Legierung
der "Einfangquerschnitt" für die metallbeladenen Körn-
chen um den Faktor 10^4 ansteigt. Der Restnebel verarmt
somit an siderophilen Elementen, die mit dem Ni-Fe kondensierten. Diese sogenannte "inhomogene Aggregation"
wurde von Turekian und Clark[19] zur Erklärung der Bildung
der terrestrischen Planeten herangezogen. Die Mondent-
stehungstheorie von Ringwood überwindet auch sehr ele-
gant eine Schwierigkeit, die darin besteht, daß die
Analysen der Mondbasalte eine starke Abreicherung der
flüchtigen Spurenelemente gegenüber terrestrischen Gesteinen zeigen.

Der Ringwoodsche Restnebel, der nur aus kleinen Ma-
terietrümmern besteht, aggregiert somit zeitlich _nach_
der Erde und _nach_ dem Verlust der flüchtigen Elemente
zum Mond.

Befürworter dieser Theorie weisen darauf hin, daß
Fraktionierung über eine Distanz von Planetenradien möglich sei, wie an Hand der Galilei'schen Monde gezeigt
werden kann, deren Dichten von Jo (Abstand von Jupiter:
6 Jupiterradien) mit 4,03 über Europa (10 Jupiterradien)
mit 3,78, Ganymed (15) mit 2,35 zu Callisto (26) mit
2,06 g/cm^3 abfallen.

5. Differentiationsprozesse in kosmischen Körpern

Schließlich sei auf die Bedeutung der Spurenelemente
bei der Erklärung von Differentiationsprozessen innerhalb
der gebildeten Himmelskörper hingewiesen. Derartige Probleme sind von Interesse, wenn der entstandene Körper
nach seiner Aggregation eine Dimension erreicht, die verhindert, daß die beim radioaktiven Zerfall freigesetzte
Wärme rascher abgestrahlt wird, als sie generiert. Der
Beitrag an Wärme auf Grund der Gravitationskontraktion ist
in Spezialfällen zu berücksichtigen (bei Riesenplaneten
wie Jupiter oder Saturn beispielsweise), bei den sogenannten "schweren" Himmelskörpern jedoch unbedeutend.
Dieses "Aufheizen" kann einen grundlegenden Strukturwandel bewirken, der sich nicht nur im petrographischen Aufbau, sondern auch im Chemismus der Gesteine ausdrückt.
So hat sich gezeigt, daß ein Unterschied in der Zusammensetzung der chondritischen Meteorite und des Materials
aus lunaren Tiefebenen besteht, wenn man davon ausgeht,
daß der Mond primär aus chondritischem Material aufgebaut
wurde. Es wird heute die Ansicht vertreten, daß die Gesteine der Maria repräsentativ für die Zusammensetzung
des Mondes sind, und daß sie aus einem Magmenfluß gebildet wurden, der im Mondinneren existierte. Im Gegensatz
zu den kleineren Meteoritenmutterkörpern muß das Mondmaterial stark fraktioniert worden sein.

Die Mondgesteine zeigen mit Ausnahme von Eu einen uniformen Anreicherungsgrad an Seltenen Erden im Vergleich
zu Chondriten (Haskin et al.[20]). Diese Eu-Abreicherung
ist mit seinem einzigartigen geochemischen Verhalten verbunden. Unter hochreduzierenden Bedingungen, wie sie offensichtlich während der Kristallisation der lunaren Gesteine geherrscht haben müssen, existiert Europium als
Eu^{2+}-Ion. Da dieses Ion bedeutend größer ist als das
Eu^{3+}-Ion, sollte es bevorzugt in Plagioklase eintreten.
Dies konnte von Philpotts und Schnetzler[21] auch tatsäch-

118

lich bestätigt werden. Die plagioklasreichen Gesteinstypen werden in den lunaren Hochländern gefunden, so daß
eine großräumige fraktionierte Kristallisation angenommen werden kann, die zur Bildung der anorthositischen
Kruste um den Mond führte. Jedoch zeigen auch terrestrisc
basische Gesteine eine Eu-Anreicherung in der Feldspatkomponente. Zum Unterschied von den "trockenen" lunaren
Magmen spielt bei den terrestrischen aber Wasserdampf
eine große Rolle, so daß in der Geochemie der Seltenen
Erden ein Unterschied bestehen muß. Terrestrisch sollten
Wassermolekel oder Hydroxylradikale als Liganden bei der
Komplexbildung der Seltenen Erden auftreten. Bei den lunaren Basalten müssen dagegen andere Liganden in Betracht
gezogen werden. Zur Klärung dieser Fragen wäre das physi-
kalisch-chemische Verhalten an Silikatschmelzen über
1000° C zu studieren.

Die Zusammensetzung der lunaren Basalte unterscheidet
sich aber nicht nur hinsichtlich der sogenannten "Europiumanomalie" von chondritischen und terrestrischen Basalten. Neben den schon erwähnten Unterschieden bei den
seltenen Erden treten starke Abweichungen sowohl bei
flüchtigen Elementen (wie z.B. Rb, Cs, Tl, Cl) als auch
bei nichtflüchtigen Spurenelementen (wie z.B. Hf, Zr)
auf. Jedenfalls kann heute auch aus der Chemie der lunaren Gesteine mit hoher Wahrscheinlichkeit auf exten-
sive fraktionierte Kristallisationsvorgänge nach der
Bildung unseres Trabanten geschlossen werden.

6. Organische Verbindungen in extraterrestrischem Material

Die organischen Verbindungen in extraterrestrischem
Material haben in den letzten Jahren in zunehmendem Maße
das Interesse der Kosmochemiker gefunden.

Die in Kohlechondriten in geringer Menge enthaltenen
organischen Bestandteile sollten bei Reaktionen im so-

laren Urnebel gebildet worden sein. Sieht man von der
biogenetischen Entstehung der Kohlenwasserstoffe in Meteoriten ab, die aus verschiedenen Gründen sehr unwahrscheinlich ist (Kohlechondrite waren sicher nie Teile
eines Großplaneten, auf dem durch Miller-Urey-Reaktionen
organisches Material aufgebaut wurde), so stehen zur
Synthese vorerst H_2 und CO als häufigste Spezies der
in Frage kommenden Elemente H und C im solaren Gasnebel
zur Verfügung.

Damit erscheint die Reaktion

$$n\ CO + (n + 0{,}5x)H_2 \rightleftharpoons CnHx + nH_2O \qquad (4)$$

interessant. Diese Reaktion ist Grundlage eines in der
Industrie benutzten Verfahrens von Franz Fischer, und es
ist bemerkenswert, daß bei drucklosem Arbeiten Kohlen-
wasserstoffe, bei Arbeiten unter Druck sauerstoffhältige
Kohlenwasserstoffe (Alkohole) entstehen. Der Fischer-
Tropsch-Katalysator ist Fe, Ni, Co und Oxide der Elemente
der 1. und 2. Hauptgruppe des Periodensystems. Gerade Fe,
Ni und Co sind aber die Bestandteile des Meteoreisens.

Auf Grund der Kondensationstheorie und des Temperatur-
verlaufes in der Nebelscheibe liegt in den äußeren Regionen des Sonnensystems aber Ni-Fe nicht vor. (Tatsächlich enthalten auch die kohligen Chondrite des Typs I,
die den höchsten Anteil an organischen Substanzen aufweisen, kein Ni-Fe). Nun ist aber auch das im kosmischen
Gas vertretene Fe_3O_4 ein sehr guter Katalysator für die
Fischer-Tropsch-Synthese, wie Anderson[22] zeigen konnte.

Beachten wir die Reaktion

$$\frac{1}{4}\ Fe_3O_4 + H_2 \rightleftharpoons \frac{3}{4}\ Fe + H_2O \qquad (5)$$

Im Sonnennebel ist die Gleichgewichtskonstante K durch
das H/O-Verhältnis gegeben, daher wird in unserem Fall:

$$K = \frac{H_2O}{H_2} = 2 \cdot 10^{-3} \qquad (6)$$

120

Bei Kenntnis der thermodynamischen Daten erhält man
die Gleichgewichtstemperatur von 390° K. Darunter liegt
Fe als Fe_3O_4, darüber als Fe_{met} vor.

Im äußeren Asteroidengürtel betrug die Temperatur
$700-900^{\circ}$ K; über einen Zeitraum von 10.000 a fiel sie
nicht unter 400° K ab. Man kennt zwar nicht genau den
Agglomerationszeitpunkt und vor allem den Zeitpunkt, zu
dem der H_2 infolge der hohen Aktivität der Sonne aus dem
System entfernt wurde, doch wäre folgender Reaktionsweg
denkbar:

Zum Zeitpunkt des "flare-up" der Sonne lieferte der
an sich gute Fischer-Tropsch-Katalysator Fe_3O_4 nach
dieser Reaktion Fe (und aus NiO und CoO die entsprechenden Metalle). Während der Reaktion wird das Fe und Ni
teilweise in die Karbonyle $Fe(CO)_5$ und $Ni(CO)_4$, der Rest
zu Fe_3O_4 umgewandelt. Genau diese Verbindungen wurden
bei der experimentellen Überprüfung der Theorie gefunden.
Für die Versuche haben Studier et al.[23] Mischungen von
CO und H_2 (D_2) im kosmischen Verhältnis bei 10^{-2} atm
und höher eingesetzt. Als Katalysatoren wurden die Meteorite Cañon Diablo, Cold Bokkeveld (Cc) und Bruderheim
(Chondrit) eingesetzt, deren organische Substanzen oxy-
dativ ausgeheizt wurden.

Wie Studier et al.[23] an Beispielen der Meteorite
Orgueil und Murray zeigen konnten, besteht zwischen den
aus diesen Meteoriten isolierten und den "synthetischen"
Kohlenwasserstoffen weitgehende Übereinstimmung.

Nachdem die biogenetische Entstehung der organischen
Substanzen in den kohligen Chondriten auf einem Planeten von den Autoren verworfen wurde, blieb noch die Möglichkeit der Miller-Urey-Reaktion im Sonnennebel zu diskutieren, für die bekanntlich extreme Hochenergiequellen
oder elektrische Entladungen nötig sind. Der Aufbau organischer Verbindungen in den Atmosphären der Protoplaneten bzw. Planeten nach diesem Mechanismus ist außer

Frage. Im solaren Gas jedoch kann die Miller-Urey-Reaktion die Predominanz der normalen Isoparaffine nicht erklären. Auf Grund ihrer Natur ist die Miller-Urey-Synthese hochgradig unselektiv und gibt, wie Davis und Libby[24] zeigen konnten, eine komplexe Mischung hochverzweigter Aliphaten.

Bleibt als einzige Alternative: spontane Reaktionen außer Fischer-Tropsch. Dabei wird jede Reaktion akzeptabel, die selektiv die Bildung der normalen und Monomethylparaffine über die hoch verzweigten Isomere begünstigt. Will man mit Hilfe einer solchen Reaktion schwere Kohlenwasserstoffe spontan erzeugen, so wird CO oder C als Ausgangsmaterial in Frage kommen. Daher sind Reaktionswege, die direkt zu Paraffinen führen gegenüber solchen, die zu CH_4 führen zu favorisieren. Eine derartige Selektivität kann nicht ohne Katalysator erreicht werden. Die Hauptschwierigkeit betrifft also den Katalysator. Es ist sehr wahrscheinlich, daß zum Zeitpunkt des "flare up" die äußeren Planeten bereits als Protoplaneten, in den inneren Teilen des Sonnensystems "Verdichtungen" der Materie in den entsprechenden Abständen von der Sonne existierten und in der Asteroidenregion die Bildung organischer Verbindungen begünstigt wurde.

Die Fischer-Tropsch-Reaktion dürfte somit nach Ansicht von Studier et al.[23] ein ziemlich allgemeiner Prozeß im Universum sein. Sie läuft wahrscheinlich immer dann ab, wenn kosmisches Gas (H_2, CO) sowie meteoritischer Staub schnell von höheren Temperaturen abkühlen.

Literatur

1 Lambert, D.L.: Monthly Notices of Royal Astron. Soc. 138, 143-179 (1968).
2 Lambert, D.L., and B. Warner: ibid. 138,181-212 (1968).
3 Lambert, D.L., and B. Warner: ibid. 138,213-227 (1968).

4   Lambert, D.L., and E.A. Mallia: Monthly Notices of
    Royal Astron. Soc. 140, 13-20 (1968).

5   Lambert, D.L., E.A. Mallia, and B. Warner: ibid. 142,
    71-95 (1969).

6   Hayashi, C.: Publ. Astron. Soc. Japan 13, 450-452
    (1961).

7   Hayashi, C.: Annual Rev. Astron. Astrophys. 4, 171-
    192 (1966).

8   Lord III, H.C.: Icarus 4, 279-288 (1965).

9   Larimer, J.W.: Geochim. Cosmochim. Acta 31, 1215-1238
    (1967).

10 Larimer, J.W.: ibid. 37, 1603-1623 (1973).

11 Miller, A.R.: Univ. of Calif. Rad. Lab. Rep. UCRL-
    10857 (1963).

12 Arrhenius, G., and H. Alfvén: Earth Planet. Sci. Lett.
    10, 253-267 (1971).

13 Öpik, E.J.: Astron. Journ. 66, 60-67 (1961).

14 Ringwood, A.E.: Nichtpublizierter Vortrag beim IAU-
    Symposium, Newcastle, England (1971).

15 Urey, H.C.: The Planets. Yale Univ. Press, New Haven
    (1952).

16 Urey, H.C.: Astrophys. Journ. 124, 307-310 (1956).

17 Wood, J.A.: Nature 194, 127-130 (1962).

18 Harris, P.G., and D.C. Tozer: Nature 215, 1449-1451
    (1967).

19 Turekian, K.K., and S.P. Clark jr.: Earth Planet.
    Sci. Lett. 6, 346-348 (1969).

20 Haskin, L.H., R.O. Allen, P.A. Helmke, T.P. Paster,
    M.R. Anderson, R.L. Korotev, and K.A. Zweifel:
    Apollo 11 Lunar Sci. Conf., Geochim. Cosmochim. Acta
    Suppl. 1 (2), 1213-1231 (1970).

21 Philpotts, J.A., and C.C. Schnetzler: ibid. Suppl. 1(2
    1471-1486 (1970).

22 Anderson, R.B.: in: Catalysis IV, Hydrocarbon Synthesi
    Hydrogenation and Catalization (Ed.: Emmett, P.H.),
    Reinhold Publ. (1956).

23 Studier, M.H., R. Hayatsu, and E. Anders: Geochim.
    Cosmochim. Acta 32, 151-173 (1968).
24 Davis, D.R., and W.F. Libby: Science 144, 991-992
    (1964).

Anschrift des Verfassers: W. Kiesl, Analytisches
Institut der Universität Wien, Währinger Straße 38,
A-1090 Wien, Österreich.

MASSENSPEKTROMETRISCHE BESTIMMUNG DER SPURENELEMENTE
IN STEINMETEORITEN

H. HINTENBERGER, K.P. JOCHUM und M. SEUFERT, Mainz

Zusammenfassung

In den letzten Jahren wurde ein Verfahren zur Bestimmung aller schweren Spurenelemente von W bis U durch Festkörper-Massenspektrometrie mit Funkenionenquellen erarbeitet. Zur Bestimmung der Empfindlichkeitsfaktoren wurde der Allende-Standardmeteorit herangezogen. Die Konzentrationen der siderophilen schweren Elemente W, Re, Os, Ir, Pt und Au sind in gewöhnlichen und kohligen Chondriten untereinander streng korreliert, während Bi zu den siderophilen Elementen antikorreliert ist. Enstatitchondrite verhalten sich etwas anders.

Die massenspektrometrische Bestimmung der schweren Elemente wird zur Klassifizierung der vier Yamato-Meteorite angewendet. Dabei zeigt sich, daß jeder der vier Steine einer anderen Klasse zugeordnet werden kann, nämlich als E, Ah, C3 und H.

Abstract

In recent years a method for the determination of heavy trace elements from W to U in solids by means of sparc source mass spectrometry was developed. Sensitivity factors were determined using the Allende reference me-

126

teorite. Concentrations of siderophile elements W, Re,
Os, Ir, Pt, and Au in ordinary- and carbonaceous chondrites are mutually correlated while Bi is anticorrelated
to siderophile elements. Enstatite chondrites show some-
what different characteristics.

The mass spectrometric determination of heavy trace
elements may be used for classification of four Yamato
meteorites. Each of these four stony meteorites can be
assigned to a different class, that is E, Ah, C3 and H respectively.

1. Einleitung

Mit massenspektroskopischen Methoden lassen sich außerordentlich kleine Mengen von Spurenelementen nachweisen[1]. Die Nachweisempfindlichkeit ist jedoch in der Regel sehr spezifisch von der Art der Spurenelemente abhängig. So können mit statisch betriebenen Massenspektrometern noch Edelgasmengen von 10^4 - 10^5 Atomen nachgewiesen werden, und eine ebenso hohe Nachweisempfindlichkeit
kann man bei Verwendung von thermischen Ionenquellen in
Massenspektrometern für die Alkalimetalle erreichen. Es
wäre wünschenswert ein Verfahren zu besitzen, das generell
für alle Spurenelemente mit ähnlich hoher Nachweisempfindlichkeit anwendbar ist. Zu einem solchen Verfahren scheint
sich die Festkörper-Massenspektrometrie mit Funkenionenquellen allmählich zu entwickeln.

Bei der Untersuchung nichtleitender Gesteine oder Minerale wird dazu die gepulverte Probe mit reinstem Graphit
vermischt und zu Elektroden gepreßt, zwischen denen im
Vakuum ein Hochfrequenzfunke gezündet wird[2,3,4,5,6]. Dabei wird die Versuchssubstanz verdampft und ionisiert.
Die Ionen werden dann am besten in einem doppelfokussierenden Massenspektrographen vom Mattauch-Herzog'schen Typ
analysiert, wobei der Ionennachweis entweder mit Photo-

platten oder mit empfindlichen elektrischen Nachweismethoden erfolgen kann (siehe Abb. 1).

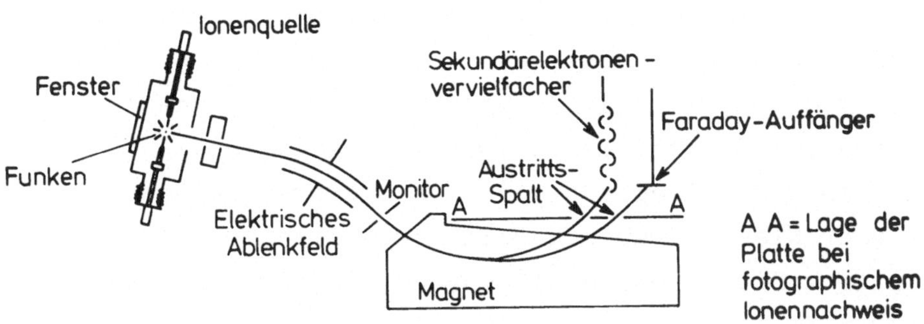

Abb. 1. Mattauch-Herzog'scher Massenspektrograph mit Funken-Ionenquelle. Ionen verschiedener Massen werden entlang der Linie AA scharf fokussiert, auch wenn sie mit verschiedenen Energien in verschiedenen Richtungen in den Spektrographen eintreten (Doppelfokussierung). Der Ionennachweis kann mit einer Photoplatte entlang der Linie AA, oder nach Durchtritt durch einen Austrittspalt auf elektrischem Wege erfolgen.

2. Massenspektrometrische Untersuchung geochemischer und kosmochemischer Proben

Die Grundlagen zu diesem Verfahren gehen zum Teil auf Dempster[7] zurück, der die Funkenionenquelle entwickelt hat, zum Teil aber auch auf Mattauch und Herzog[8], die die allgemeine Theorie der doppelfokussierenden Massenspektrographen ausgearbeitet haben. Zur Untersuchung geochemischer

und kosmochemischer Proben ist das Verfahren aber erst
nach einer längeren Entwicklung[9,10,11,12,13] in jüngster
Zeit wirklich angewendet worden. Es wurden sowohl terrestrisches Material[14,15,16,17,18] als auch Meteorite[19,20,2]
und Mondproben [22,23,24,25,26,27] untersucht. Zum Nachweis der Spektren sind dabei Photoplatten verwendet worden, die Nachweisempfindlichkeit reicht in den Bereich
von einigen ppm. Eine sehr ausführliche Untersuchung
über etwa 30 Spurenelemente im Bulkmaterial sowie in verschiedenen Mineralseparationen von Steinmeteoriten verschiedener Klassen wurde kürzlich von Allen und Mason[28]
publiziert. Die schweren Elemente W, Re, Os, Ir, Pt und
Au, deren Konzentrationen im Bereich zwischen 1 ppm und
1 ppb liegen, waren jedoch im Bulkmaterial der Meteorite
auf massenspektroskopischem Wege nicht mehr nachweisbar.
In den abgetrennten Metallphasen konnten sie jedoch,
ihrem siderophilen Charakter entsprechend, noch nachgewiesen werden.

In den letzten Jahren haben wir ein Verfahren zur massenspektrometrischen Bestimmung aller schweren Spurenelemente vom Wolfram bis zum Uran ausgearbeitet und damit
eine Reihe von Steinmeteoriten untersucht[29,30,31]. Darüber soll im folgenden berichtet werden.

<u>3. Untersuchungsmethoden</u>

3.1. Analysendurchführung

Es wurde dazu ein doppelfokussierender Massenspektrograph MS 7 der Firma AEI benutzt, der mit einem Multiplier
zum Ionennachweis ausgerüstet war und den wir noch zusätzlich speziell zur Datenerfassung und zur Automati-
sierung der Messungen verbessert hatten. Die Automati-
sierung ist für die praktische Durchführung der Analysen
sehr wichtig, da der Substanzverbrauch im Funken während

einer Einzelmessung nur in der Größenordnung von einigen 10^{-5} Gramm liegt und die Meßergebnisse wegen der unvermeidlichen Inhomogenitäten der Proben in so kleinen Bereichen stark schwanken. Es sind mindestens 100, wenn möglich über 1000 Einzelmessungen auszuführen, um einen repräsentativen Wert für die Konzentration eines Spurenelementes zu erhalten. Das mag, verglichen mit anderen Methoden,als Nachteil erscheinen, es kann aber an Beispielen gezeigt werden, daß gerade deshalb zwischen Spurenelementen Zusammenhänge gefunden werden können, die man anders nicht nachweisen kann.

Zur Analyse mißt man unter Normalbedingungen die Ionenströme bei einem oder mehreren Isotopen des zu bestimmenden Elementes[*] . Um aus den Meßwerten für die Ionenströme die Konzentrationen zu ermitteln, muß für jedes Element der Empfindlichkeitsfaktor, durch den Verschiedenheiten in der Ionisierungswahrscheinlichkeit und in der Ionennachweisempfindlichkeit der Elemente berücksichtigt wird, bekannt sein.

3.2. Bestimmung der Empfindlichkeitsfaktoren

Am einfachsten kann man die Empfindlichkeitsfaktoren mit Hilfe eines Standards mit gut bekannten Spurenkonzentrationen bestimmen. Die unter gleichen Bedingungen im Meteoriten und im Standard gemessenen Ionenströme bei einer zu bestimmenden Massenlinie verhalten sich dann wie die Konzentrationen. Leider gibt es keinen Meteoritenstandard, für den die Spurengehalte der schwe-

---

[*] Multiplierspannung $U_{Mult} = 2{,}225$ kV (entspricht einer Verstärkung von $7 \cdot 10^7$); Verstärkungsfaktor des an den Multiplierausgang angeschlossenen Gleichstromverstärkers = 1000; Monitorladung $Q = 1$ n Cb; Gewichtsverhältnis Graphit : Meteorit = 1 : 2.

130

ren Elemente zuverlässig bekannt wären. In den letzten
Jahren wurde von Jarosewich und Clarke im Smithsonian
Institute in Washington vom Allende-Meteorit ein Standard hergestellt. Die Spurenkonzentrationen darin sollen in einer gemeinsamen Arbeit, an der viele Laboratorien beteiligt sind, bestimmt werden. Wir haben diesen
Standard verwendet, die Spurengehalte für die schweren
Elemente in diesem Standard sind jedoch noch nicht bekannt.

Daher haben wir durch Zugabe bekannter Mengen im ppb-
Bereich von allen Elementen vom Wolfram bis zum Uran die
Empfindlichkeitsfaktoren und damit auch die Konzentrationen dieser Elemente im Allende-Standard bestimmt.
Dieses Verfahren ist nicht ideal, da die Spurenelemente
im Spike in anderen Verbindungen vorliegen als im Meteoriten. Die Eichfaktoren wurden jedoch in mehreren Fällen mit verschiedenen Verbindungen und unter Verwendung
verschiedener Meteorite bestimmt. Die Unterschiede zwische
den nach verschiedenen Verfahren bestimmten Empfindlichkeitsfaktoren waren jedoch stets kleiner als 15 %, so daß
wir die so bestimmten Faktoren zur Bestimmung vorläufiger
Werte für die Spurenkonzentrationen im Allende-Standard
als brauchbar ansehen. Mit verbesserten Konzentrations-
werten für den Standard können später auch die jetzt erhaltenen Ergebnisse für die Spurengehalte in den hier
untersuchten Meteoriten jederzeit korrigiert werden.

Unsere vorläufigen Ergebnisse für die absoluten Konzentrationen C der schweren Elemente von Wolfram bis zum
Uran im Allende-Standard sind aus Tab. 1 zu entnehmen.
Darin sind auch die zur Messung verwendeten Isotope, die
unter vorher festgelegten Normalbedingungen bei den einzelnen Linien gemessenen Ionenströme K_m, die eventuell
notwendigen Untergrundkorrekturen ΔK_m und die Isotopen-
empfindlichkeitsfaktoren f, mit deren Hilfe die Elementkonzentrationen C berechnet werden können, angegeben. Die

Tabelle 1. Allende-Standard

	K_m	ΔK	K	f.1000	C
^{183}W	0,45	0,14	0,31	1,40	220
^{185}Re	0,41	0,12	0,29	3,65	80
^{189}Os	1,00	0,02	0,98	0,890	1100
^{191}Ir	1,75	0,02	1,73	2,55	680
^{195}Pt	3,09	0,02	3,07	2,10	1460
^{197}Au	2,14	0,66	1,48	8,72	170
^{200}Hg	0,23	0,02	0,21	0,156	1330
^{203}Tl	0,99	0,02	0,97	17,4	56
^{208}Pb	31,2	0,06	31,1	26,6	1170
^{209}Bi	1,81	0,07	1,74	26,8	65
^{232}Th	1,28	0,02	1,26	22,5	56
^{238}U	0,43	0,02	0,41	24,3	17

K_m = Meßwert in Skalenteilen unter Standardbedingungen
ΔK = Untergrund
K = Korrigierter Meßwert (K = K_m - ΔK)
f = Isotopenempfindlichkeitsfaktor in Skalenteilen
pro ppb = $f_{Isot.}$ (Z,A)
C = Elementkonzentration in ppb

zur Berechnung der Konzentrationen C sowie der atomaren
Häufigkeiten H benutzten Größen und Formeln sind in Tab. 2
zusammengestellt.

4. Resultate und Diskussion

Wir haben bisher 20 Steinmeteorite verschiedener Klassen untersucht und darin alle Spurenelemente vom Wolfram
bis zum Uran bestimmt. Unter den 20 Meteoriten befinden
sich 7 neu entdeckte Meteorite, deren Spurengehalte hier
erstmalig bestimmt wurden. Wir haben für alle Meteorite
die auf den Allende-Standard normierten Konzentrationen

Tabelle 2. Definitionen und Beziehungen für die Meßgrößen, Konzentrationen und Häufigkeiten

$K_m(Z,A)$	Meßwert für die Konzentration eines Isotopes A des zu bestimmenden Elementes Z unter genormten Bedingungen im Meteoriten
$\Delta K(Z,A)$	Untergrundkorrektur (falls nötig)
$K(Z,A) = K_m(Z,A) - \Delta K(Z,A)$	
$K_o(Z,A)$	$K(Z,A)$ im Standard
$C(Z)$	Gewichtskonzentration des Elementes Z im Meteoriten in ppb
$C_o(Z)$	$C(Z)$ im Standard
$\gamma = \dfrac{C(Z)}{C_o(Z)}$	Auf den Standard normierte Gewichtskonzentration des Elementes Z im Meteoriten
$\kappa = \dfrac{K(Z,A)}{K_o(Z,A)}$	Auf den Standard normierter Meßwert für das Isotop A des Elementes Z
$\kappa = \dfrac{K(Z,A)}{K_o(Z,A)} = \gamma = \dfrac{C(Z)}{C_o(Z)}$	
$f = f_{Isot.}(Z,A)$	Empfindlichkeitsfaktor für das Isotop A des Elementes Z
$h(A,Z)$	Häufigkeit des Isotopes A des Elementes Z
$f_{Element}(Z) = f_{Isot.}(Z,A) \cdot \dfrac{100\ \%}{h(A,Z)}$	
$C(Z) = K(Z,A) \cdot \dfrac{1}{f_{Isot.}(Z,A)} = \dfrac{K(Z,A)}{K_o(Z,A)} \cdot C_o(Z)$	
$H(Z)$	Atomare Häufigkeit des Elementes Z, bezogen auf 10^6 Atome Si im Meteoriten
$H_o(Z)$	$H(Z)$ im Standard
$h(Z) = \dfrac{H(Z)}{H_o(Z)}$	Atomare Häufigkeit, normiert auf den Standard
$H(Z) = \dfrac{C(Z)\ [ppb]}{C(Si)\ [ppb]} \cdot \dfrac{G(Si)}{G(Z)} \cdot 10^6$	
$G(Z)$	Atomgewicht des Elementes Z
$G(Si)$	Atomgewicht von Si

κ sowie die mit unseren vorläufigen Empfindlichkeitsfaktoren bestimmten Absolutkonzentrationen C in ppb angegeben.

Zunächst haben wir die schweren Spurenelemente in 7 bekannten Meteoriten und zwar in den drei kohligen Chondr

ten Orgueil (C1), Murray (C2) und Allende (C3), im Enstatitchondrit Abee (E4) und in den vier gewöhnlichen Chondriten Allegan (H5), Ehole (H), Mocs (L6) und Holbrook
(L6) gemessen[29,30]. Dann haben wir noch zwei in der letzten Zeit in Brasilien gefallene Meteorite Parambu[32,31]
und Marilia[33,31] untersucht, sowie den in Japan gefallenen
Meteorit Numakai[34], der erst jetzt einer genaueren Untersuchung zugänglich geworden ist. Es sind drei gewöhnliche
Chondrite der Gruppe LL (Parambu) und H (Marilia und
Numakai). Außerdem haben wir noch in den vier Yamato-
Meteoriten, die 1972 von einer japanischen Antarktisexpe-
dition zurückgebracht worden sind, die Konzentrationen
der schweren Spurenelemente gemessen[30,35]. Die Ergebnisse
sind in den Tabellen 3, 4 und 5 zusammengestellt.

Wir betrachten zunächst die Häufigkeitsverteilung der
siderophilen Elemente W, Re, Os, Ir, Pt und Au in gewöhnlichen Chondriten. Ohne Ausnahme zeigen diese Spurenelemente in allen von uns untersuchten H-Chondriten eine
höhere Konzentration als in den beiden L-Chondriten Mocs
und Holbrook, in welchen die Konzentrationen wiederum
merklich höher liegen als die Konzentrationen, die wir
im LL-Chondrit Parambu gefunden haben. Das erkennt man
deutlich aus Abb. 2. Die Konzentrationen der siderophilen schweren Elemente sind untereinander linear korreliert. Das ist besonders deutlich aus den Diagrammen der
Abb. 3 zu ersehen, in welchen die Konzentrationen von W,
Re, Os, Pt und Au jeweils gegen die Konzentration von Ir
aufgetragen sind. In Abb. 4 sind die auf Orgueil normierten atomaren Häufigkeiten von Ir gegen die Häufigkeiten von Ni aufgetragen. Hier wurden allerdings für Ni
vorläufige Werte verwendet, die wir durch Auswertung von
einigen Photoplatten gewonnen haben und die weniger genau sind. Trotzdem ist die Korrelation zwischen Ir und
Ni deutlich zu erkennen, und auch die Gruppen der H-,L-
und LL-Chondrite sind voneinander getrennt.

Tabelle 3. Gewichtskonzentrationen C (in ppb) und auf den Allende-Standard normierte Konzentrationen κ in verschiedenen Chondriten

			W	Re	Os	Ir	Pt	Au	Hg	Tl	Pb	Bi	Th	U
Orgueil	C1	κ	0,91	0,69	0,82	0,75	0,94	1,47	5,86	1,27	1,66	1,92	0,66	1,24
		C	200	55	900	510	1370	250	7800	71	1940	125	37	21
Murray	C2	κ	1,45	1,19	0,88	1,07	1,02	1,71	1,77	2,14	2,26	2,46	1,13	3,47
		C	320	95	970	730	1490	290	2360	120	2650	160	63	59
Allende	C3	κ	1,00	1,00	1,00	1,00	1,00	1,00	1,00	1,00	1,00	1,00	1,00	1,00
		C	220	80	1100	680	1460	170	1330	56	1170	65	56	17
Abee	E4	κ	1,68	0,58	0,79	0,75	0,82	2,53	0,32	1,18	1,69	1,52	0,41	0,40
		C	370	46	870	510	1190	430	420	66	1980	99	23	6,8
Allegan	H5	κ	1,05	1,25	1,11	1,22	1,36	1,88	1,30	0,059	0,14	0,071	0,89	0,94
		C	230	100	1220	830	1980	320	1730	3,3	165	4,6	50	16
Ehole	H	κ	1,32	1,63	1,87	1,85	2,05	2,29	1,45	0,17	0,12	0,032	1,27	1,35
		C	290	130	2060	1260	2990	390	1930	9,5	140	2,1	71	23
Mocs	L6	κ	0,91	0,74	0,86	0,84	0,91	1,35	0,84	0,070	0,48	0,10	1,02	0,94
		C	200	59	950	570	1330	230	1120	3,9	560	6,5	57	16
Holbrook	L6	κ	0,86	0,75	0,83	0,82	0,89	1,24	1,20	0,34	0,19	0,15	1,05	1,06
		C	190	60	910	560	1300	210	1600	19	220	9,7	59	18

Tabelle 4. Gewichtskonzentrationen C (in ppb) und auf den Allende-Standard normierte Konzentrationen κ in neu gefundenen[*] und gefallenen[**] Chondriten

			W	Re	Os	Ir	Pt	Au	Hg	Tl	Pb	Bi	Th	U
Parambu[**]	LL	κ	0,50	0,48	0,56	0,53	0,51	0,82	1,00	0,38	0,30	0,38	0,93	0,88
		C	110	38	620	360	740	140	1330	21	350	25	52	15
Marilia[**]	H	κ	1,20	1,56	1,85	1,82	1,92	2,59	0,56	0,093	0,13	0,043	0,01	1,03
		C	265	125	2030	1240	2810	440	740	5,2	150	2,8	56,5	17,5
Numakai[*]	H	κ	1,27	1,10	1,42	1,53	1,59	2,12	0,58	0,23	0,15	0,057	0,96	0,94
		C	280	88	1560	1040	2320	360	770	13	170	3,7	54	16

Tabelle 5. Gewichtskonzentrationen C (in ppb) und auf den Allende-Standard normierte Konzentrationen κ in 4 neu gefundenen Steinmeteoriten aus der Antarktis

			W	Re	Os	Ir	Pt	Au	Hg	Tl	Pb	Bi	Th	U
Yamato (a)	E	κ	1,45	0,79	1,27	1,32	1,25	2,88	0,38	4,29	1,91	4,31	0,80	0,82
		C	320	63	1400	900	1820	490	510	240	2240	280	45	14
Yamato (b)	Ah	κ	0,42	<0,04	0,018	0,006	<0,003	<0,006	1,16	0,80	0,16	0,086	0,088	<0,02
		C	93	<3	20	4	<5	<1	1540	45	190	5,6	4,9	<0,4
Yamato (c)	C3	κ	1,14	0,85	1,13	1,25	1,29	0,88	0,96	0,29	0,52	0,58	1,30	1,06
		C	250	68	1240	850	1880	150	1280	16	620	38	73	18
Yamato (d)	H	κ	1,18	1,24	1,47	1,51	1,73	2,12	0,48	0,59	0,080	0,057	1,02	1,00
		C	260	99	1620	1030	2520	360	640	33	94	3,7	57	17

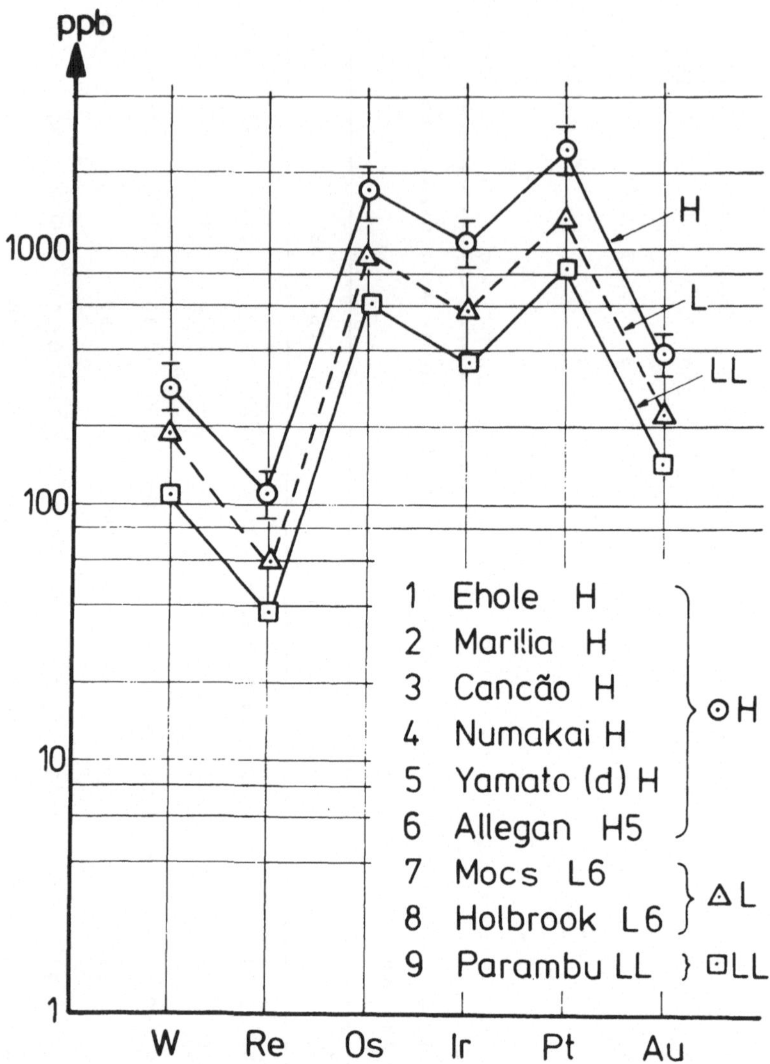

Abb. 2. Gewichtskonzentrationen der siderophilen schweren Elemente in gewöhnlichen Chondriten der Gruppen H, L und LL. Die Linien verbinden die Mittelwerte, die Balken kennzeichnen die Bereiche, innerhalb derer alle Meßwerte für die H-Chondrite liegen. Die Daten für Mocs und Holbrook fallen zusammen. Von den LL-Chondriten wurde in dieser Arbeit nur Parambu untersucht.

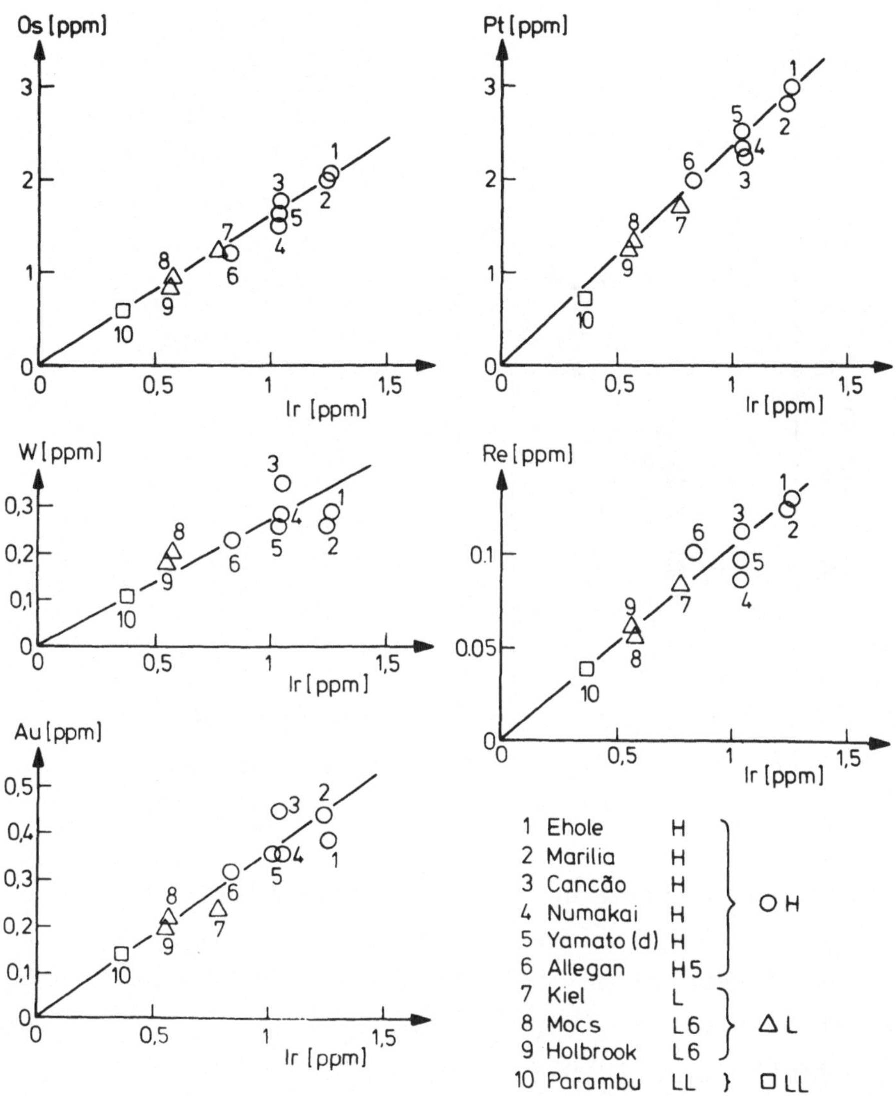

Abb. 3. In gewöhnlichen Chondriten sind die siderophilen schweren Elemente W, Re, Os, Pt und Au zu Iridium linear korreliert. H-Chondrite zeigen hohe, L-Chondrite mittlere und der LL-Chondrit Parambu die niedrigsten Konzentrationen dieser Spurenelemente.

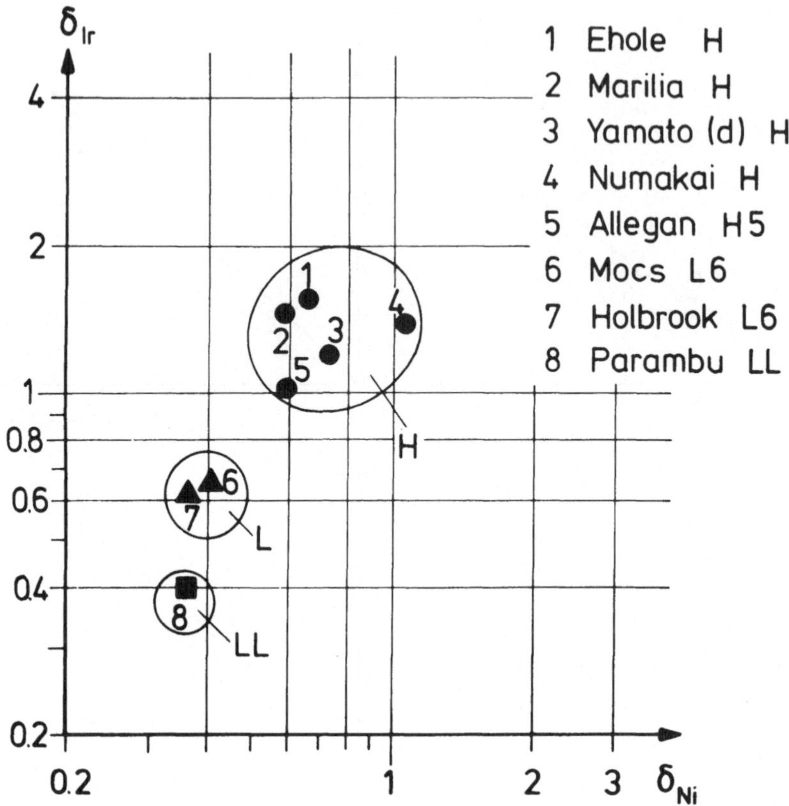

Abb. 4. Auf Orgueil normierte atomare Häufigkeiten δ von Ir als Funktion der entsprechenden Häufigkeiten von Ni in gewöhnlichen Chondriten verschiedener Gruppen (H, L und LL). (Si = 10^6 Atome)

$$\delta = \frac{\text{atomare Häufigkeit in gewöhnlichen Chondriten}}{\text{atomare Häufigkeit im Orgueil}}$$

Ganz anders verhält sich Wismuth. Bi und Ir sind in den gewöhnlichen Chondriten streng antikorreliert. Für Bi zeigt der LL-Chondrit Parambu die höchsten, die H-Chondrite die niedrigsten Konzentrationen, umgekehrt wie bei den siderophilen Elementen. Da die siderophilen Elemente untereinander linear korreliert sind, zeigt sich die Antikorrelation auch zwischen Bi und jedem der anderen siderophilen Elemente (Abb. 5).

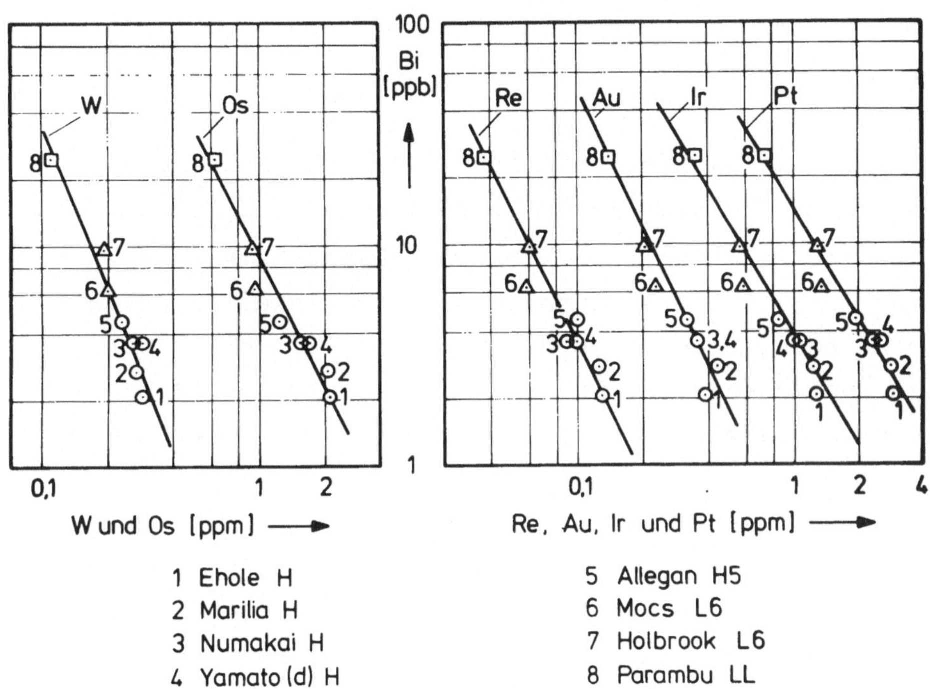

1 Ehole H
2 Marilia H
3 Numakai H
4 Yamato (d) H

5 Allegan H5
6 Mocs L6
7 Holbrook L6
8 Parambu LL

Abb. 5. Bi ist in gewöhnlichen Chondriten antikorreliert zu den siderophilen Elementen W, Re, Os, Ir, Pt und Au. Für H-Chondrite ist der Bi-Gehalt am niedrigsten, für die L-Chondrite mittel und für den LL-Chondriten Parambu am höchsten.

Der Mittelwert für die Konzentrationen der siderophilen Elemente für die bisher von uns gemessenen kohligen Chondrite fügt sich gut in das Diagramm für die gewöhnlichen Chondrite. Ihre Konzentrationen liegen zwischen den Konzentrationen der H- und L-Chondrite. Die Enstatitchondrite scheinen sich etwas anders zu verhalten. Mit Ausnahme der Elemente W und Au liegen zwar auch ihre

Konzentrationen zwischen denen der H- und der L-Chondrite,
in den Enstatitchondriten ist jedoch sowohl das W als
auch das Au höher als in allen anderen in dieser Arbeit
untersuchten Chondriten. Auf die kohligen und die Enstatitchondrite soll jedoch in einer eigenen Arbeit genauer
eingegangen werden.

5. Anwendung der massenspektrometrischen Bestimmung schwerer Spurenelemente zur Klassifikation von Meteoriten

Obwohl die Anzahl der hier gemessenen Meteorite zu
gering ist, um die gefundenen Gesetzmäßigkeiten zu ver-
allgemeinern, scheint es doch möglich, mit Hilfe der
Konzentrationen der schweren Elemente unbekannte Meteorite zu klassifizieren. Dafür sprechen die folgenden
Beispiele:

In Abb. 6 sind die auf den kohligen Chondrit Orgueil
normierten atomaren Häufigkeiten für die schweren Elemente in den in Brasilien in den letzten Jahren gefallenen
Chondriten Marilia und Parambu sowie in dem in der
Antarktis gefundenen Meteorit Yamato (d) aufgetragen.
Die durch die starke Linie verbundenen Kreuze kennzeichnen die Häufigkeiten der schweren siderophilen Elemente
für Marilia, die durch die andere starke Linie verbundenen Dreiecke die entsprechenden Daten für Yamato (d).
Alle Daten liegen innerhalb des schraffierten Bereiches,
in dem alle Häufigkeiten der Spurenelemente in den von
uns gemessenen H-Chondriten zu finden sind. Marilia und
Yamato (d) sind offenbar H-Chondrite. Die Häufigkeiten
für die beiden untersuchten L-Chondrite Mocs und Holbrook
liegen deutlich unterhalb des schraffierten Bereiches.
Die Häufigkeiten der schweren siderophilen Elemente in
Parambu liegen wiederum beträchtlich tiefer als die der
L-Chondrite. Offenbar ist Parambu ein Chondrit der Gruppe
LL, was durch andere Untersuchungen inzwischen bestätigt
worden ist[31].

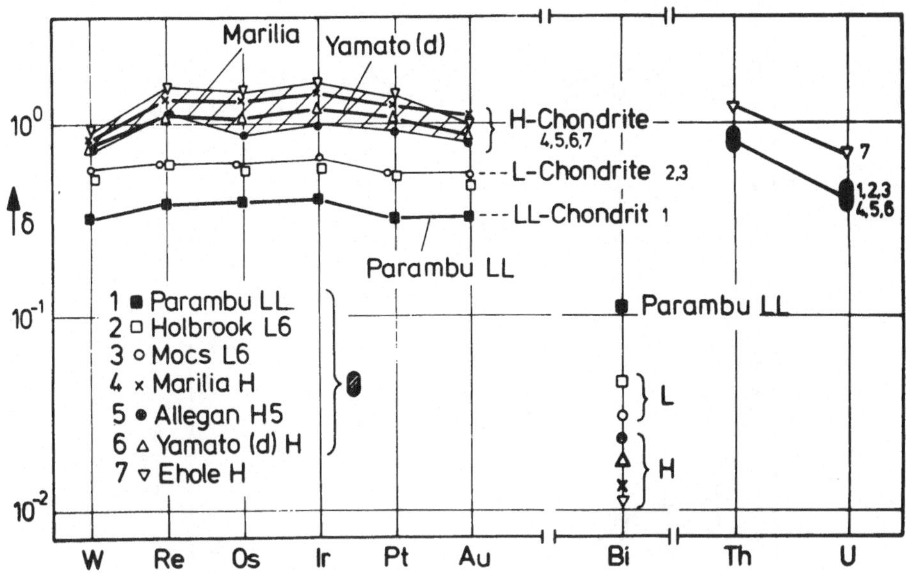

Abb. 6. Atomare Häufigkeiten $(Si = 10^6)$ der siderophilen
schweren Elemente in gewöhnlichen Chondriten, normiert
auf die entsprechenden Häufigkeiten in Orgueil (siehe
Abb. 4). Alle in dieser Arbeit an H-Chondriten gemessenen
Häufigkeiten der schweren siderophilen Elemente liegen
im schraffierten Bereich. Die Konzentrationen für die
beiden L-Chondrite liegen beträchtlich tiefer, die für
Parambu am tiefsten (LL-Chondrit).

Die auf Orgueil bezogenen atomaren Häufigkeiten der
schweren Spurenelemente in den aus der Antarktis stam-
menden Meteoriten Yamato (a), (b), (c) und (d) sind in
den verschiedenen Teildiagrammen der Abb. 7 dargestellt.
Dabei wurde Yamato (a) mit dem Enstatitchondrit Abee,
Yamato (b) mit dem Ca-armen Achondrit Johnstown, Yamato
(c) mit den kohligen Chondriten Orgueil (C1), Murray
(C2) und Allende (C3), verglichen. Aufgrund der Ähn-
lichkeiten in der Häufigkeitsverteilung der Spurenelemente würde man Yamato (a) als Enstatitchondrit,
Yamato (b) als einen Ca-armen Achondrit , Yamato (c)

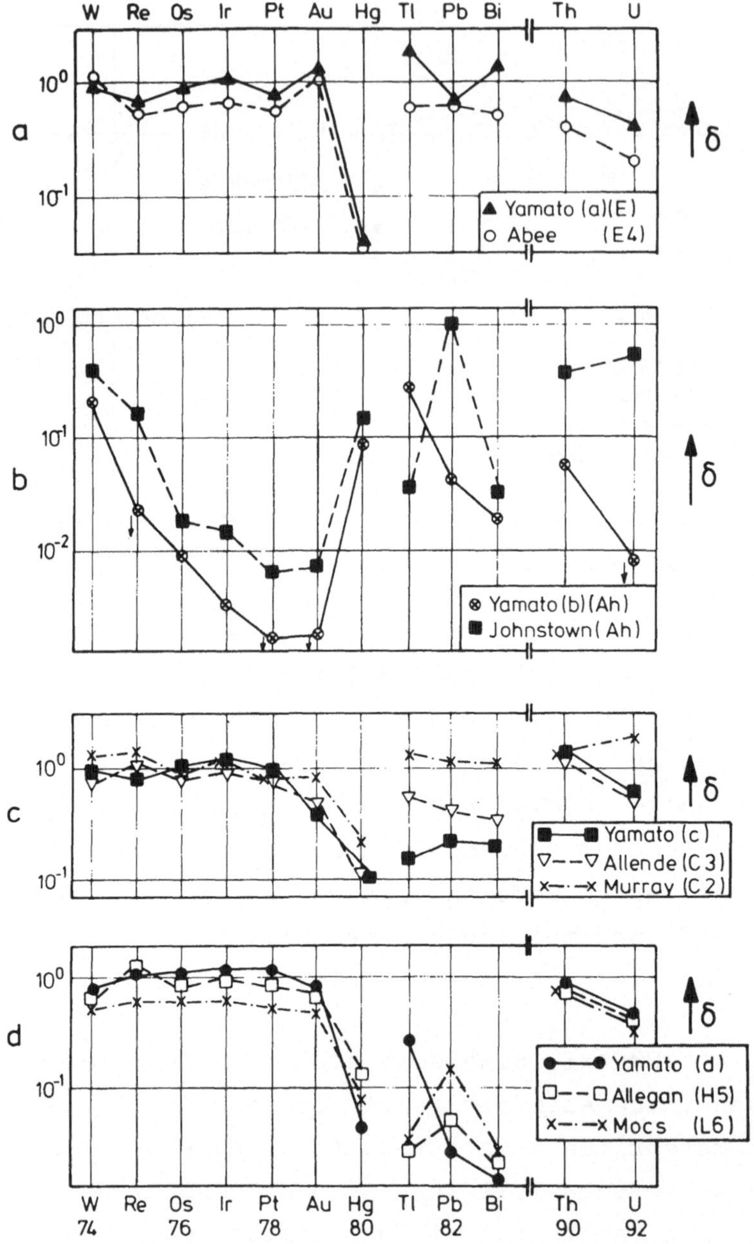

Abb. 7. Auf Orgueil normierte atomare Häufigkeiten der schweren Spurenelemente in den neu gefundenen Antarktismeteoriten Yamato a, b, c und d. In den Teilfiguren werden die neuen Meteorite jeweils mit Meteoriten bekannter Meteoritenklassen verglichen.

als einen kohligen Chondrit   vom Typ C3 und Yamato (d),
wie schon an Hand der Abb. 6 gezeigt wurde, als einen
gewöhnlichen Chondrit   der Gruppe H klassifizieren.
Diese Klassifikationen stimmen auch mit den Ergebnissen
der chemischen Bestimmung der Hauptelemente und der Mineralogie dieser Meteorite überein[35,36]. Es ist merkwürdig,
daß, entgegen allen Regeln über die Häufigkeiten von Meteoriten verschiedener Klassen, von vier auf einem engen
Gebiet in der Antarktis gefundenen Steinen jeder zu
einer anderen Meteoritenklasse gehört.

Danksagung

Wir danken Frau Ingrid Kliegl für ihre Hilfe bei der
Auswertung der Messung.

Literatur

1 Hintenberger, H.: Ann. Rev. Nucl. Science 12, 435-
   506 (1962).
2 Hintenberger, H.: Naturwissenschaften 56, 262-267
   (1969).
3 Craig, R.D., G.A. Errock, and J.D. Waldron: in:
   Advances in Mass Spectrometry,Vol. 1, Pergamon Press.
   136-156 (1959).
4 Brown, R., R.D. Craig, and R.M. Elliott: in: Advances
   in Mass Spectrometry, Vol. 2, Pergamon Press, 141-
   156 (1963).
5 Bingham, R.A., and R.M. Elliott: Anal. Chem. 43,
   43-54 (1971).
6 Ahearn, A.J.: Mass spectrometric analysis of solids,
   Elsevier, Amsterdam (1966).
7 Dempster, A.J.: Rev. Sci. Instr. 7, 46-52 (1936).
8 Mattauch, J., und R. Herzog: Zeitschr. Phys. 89,
   786-795 (1934).

9   Brown, R., and W.A. Wolstenholme: Nature 201, 598 (196

10 Nicholls, G.D., A.L. Graham, E. Williams, and M.
    Wood: Anal. Chem. 39, 584-590 (1967).

11 Hintenberger, H.: in: Reinststoffanalytik. Tagungs-
    bericht vom 2. Int. Symp. "Reinststoffe in Wissen-
    schaft und Technik" Dresden (Hrsg.: Ehrlich, G.),
    337-376 (1965).

12 Taylor, S.R.: Geochim. Cosmochim. Acta 29, 1243-
    1261 (1965).

13 Taylor, S.R.: Geochim. Cosmochim. Acta 35, 1187-
    1196 (1971).

14 Taylor, S.R.: in: Origin and Distribution of the
    Elements (Ed.: Ahrens, L.H.), Pergamon, Oxford,
    559-583 (1968).

15 Taylor, S.R.: Proc. Andesite Conference, Oregon De-
    partment Geol. Min. Resources Bull. 65, 43-63 (1969).

16 Gill, J.: Contrib. Mineral. Petrol. 27, 170-203 (1970)

17 Jakes, P., and J. Gill: Earth Planet. Sci. Lett. 9,
    17-28 (1970).

18 Graham, A., and G.D. Nicholls: Geochim. Cosmochim.
    Acta 33, 555-568 (1969).

19 Hintenberger, H., and W. Berghof: Int. Conf. on Mass
    Spectroscopy, Kyoto, (Ed.: Ogata, K., and T. Hayakawa)
    Univ. of Tokyo Press, 657-665 (1970).

20 Berkey, E., and G.H. Morrison: in: Origin and Distri-
    bution of the Elements, (Ed.: Ahrens, L.H.), Pergamon,
    Oxford, 345-357 (1968).

21 Mason, B., and A. Graham: Smithsonian Contrib. Earth
    Sci. 3, 1-17 (1970).

22 Taylor, S.R., R. Rudowski, P. Muir, A. Graham, and
    M. Kaye: Proc. Second Lunar Sci. Conf., Geochim.
    Cosmochim. Acta Suppl. 2(2), 1083-1099 (1971).

23 Morrison, G.H., J.T. Gerard, N.M. Potter, E.V.
    Gangadharam, A.M. Rothenberg, and R.A. Burdo:
    Proc. Second Lunar Sci. Conf., Geochim. Cosmochim.
    Acta, Suppl. 2(2), 1169-1185 (1971).

24 Bouchet, M., G. Kaplan, A. Voudon, and M.J. Bertoletti:
    Proc. Second Lunar Sci. Conf., Geochim. Cosmochim.
    Acta, Suppl. 2(2), 1247-1252 (1971).
25 Smales, A.A., D. Mapper, M.S.W. Webb, R.K. Webster,
    and J.D. Wilson: Proc. Second Lunar Sci. Conf., Geo-
    chim. Cosmochim. Acta, Suppl. 2(2), 1575-1581 (1970).
26 Smales, A.A., D. Mapper, M.S.W. Webb, R.K. Webster,
    J.D. Wilson, and J.S. Hislop: Proc. Second Lunar Sci.
    Conf., Geochim. Cosmochim. Acta, Suppl. 2(2), 1253-
    1258 (1971).
27 Taylor, S.R., M.P. Gorton, P. Muir, W. Nance,
    R. Rudowski, and N. Ware: Proc. Fourth Lunar Sci.
    Conf., in press (1973).
28 Allen jr., R.O., and B. Mason: Geochim. Cosmochim.
    Acta 37, 1435-1456 (1973).
29 Jochum, K.P.: Dissertation, Mainz (1973).
30 Hintenberger, H., K.P. Jochum, and M. Seufert:
    Earth and Planet. Sci. Lett., im Druck (1973).
31 Shima, M., K.P. Jochum, G.P. Sighinolfi, and H.
    Hintenberger: in Vorbereitung.
32 Barreto, A., Z. Fonseca de Mello, G.R. Levi-Donati,
    and G.P. Sighinolfi: Meteoritics, im Druck.
33 Avanzo, P.E., G.R. Levi-Donati, G.P. Sighinolfi:
    Meteoritics 8, 141-147 (1973).
34 Shima, M., and M. Shima: in preparation.
35 Shima, M., M. Shima, and H. Hintenberger: Earth and
    Planet. Sci. Lett. 19, 246-249 (1973).
36 Shima, M., and M. Shima: Meteoritics, im Druck.

Anschrift der Verfasser: H. Hintenberger, K.P. Jochum
und M. Seufert, Max-Planck-Institut für Chemie, Abteilung
für Massenspektroskopie und Isotopenkosmologie, Saarstraße 23, D-6500 Mainz, Bundesrepublik Deutschland.

ZERSTÖRUNGSFREIE BESTIMMUNG EINIGER SPURENELEMENTE IN
MOND- UND METEORITENPROBEN MIT 14 MeV-NEUTRONEN

H. PALME, Mainz

Zusammenfassung

Mit einer abgeschmolzenen Neutronenröhre wurden Mond-
und Meteoritenproben zwischen 5 und 50 Stunden bestrahlt.
Die anschließende zerstörungsfreie Messung der γ-Strahlung
mittels eines Ge(Li)-Detektors ermöglicht die Bestimmung
einiger Haupt- und mehrerer Spurenelemente, wobei die Mg-
und Al-Gehalte als interne Standards verwendet werden. In
Mondproben können so im allgemeinen folgende Elemente
quantitativ bestimmt werden: Ca, Ti, Na, Sr, Zr, Y, Nb,
Ce und Ni (bei einem Gewicht von etwa 200-500 mg). Im
C1-Chondrit Orgueil wurde auf diese Weise ein Zr-Gehalt
von 4,1 ppm $\pm$ 10 % gemessen. Dieser Wert ist um etwa
einen Faktor zwei kleiner als der bisher angegebene Wert
für C1-Chondrite.

Die Fraktionierung einiger schwerflüchtiger Elemente
relativ zu C1-Chondriten am Mond wird diskutiert.

Abstract

Meteoritic and lunar samples were irradiated 5 to 50
hours with a sealed 14 MeV neutron tube. The subsequent
counting of the γ-active nuclei with a Ge(Li)-detector

allows the determination of the abundances of some minor
and trace elements. The concentrations of Mg and Al are
used as internal standards. Elements which can be determined quantitatively in this way in most lunar samples
(sample weights from 200-500 mg) are: Ca, Ti, Na, Sr, Zr,
Y, Nb, Ce and Ni. The same method was applied to measure
the abundance of Zr in the C1-chondrite Orgueil. The results of 4,1 ppm $\pm$ 10 % is by a factor of about two lower
than results of previous measurements.

Fractionation of some refractory elements relative to
C1-chondrites on the moon is discussed.

1. Einleitung

Die zerstörungsfreie Aktivierungsanalyse mit 14 MeV-
Neutronen wird zur Bestimmung der Konzentrationen der
Hauptelemente O, Si, Al, Mg und Fe in Meteoriten- und
Mondproben schon seit einiger Zeit verwendet. Bei Mondproben wird dieses Verfahren von der Gruppe von Ehmann[1]
(University of Kentucky) und von der Gruppe von Wänke[2,3]
in Mainz angewendet. Bei Probenmengen von etwa 500 mg
reichen Bestrahlungszeiten von weniger als 10 Minuten
aus, um die erwähnten Elemente mit ausreichender Genauigkeit ($\leqslant$ 3 %) bestimmen zu können[3]. Längere Bestrahlungszeiten, wie sie zur Bestimmung von Spurenelementen nötig
wären, sind mit herkömmlichen Neutronengeneratoren rou-
tinemäßig nur mit großem Aufwand durchzuführen. (Verbrauch
von Tritiumtargets, Reparaturanfälligkeit herkömmlicher
Neutronengeneratoren). Die seit einiger Zeit kommerziell
erhältlichen Neutronengeneratoren, die mit einer abgeschmolzenen Röhre arbeiten, bieten demgegenüber eine
Reihe von Vorteilen:
a) einfache Handhabung,
b) geringe Störanfälligkeit,
c) lange Bestrahlungszeiten mit konstantem Neutronenfluß
   sind möglich,

d) keine offenen Tritiumaktivitäten.

Der einzige Nachteil dieser Röhren ist ihr etwas geringerer Neutronenfluß (3 . 10^{10} n/sec bei der hier verwendeten Röhre: Philips PW 5320). Dieser Fluß - und das sollte bedacht werden - kann jedoch über viele Stunden konstant gehalten werden.

2. Meßmethode

Es sollen hier nur zerstörungsfreie Messungen, d.h. Messungen ohne chemische Aufarbeitung der Proben nach der Bestrahlung betrachtet werden. Es werden dabei entweder Eisen (über die ^{56}Mn-Aktivität) oder Magnesium und Aluminium (über die ^{24}Na-Aktivität) als interne Standards benutzt. Dies hat zwei Vorteile:

a) Die Probe muß, um einem möglichst hohen Neutronenfluß ausgesetzt zu sein, so nahe wie möglich an den Brennfleck der Röhre herangebracht werden. Als Folge davon variiert der Neutronenfluß über die Probe um etwa einen Faktor zwei, so daß eine "sandwich-Methode" zu ungenau wäre (homogene Proben müssen vorausgesetzt werden).

b) Bei der Messung mit einem Ge(Li)-Detektor kann in "direktester Geometrie" gemessen werden, ohne die endliche Probenausdehnung berücksichtigen zu müssen (das Verhältnis der Ansprechwahrscheinlichkeiten für zwei verschiedene Energien ändert sich mit dem Abstand vom Detektor weit weniger als die absolute Ansprechwahrscheinlichkeit für eine Energie).

Beginnend mit den Proben von Apollo 16 werden alle Mondproben, die wir in Mainz erhalten, nach einigen kurzen Bestrahlungen zur Bestimmung der Hauptelemente (O, Si, Al, Mg und Fe), zuerst etwa 1 Stunde, bestrahlt, um den Sr-Gehalt zu bestimmen. Dabei wird Fe als interner Standard benützt. Eine weitere Bestrahlung von 10-

50 Stunden (je nach der zu erwartenden Konzentration der interessierenden Elemente) ermöglicht die Bestimmung der Gehalte an Ti, Ca, Zr, Nb, Y, Ce, Ni, Na und zuweilen auch an Rb und Zn. Hier dienen die Al- und Mg-Konzentrationen als interne Standards.

Aus Al und Mg wird ^{24}Na erzeugt, wobei aus der gleichen Menge Mg 1,34mal soviel ^{24}Na entsteht wie aus Al. Dieser Faktor wurde aus zahlreichen Eichmessungen bestimmt. Er steht in guter Übereinstimmung mit Berechnungen aus den entsprechenden Wirkungsquerschnitten[4]. Die verwendeten Kernreaktionen, die entsprechenden Halbwertszeiten und γ-Energien der entstehenden Nuklide sind in Tab. 1 dargestellt. Die in der letzten Spalte dieser Tabelle angegebenen auf Al* bezogenen Zählraten sollen ein Maß für die Empfindlichkeit angeben. Sie hängen natürlich von der Meßgeometrie und vor allem von der Größe des ver-

Tabelle 1. Übersicht über Elemente, die mit 14 MeV Neutronen gemessen werden

Element	Kernreaktion	Halbwertszeit [h]	γ-Energie [KeV]	auf Al* bezogene Zählraten
Sr	^{88}Sr(n,2n)^{87m}Sr	2,83	388,3	17,8
Ti	^{48}Ti(n,p)^{48}Sc	43,92	983,4	$2,0 \cdot 10^{-1}$
	^{46}Ti(n,p)^{46}Sc	2013,6	1120,6	$2,2 \cdot 10^{-3}$
Ca	^{48}Ca(n,2n)^{47}Ca	108,72	1297,1	$2,1 \cdot 10^{-3}$
Zr	^{90}Zr(n,2n)^{89}Zr	78,4	909,2	$5,7 \cdot 10^{-1}$
Nb	^{93}Nb(n,2n)^{92}Nb	243,8	934,5	$2,4 \cdot 10^{-1}$
Y	^{89}Y(n,2n)^{88}Y	2592	1836,1	$2,2 \cdot 10^{-2}$
Ce	^{140}Ce(n,2n)^{139}Ce	3360	165,8	$1,5 \cdot 10^{-1}$
Ni	^{58}Ni(n,np+pn+d)^{57}Co	6480	121,9	$6,8 \cdot 10^{-2}$
Na	^{23}Na(n,2n)^{22}Na	22951	1274,6	$3,6 \cdot 10^{-4}$
Rb	^{85}Rb(n,2n)^{84}Rb	792,0	881,5	$9,3 \cdot 10^{-2}$
Zn	^{66}Zn(n,2n)^{65}Zn	5880	1115,4	$2,2 \cdot 10^{-3}$

Auf Al* bezogene Zählraten: Zählrate eines Elements pro mg bezogen auf
1 mg Al* (Al* = Al + 1,34 . Mg), wobei die 2753 KeV Linie von ^{24}Na gemessen wird.

$$\frac{\text{Impulse (char. } \gamma\text{-Energie)}}{\text{min} \quad \text{mg(Element)}} \Bigg/ \frac{\text{Impulse (2753 KeV)}}{\text{min} \quad \text{mgAl}}$$

wendeten Ge(Li)-Detektors ab. (Es wurde bei allen Messungen ein Ge(Li)-Detektor mit einer efficiency von 16 %
relativ zu einem 3.3" NaJ(Tl)-Kristall in 25 cm Entfernung verwendet.)

Da die Reaktion $^{51}V(n,\alpha)^{48}Sc$ ebenfalls ^{48}Sc produziert,
muß für Ti korrigiert werden. Bei einem Verhältnis Ti/V
von 100 beträgt die Korrektur 0,3 % ($^{48}Sc(Ti)/^{48}Sc(V) =$
3,2). Zudem dient die ^{46}Sc-Aktivität ebenfalls zur Berechnung des Ti-Gehaltes. Bei der Ca-Bestimmung wird
wegen $^{50}Ti(n,\alpha)^{47}Ca$ korrigiert. Hier ist $^{47}Ca(Ca)/$
$^{47}Ca(Ti) = 7,7$.

Die hier erwähnten Elemente sind eine gute Ergänzung
zu den Elementen, die mit thermischen Neutronen bestimmt
werden können. Nb kann mit thermischer Neutronenaktivierung praktisch überhaupt nicht bestimmt werden, Zr, Y,
Rb und teilweise auch Ce nur nach chemischer Abtrennung
(also nicht zerstörungsfrei), Ti und Ca nur bei Verwendung einer Rohrpostanlage direkt am Reaktor. Für Ni
und Sr ist die zerstörungsfreie Bestimmung mit 14 MeV-
Neutronen im allgemeinen wesentlich empfindlicher als mit
thermischen Neutronen. Berücksichtigt man entsprechende
Interferenzreaktionen, dann können auch Co, Mn und Cr
gemessen werden. Hier ist jedoch die Aktivierungsanalyse
mit thermischen Neutronen wesentlich empfindlicher.

Da der Neutronenfluß während der Bestrahlung innerhalb von 5 % konstant bleibt, kann der Korrekturfaktor
für das Abklingen der entstehenden Aktivitäten (mit Zerfallskonstante λ) während der Bestrahlungszeit T_β gleich
$\lambda T_\beta/(1-e^{-\lambda T_\beta})$ gesetzt werden. Auf diese Weise können
Messungen mit verschiedenen Bestrahlungszeiten verglichen
werden (z.B. genügt für künstlich hergestellte Standards
eine nur relativ kurze Bestrahlungszeit).

Die Auswertung der gemessenen Spektren erfolgte mit
einem Rechenprogramm von H. Kruse. Dabei wird eine Gauß-
kurve mit exponentiellem Abfall der niederenergetischen

Seite und einem Polynom zweiten, dritten, vierten und
sechsten Grades als Hintergrund an die Peaks angepaßt.

3. Ergebnisse

Die hier beschriebene Methode eignet sich besonders
für das Element Zr, zumal die Aktivierungsanalyse mit
thermischen Neutronen und nachfolgender radiochemischer
Trennung offenbar mit gewissen Schwierigkeiten verbunden
sein dürfte. 1964 wurden nach dieser Methode die Zr-Ge-
halte von 15 normalen und kohligen Chondriten bestimmt[5].
Es ergab sich ein Mittelwert von 35 ppm. Neuere Messungen
zeigten einen Mittelwert von 13 ppm und für den C1-Chon-
drit Orgueil wurden 9 ppm gemessen[6]. Um nun den chondritischen Wert für Zr mit 14-MeV Neutronen zerstörungsfrei zu bestimmen, wurden zwei verschiedene Proben von
Orgueil, jede etwa 600 mg, 30 bzw. 48 Stunden bestrahlt.
Die Ergebnisse sind aus Tab. 2 zu ersehen. Danach wurde

Tabelle 2. Messungen an kohligen Chondriten

	Orgueil A C 1	Orgueil B C 1	Murray C 2
Al %	0,84*	0,84*	1,17**
Mg %	9,22*	9,22*	11,9 **
Ca %	0,81 $\pm$ 5 %	0,84 $\pm$ 5 %	1,33 $\pm$ 5 %
Ni %	1,02 $\pm$ 5 %	1,03 $\pm$ 5 %	1,13 $\pm$ 5 %
Ti ppm	407 $\pm$ 5 %	412 $\pm$ 5 %	582 $\pm$ 5 %
Zr	3,65 $\pm$20 %	4,3 $\pm$12 %	5,5 $\pm$15 %
Y	-	1,55 $\pm$20 %	-
Zn	343 $\pm$ 5 %	346 $\pm$ 5 %	230 $\pm$ 5 %
Na	4600 $\pm$ 5 %	4750 $\pm$ 5 %	1880 $\pm$ 5 %
Rb	-	2,2 $\pm$15 %	1,8 $\pm$15 %

*   siehe Literatur 7   **   siehe Literatur 3

für Orgueil ein Zr-Wert von 4,1 ppm $\pm$ 10 % erhalten.
Neuere Ergebnisse aus kernsystematischen Überlegungen[8]
bestätigen diesen niedrigen Zr-Wert für C1-Chondrite.
Die übrigen in Tab. 2 angeführten Werte sind in guter
Übereinstimmung mit anderen Messungen, wie sie z.B. im

"Handbook of elemental abundances in meteorites"[9] zu
finden sind.

In Tab. 3 sind die gemessenen Konzentrationen einiger
Spurenelemente in einer Staubprobe von Apollo 14, Proben-
nummer 14163, angegeben. Der Vergleich mit anderen Methoden zeigt, daß die mit Röntgenfluoreszenz gemessenen Zr-
Werte mit den hier gefundenen übereinstimmen. Die durch
Aktivierung mit thermischen Neutronen gefundenen Werte
liegen offenbar tiefer.

Tabelle 3. Staubprobe 14163: Vergleich verschiedener Meßmethoden

	Al %	Mg %	Ca %	Ti %	Zr ppm	Nb ppm	Y ppm	Ce ppm	Rb ppm	Na ppm	Ni ppm
eigene Messung	9,61*	5,6*	8,0	1,07	1040	68	208	172	17,6	5270	366
Röntgenfluoreszenz (Lit. 11)	9,2	5,6	7,8	1,07	1022	63,4	209		16	4890	
Röntgenfluoreszenz (Lit. 12)	9,1	5,7	7,9	1,07	978	65		176**	15	4900	322
Funkenmassenspektrometrie (Lit. 13)				1,1	850	46	190	200	13		340
Neutronenaktivierung (thermisch) (Lit. 14)	9,7		7,9	1,14	900		204	200	13	5280	
Neutronenaktivierung (thermisch) (Lit. 15)					720			194		5630	

* siehe Literatur 10   ** Isotopenverdünnung

Eine Reihe von Proben der Apollo 16- und 17-Landungen
sind in Tab. 4 zusammen mit zwei Ca-reichen Achondriten
(Eukriten) angeführt.

4. Die Fraktionierung einiger schwerflüchtiger Elemente am Mond

Die Spurenelemente Zr, Y, Nb und Ce zählen zu der
Gruppe der schwerflüchtigen (refractory) Elemente. Sie
sind in den meisten Mondproben relativ zu chondritischen
(bzw. auch solaren) Häufigkeiten sehr stark angereichert.
Diese Anreicherung ist so groß, daß der gesamte Mond, oder

Tabelle 4. Messungen von Mondproben von Apollo 16 und 17 und von zwei Eukriten

	Al %	Mg %	Ca %	Ti %	Zr ppm	Nb ppm	Y ppm	Ce ppm	Ni ppm	$\frac{Zr}{Nb}$	$\frac{Zr}{Y}$
61141 (S)	14,0	3,74	10,8	0,33	171	10,5	36,5	30,1	402	16,3	4,7
60601 (S)	13,9	391	11,3	0,34	187	10	42	-	473	18,7	4,5
61016 (G.A.)	13,2	6,27	9,8	0,46	215	13	44	33	522	16,5	4,9
67455 (G.A.)	16,2	2,02	12,7	0,13	17,5	1,3	4	-	28	13,4	4,4
74220 orange soil	3,45	8,45	5,5	4,87	167	13	44	-	67	12,8	3,8
74241 (S)	7,36	5,59	7,7	3,97	210	15,1	61	-	82	13,9	3,4
72701 (S)	11,1	6,03	9,1	0,93	256	18	56	50	407	14,2	4,6
Juvinas	7,12	4,0	7,4	0,38	43	2,7	15,6	-	-	16,0	2,8
Sioux County	7,31	4,18	7,6	0,33	40,5	2,5	14	-	-	16,2	2,9
Fehler	3 %	3 %	7 %	5 %	7 %	10 %	10 %	15 %	7 %		

(S) = Staubprobe   (G.A.) = Gabbroic Anorthosite

zumindest die äußeren 300 km, von vornherein, d.h. schon
bei der Akkumulierung des Mondes, an diesen Elementen ange·
reichert gewesen sein muß[16]. Mit anderen Worten, die Aus-
gangssubstanz des Mondes enthält die schwerflüchtigen
Elemente nicht in solarer Häufigkeit. Nun wurden in dem
1968 gefallenen Meteorit Allende Einschlüsse gefunden,
die die schwerflüchtigen Elemente um etwa einen Faktor
20 angereichert enthalten.

In einem 220 mg großen Einschluß wurden in Mainz die
Konzentrationen zahlreicher Elemente gemessen[17]. Abb. 1
zeigt einen Teil dieser Messungen. Die gleichmäßige Anreicherung um etwa einen Faktor 20 aller hier gezeigten
Elemente (mit dem alten Wert von Zr für C1-Chondrite
würde man nur eine Anreicherung um einen Faktor 10 erhalten) schließt eine Anreicherung durch Schmelzprozesse
aus. Bei einer magmatischen Separation konzentriert sich
allerdings ein großer Teil der hier erwähnten Elemente
in der Restschmelze, nämlich die zu den sogenannten LIL-
Elementen (Large ion lithophile) zählenden, die wegen
ihrer Ionenradien in kein Gitter der häufigsten gesteins-
bildenden Minerale passen. Doch in den Einschlüssen von
Allende ist auch V angereichert, das zwar schwerflüchtig
ist, aber keinen besonders großen Ionenradius besitzt.

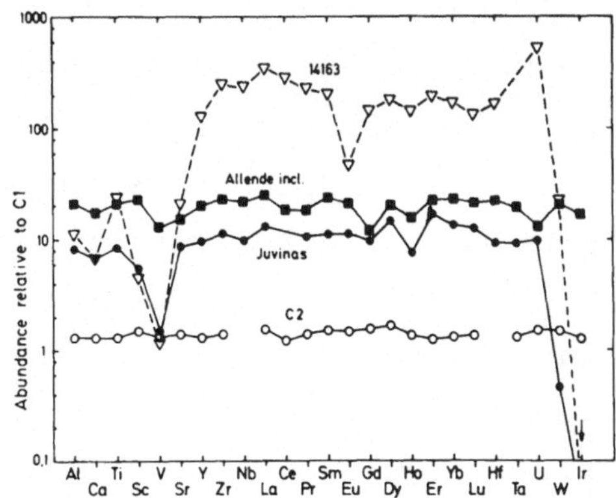

Abb. 1. Relative Häufigkeit einiger schwerflüchtiger Elemente in einem Ca-Al-reichen Einschluß des Allende-Meteorits, im Eukrit Juvinas und im Mondstaub 14163.

Zudem sind die Einschlüsse an Ir und anderen schwerflüchtigen Metallen (Os, Re) angereichert, Elemente, die sich bei einer magmatischen Trennung sofort mit metallischem Eisen verbinden. Der erwähnte Einschluß im Meteorit Allende enthält jedoch nur 0,84 % Eisen, und davon kann nur ein kleiner Teil metallisches Eisen sein[17].

Das Produkt einer zumindest teilweisen magmatischen Anreicherung ist etwa die Staubprobe 14163 oder der Eukrit Juvinas (Abb. 1). Eine Reihe von Gründen spricht nun dafür, daß die Ca-Al-reichen Einschlüsse des Allende-Meteorits ein primäres Kondensat aus dem solaren Nebel darstellen[17,18] und damit an den zuerst kondensierten schwerflüchtigen Elementen angereichert sind. Dies wäre dann ein Prozeß, der auch für eine Anreicherung der schwerflüchtigen Elemente im Ausgangsmaterial des Mondes verantwortlich gemacht werden könnte (siehe auch den Beitrag von H. Wänke in diesem Band: Elementkorrelationen und die chemische Zusammensetzung von Mond und Erde).

Aus Tab. 4 kann man erkennen, daß die Elemente Zr, Nb, Y und Ce in etwa parallel laufen, d.h. die Verhältnisse

dieser Elemente untereinander ziemlich konstant sind, obwohl z.B. der absolute Gehalt von Zr um einen Faktor 10
schwankt. Diese Aussage gilt für fast alle LIL-Elemente,
und sie wird bei den meisten Mondproben bestätigt[16]. Trotz
dieser Parallelität gibt es kleinere Unterschiede, wie
schon aus den Schwankungen des Zr/Y-Verhältnisses in der
letzten Spalte von Tab. 4 hervorgeht. Nimmt man noch mehr
Proben hinzu, so sieht man (Abb. 2), daß eine Reihe von
Proben ein Zr/Y-Verhältnis von 5 besitzt, während Chondrite und Achondrite durch ein Zr/Y-Verhältnis von etwa
3 charakterisiert sind. Die Mare-Basalte von Apollo 11
und 12 (10017 und 12053) und Staubproben von Apollo 11
und 17 liegen auf der chondritischen Geraden. Proben mit
Zr/Y = 5 sind meist Staubproben oder Brekzien und kommen
an allen Landestellen vor. Die Komponente, die Träger
der Proben mit Zr/Y = 5 ist, ist in fast allen LIL-Ele-
menten angereichert und wird deshalb KREEP (Kalium, rare
earth elements, phosphorus) genannt. (Der Begriff KREEP
wird hier zur Charakterisierung einer bestimmten Spuren-
elementfraktionierung verwendet, ohne Unterschiede in den
Hauptelementen zu berücksichtigen.) Proben, die zwischen
KREEP und der chondritischen Linie liegen, sind Mischungen
beider Komponenten (14053, 74220).

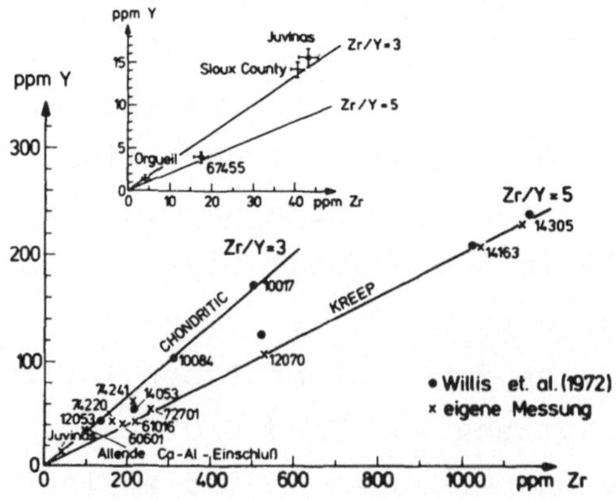

Abb. 2. Zr-Y-Korrelation in verschiedenen Mondproben.

In Abb. 3 wird diese Überlegung durch eine andere Darstellungsweise auf mehrere LIL-Elemente ausgedehnt. Hier sind die auf C1-Chondrite bezogenen Anreicherungsfaktoren relativ zu den Anreicherungsfaktoren für La aufgetragen. Man erkennt, daß trotz Schwankungen im La-Gehalt um einen Faktor 50 alle vorhin als KREEP bezeichneten Proben innerhalb eines schmalen Bereiches liegen. Die Probe 67455 wird als "gabbroic Anorthosite" bezeichnet, das bedeutet, daß die verhältnismäßig hohe Feldspatkomponente die Spurenelemente Sr, Ba, Eu und K relativ zu den übrigen bevorzugt aufnimmt. Daß die restlichen Elemente in "KREEP-Verhältnissen" auftreten, kann zwei Ursachen haben:

a) Die Probe ist mit einer kleinen Menge KREEP "kontaminiert" (z.B. Addition von 7 % 61016), oder

b) der gabbroide Anorthosit ist aus einer Schmelze auskristallisiert, die die angegebenen Spurenelemente schon in der für KREEP typischen Weise fraktioniert enthalten hat.

Die Probe 14053 in Abb. 3 ist ein Mare-Basalt, der mit KREEP kontaminiert ist[19].

In Abb. 4 sind zu der KREEP-Fraktionierung einige Mare-Basalte von Apollo 12 eingetragen (12063, 12002, 12038). Man sieht folgendes (das läßt sich auch für alle anderen Mare-Basalte zeigen):

Jeder Mare-Basalt (es gibt auch Gruppen) besitzt eine eigene Fraktionierung der Spurenelemente, die ihn von den übrigen Mare-Basalten und von KREEP unterscheidet. Dieser Befund steht in Übereinstimmung mit den Rb/Sr-Altersbestimmungen[20]. Zur Erklärung der unterschiedlichen ^{87}Sr/^{86}Sr-Werte zum Zeitpunkt des Erstarrens der Mare-Basalte gibt es zwei Möglichkeiten:

a) Kontaminierung der heraufströmenden Rb- (und damit LIL)-arme Magmen mit einer Rb-(KREEP)-reichen Kruste[21].

b) Verschiedene isolierte "Magmakammern" im Inneren des

158

Mondes, die sich vor 4,5 Milliarden Jahren getrennt
haben[21].

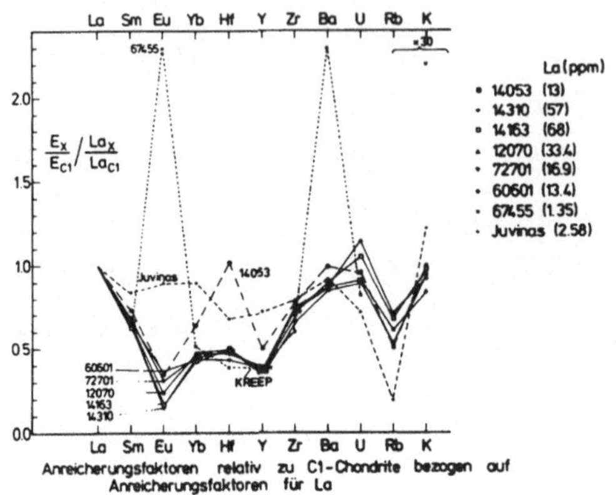

Abb. 3. Anreicherung einiger schwerflüchtiger Elemente
relativ zu C1-Chondriten, bezogen auf Anreicherungsfaktoren für La. Die verwendeten Analysenwerte sind den Arbeiten von Wänke et al. und anderer Autoren aus den Proc.
Apollo 11, Second, Third und Fourth Lunar Sci. Conf. entnommen.

Da bei der Kontaminierung keine Rb-Sr-Fraktionierung
auftreten kann (um das "total rock age" von 4,5 Milliarden Jahren zu erhalten), müßten alle Mare-Basalte die
Spurenelemente in der KREEP-Fraktionierung enthalten.
Da dies nicht der Fall ist, scheidet Möglichkeit a) aus.
Zusammenfassend läßt sich sagen: Die großen Schmelzprozesse am Mond vor 4,5 Milliarden Jahren führten zu
einer an LIL-Spurenelementen stark angereicherten Kruste,
die diese Spurenelemente in einer typischen Fraktionierung
enthält. Alle Proben aus nicht zu großer Tiefe (bis vielleicht 65 km) enthalten diese Spurenelemente in der KREEP-
Fraktionierung. Ausnahmen sind Eu, Ba und das hier nicht
erwähnte Sr, deren relative Häufigkeiten allerdings durch
Abscheiden von Anorthosit aus einer "KREEP-Schmelze" zu

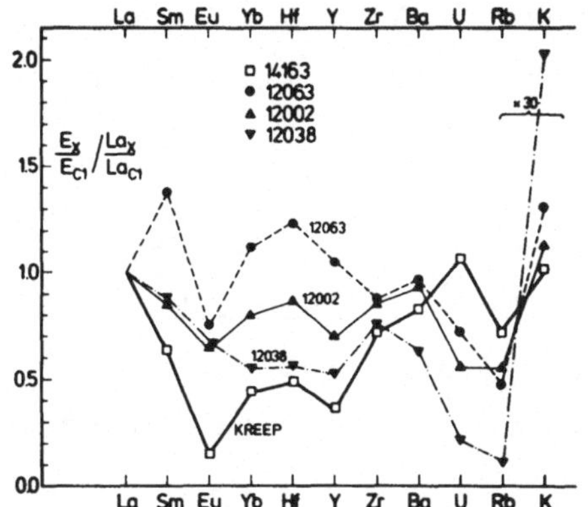

Abb. 4. Wie Abb. 3, nur sind zusätzlich einige Mare-Basalte eingezeichnet.

erklären sind.

Die Mare-Basalte, die aus größerer Tiefe kommen, zeigen eine voneinander und auch von KREEP verschiedene Fraktionierung der entsprechenden Spurenelemente.

Literatur

1   Ehmann, W.D., and J.W. Morgan: Proc. Apollo 11 Lunar Sci. Conf., Geochim. Cosmochim. Acta Suppl. 1(2), 1071-1079 (1970).

2   Wänke, H., R. Rieder, H. Baddenhausen, B. Spettel, F. Teschke, R. Quijano-Rico, and A. Balacescu: Proc. Apollo 11 Lunar Sci. Conf., Geochim. Cosmochim. Acta Suppl. 1(2), 1719-1727 (1970).

3   Teschke, F.: Dissertation, Universität Mainz (1972).

4   Vonach, H.K., W.G. Vonach, H. Münzer, and P. Schammel: EANDC (E) 89 "U", (1968).

5   Setser, J.L., and W.D. Ehmann: Geochim. Cosmochim. Acta 28, 769-782 (1964).

6   Ehmann, W.D., and T.V. Rebagay: Geochim. Cosmochim. Acta 34, 649-658 (1970).

7   Teschke, F.: unveröffentlichte Messung (1973).

8   Suess, H.E., and H.D. Zeh: Astrophysics and Space
    Science 12, 223-237 (1973).

9   Mason, B.: Handbook of elemental abundances in
    meteorites. New York, Gordon and Breach Science Publ.
    (1971).

10 Wänke, H., H. Baddenhausen, A. Balacescu, F. Teschke,
    B. Spettel, G. Dreibus, H. Palme, M. Quijano-Rico,
    H. Kruse, F. Wlotzka, and F. Begemann: Proc. Third
    Lunar Sci. Conf., Geochim. Cosmochim. Acta Suppl. 3(2)
    1251-1268 (1972).

11 Willis, J.P., A.J. Erlank, J.J. Gurney, R.H. Theil,
    and L.H. Ahrens: Proc. Third Lunar Sci. Conf., Geo-
    chim. Cosmochim. Acta Suppl. 3(2), 1269-1273 (1972).

12 Hubbard, N.J., P.W. Gast, J.M. Rhodes, B.M. Bansal,
    H. Wiesmann, and S.E. Church: Proc. Third Lunar Sci.
    Conf., Geochim. Cosmochim. Acta Suppl. 3(2), 1161-
    1179 (1972).

13 Taylor, S.R., M. Kaye, P. Muir, W. Nance, R. Rudowski,
    and N. Ware: Proc. Third Lunar Sci. Conf., Geochim.
    Cosmochim. Acta Suppl. 3(2), 1231-1249 (1972).

14 Laul, J.C., H. Wakita, D.L. Showalter, W.V. Boynton,
    and R.A. Schmitt: Proc. Third Lunar Sci. Conf., Geo-
    chim. Cosmochim. Acta Suppl. 3(2), 1181-1200 (1972).

15 Lindstrom, M.M., A.R. Duncan, J.S. Fruchter, S.M.
    McKay, J.W. Stoeser, G.G. Goles, and D.J. Lindstrom:
    Proc. Third Lunar Sci. Conf., Geochim. Cosmochim.
    Acta Suppl. 3(2), 1201-1214 (1972).

16 Wänke, H., H. Baddenhausen, G. Dreibus, E. Jagoutz,
    H. Kruse, H. Palme, B. Spettel, and F. Teschke: Geo-
    chim. Cosmochim. Acta, im Druck.

17 Wänke, H., H. Baddenhausen, H. Palme, and B. Spettel:
    Wird veröffentlicht.

18 Grossman, L.: Geochim. Cosmochim. Acta 37, 1119-1140,
    (1972).

19 Schönfeld, E., and Ch. Meyer, Jr.: Proc. Third Lunar
    Sci. Conf., Geochim. Cosmochim. Acta Suppl. 3(2),
    1397-1420 (1972).
20 Papanastassiou, D.A., and G.J. Wasserburg: Earth
    Planet. Sci. Lett. 11, 37-62 (1971).
21 Wasserburg, G.J., and D.A. Papanastassiou: Earth
    Planet. Sci. Lett. 13, 97-104 (1971).

Anschrift des Verfassers: H. Palme, Max-Planck-
Institut für Chemie, Abteilung Kosmochemie, Saarstraße 23,
D-6500 Mainz, Bundesrepublik Deutschland.

NEUTRONENAKTIVIERUNGSANALYTISCHE BESTIMMUNG VON
SPURENELEMENTEN IN METEORITEN DER VATIKANISCHEN
SAMMLUNG

F. HERMANN und M. WICHTL, Wien

Zusammenfassung

Die neutronenaktivierungsanalytische Bestimmung von
16 Spurenelementen in 8 Chondriten und 6 Steineisenmeteoriten erfolgte nach einem komplettierten und perfek-
tionierten Trennungsgang. Gemeinsam mit den Forschungs-
ergebnissen anderer Meteoritenarbeitsgruppen ergibt sich
ein Bild, das über den Ursprung der Kohlechondrite,
Steineisenmeteorite und Enstatitchondrite einige Rückschlüsse zuläßt.

Abstract

The determination of 16 trace elements in 8 chondrites
and 6 stony-iron meteorites was based on NAA and separation performed following a completed and perfected separation scheme.Together with results of other investiga-
tors they permit some conclusions on the origin of carbonaceous chondrites, stony-iron meteorites and enstatite
chondrites.

1. Einleitung

Mittels der Neutronenaktivierungsanalyse wurden sechzehn Spurenelemente (Se, As, Sb, Sn, Re, Hg, Os, Ru, Mo, Au, Ir, Zn, Sc, Cr, Rb, Cs) in 8 Chondriten und 6 Steineisenmeteoriten und die Verteilung der Spurenelemente in den verschiedenen Phasen der Steineisenmeteorite bestimmt. Aufgabe ist es, die Bedingungen bei der Kondensation und Aggregation der festen Materie aus dem Urnebel sowie den Ablauf einer später erfolgten Fraktionierung so weit wie möglich festzulegen. Die Tab. 1 zeigt eine Aufstellung der analysierten Meteorite.

Tabelle 1

Meteorit	Klassifikation nach Prior (1920) und Mason (1962)	Fall/Fund	Jahr	Land
Orgueil	Cc-I	Fall	1864	Frankreich
Mighei	Cc-II	Fall	1889	Ukraine
Lancé	Cc-III	Fall	1872	Frankreich
Allegan	Olivin-Bronzit Chondrit	Fall	1899	USA
Wellman	Olivin-Bronzit Chondrit	Fund	1940	USA
Dimmitt	Olivin-Bronzit Chondrit	Fund	1947	USA
Hvittis	Enstatitchondrit-II	Fall	1901	USA
Pillistfer	Enstatitchondrit-II	Fall	1863	Finnland
Juvinas	Eucrit	Fall	1821	Estland
Veramin	Mesosiderit	Fall	1880	Persien
Eagle Station	Pallasit	Fund	1880	USA
Krasnojarsk	Pallasit	Fund	1749	Sibirien
Marjalahti	Pallasit	Fall	1902	Finnland
Ahumada	Pallasit	Fund	1909	Mexico

2. Arbeitsgang

Die in Quarzkapseln eingeschmolzenen Probeeinwaagen von 100-500 mg wurden zusammen mit den Standards bei einem Neutronenfluß von 2.10^{13} n.cm^{-2}.sec^{-1} im Core des Seibersdorfer Reaktors fünf Tage lang bestrahlt. Nach zwei Tagen Abkühlzeit erfolgte die Aufarbeitung nach dem in Abb. 1 gezeigten Trennschema [1,2].

Die Einwaage wurde in eine Destillationsapparatur aus Quarz eingebracht, mit einer vorbereiteten Träger-lösung und konzentrierter Schwefelsäure versetzt. Nach ein- bis zweistündigem Erhitzen ist der Großteil der Probe gelöst. Man erhöht nun die Temperatur auf 200° C und läßt im Stickstoffstrom durch Zutropfen eines Salz-säure-Bromwasserstoffsäuregemisches (3:1) die Elemente Selen, Arsen, Antimon, Zinn, Rhenium und Quecksilber destillieren. Das Destillat wird nach einer Abtrennung des Selens durch Fällung mit SO_2 auf einer Dowex 1X8-Anionenaustauschersäule getrennt.

Aus dem Rückstand wird durch Zutropfen einer gesättig-ten Natriumbromatlösung Ruthenium und Osmium destilliert. Der Destillationsrückstand wird nach dem Entfernen des Silikats zur Trockene gedampft, in HCl aufgenommen und mit kontinuierlicher Extraktion Eisen, Gold und Molybdän extrahiert. Beide Fraktionen können auf einer mit Dowex 1X8-Anionenaustauscher gefüllten Säule in meßbare Ele-mentgruppen aufgetrennt werden.

Die Messung der charakteristischen Gammaenergien er-folgt auf einem lithiumgedrifteten 40 cm^3-Germanium-kristall mit einem 400 Kanal-Gammaspektrographen.

3. Resultate und Diskussion

Tab. 2 zeigt die Verteilung der Spurenelemente zwi-schen Metall- und Silikatphase in fünf Steineisenmeteori-ten. Die deutliche Auftrennung in siderophile und li-

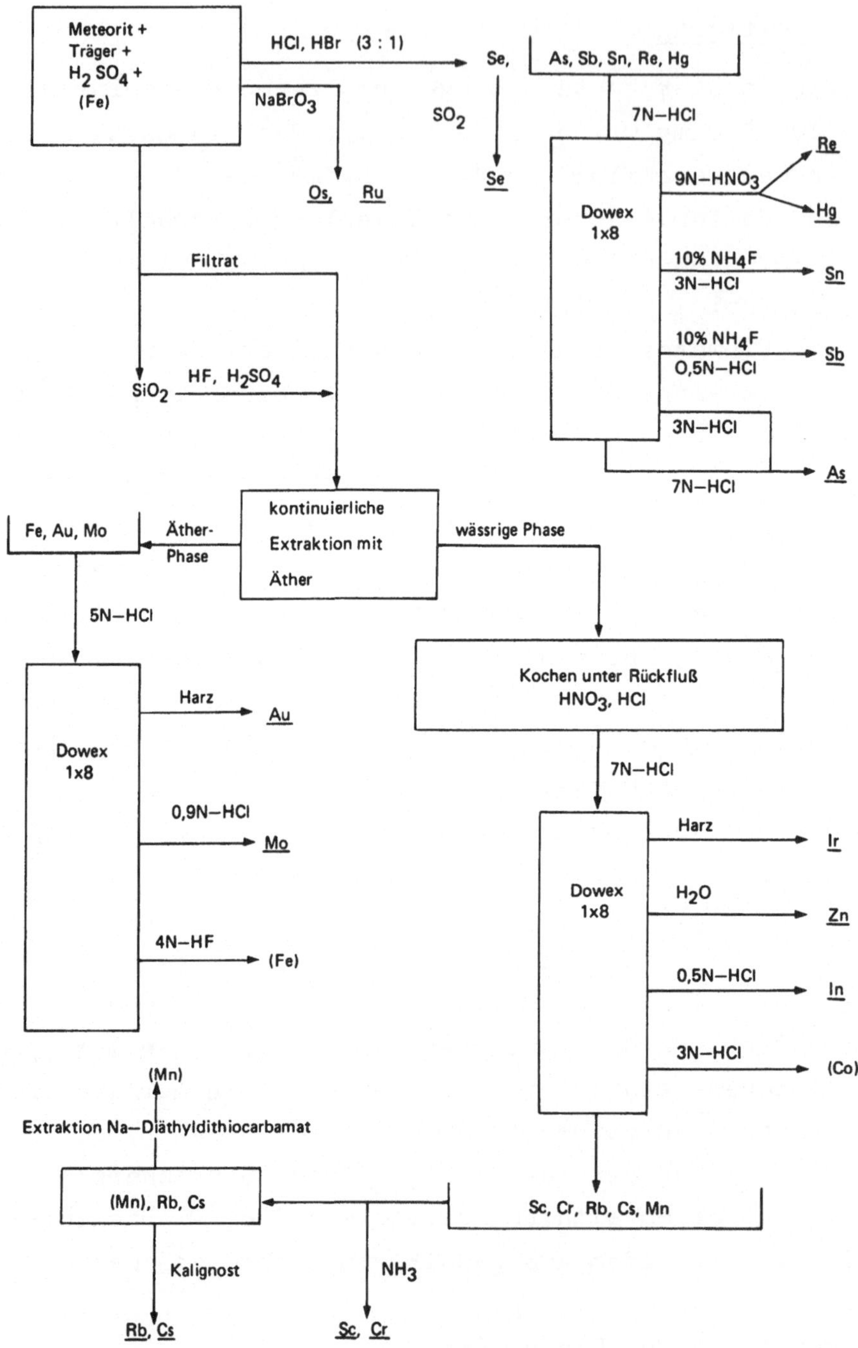

Abb. 1. Trennschema.

Tabelle 2

	Veramin		Eagle Station		Krasnojarsk		Marjalahti		Ahumada	
	(Metall)	(Silikat)	(Metall)	(Silikat)	(Metall)	(Silikat)	(Metall)	(Silikat)	(Metall)	(Silikat)
As	7,2o	o,15	24,5	o,12	33,3	o,44	19,o	o,1o	23,o	o,14
Se	o,3o	o,95	≤o,01	o,52	≤o,01	1,14	o,14	o,6o	≤o,01	o,01
Sb	o,o52	o,o31	o,15	o,o12	o,17	o,o39	o,15	o,o31	o,18	o,o6o
Sn	o,5o	≤o,5	o,5o	≤o,5	o,5o	≤o,5	o,5o	≤o,5	o,5o	≤o,5
Zn	o,43	4,9	5,1	8,9	8,4	7,2	3,4	31,4	o,34	8,o
Hg	o,1o	o,o4	o,o2	o,5o	o,o2	Kontamination	o,15	o,4o	≤o,01	o,o15
Os	4,93	≤o,01	o,63	≤o,01	o,16	≤o,01	3,8o	≤o,01	o,1o	≤o,01
Ru	5,57	o,o3	2,29	≤o,01	1,14	≤o,01	2,45	≤o,01	1,3o	≤o,01
Re	o,35	o,oo5	o,o12	≤o,oo5	o,o16	≤o,oo5	o,85	≤o,oo5	o,o5	≤o,oo5
Mo	6,56	1,38	1o,o	o,63	9,o3	o,24	7,96	o,4o	9,32	o,1o
Au	o,6o	o,o1o	2,61	o,oo4	2,34	o,o1o	1,43	o,oo3	1,95	o,oo1
Ir	o,42	o,o2o	o,o13	o,o18	o,o25	o,o14	o,25	o,o5o	o,o23	o,oo1
Sc	o,24	9,79	≤o,01	1,58	≤o,01	3,12	o,o2	3,8o	o,o3	1,85
Cr	597	–	1o,7	–	54	–	119	–	78	–
Rb	–	≤o,1	–	≤o,1	–	≤o,1	–	≤o,1	–	≤o,1
Cs	–	≤o,01	–	o,o12	–	o,o1	–	o,o1	–	o,o1

168

thophile Spurenelemente spricht für eine über lange Zeiträume erfolgte Gleichgewichtseinstellung.

Die Pallasite und die Eisenmeteorite sind wahrscheinlich Fragmente aus aufgebrochenen großen Meteoritenmutterkörpern, in denen es zur Trennung der einzelnen Minerale durch Gravitationsseparation in geschmolzenem
Zustand gekommen ist. Sie sind sowohl im Hinblick auf
ihren Mineralbestand als auch Gehalt an Spurenelementen
hochfraktioniert. Speziell die Pallasite dürften aus
jenem Abschnitt des Meteoritenmutterkörpers stammen,
der das Übergangsgebiet des zentralen Nickeleisenkerns
zur Olivinschicht darstellt.

Tab. 3 zeigt, daß bei den Elementen Selen, Zinn,
Quecksilber und Cäsium eine deutliche Abreicherung in
der Reihe CI, CII, CIII der Kohlechondrite festzustellen ist. In den Kohlechondriten des Typs I sind alle
flüchtigen Elemente mit Ausnahme von Kohlenstoff, Stickstoff und Wasserstoff in nahezu kosmischer Häufigkeit
vorhanden.

In Abb. 2 ist die Häufigkeit einiger Elemente (relativ zu 10^6 Si-Atomen) in Kohlechondriten gegen die Häufigkeit, ermittelt aus spektroskopischen Sonnendaten,
aufgetragen. Die Übereinstimmung ist außerordentlich
gut und spricht dafür, daß die CI-Chondrite die Zusammensetzung des Urnebels widerspiegeln. Aus der Mineralogie der CI-Chondrite folgt, daß die Aggregation bei
einer Temperatur unter 400° K erfolgt sein muß.

Aus der Gleichung von Reynolds und Summers[3] läßt sich
die Temperaturverteilung zum Zeitpunkt des Aufflammens
("flare up") der Protosonne, zu welchem die höchsten
Temperaturen im Sonnennebel erreicht wurden, berechnen.
Merkurbahn 3500° K, Erdbahn 2000° K, Asteroidengürtel
1300° K und Jupiterregion 1200° K.

Tabelle 3

	Orgueil	Mighei	Lancé	Allegan	Wellman	Dimmitt	Hvittis	Pillistfer	Juvinas
As	2,26	2,04	2,57	2,40	2,30	2,09	2,89	3,75	0,07
Se	25,7	14,5	12,1	9,48	9,83	8,79	18,6	12,3	0,23
Sb	0,17	0,08	0,09	0,46	0,50	0,49	0,70	0,96	0,45
Sn	1,22	0,77	0,50	$\leq$0,5	$\leq$0,5	$\leq$0,5	$\leq$0,5	0,50	$\leq$0,5
Zn	430	200	42,1	38,0	36,9	47,5	15,4	24,6	1,7
Iig	12,8	5,6	1,0	0,19	0,39	1,09	1,60	0,26	0,70
Os	0,42	0,45	0,50	0,85	0,99	0,77	0,59	0,72	$\leq$0,01
Ru	0,66	0,80	0,95	1,10	1,03	0,90	0,72	0,82	$\leq$0,01
Re	0,031	0,038	0,033	0,075	0,050	0,054	0,040	0,054	0,001
Mo	2,14	1,83	1,56	1,70	1,76	1,53	1,06	1,05	0,11
Au	0,15	0,14	0,16	0,25	0,22	0,18	0,24	0,29	0,005
Ir	0,40	0,52	0,62	0,66	0,70	0,70	0,50	0,66	0,001
Sc	7,14	9,36	10,0	8,66	9,22	8,12	9,42	8,93	18,7
Cr	-	-	-	-	-	-	-	-	-
Rb	1,89	1,89	1,12	1,87	1,98	2,12	2,06	1,50	0,30
Cs	0,15	0,13	0,06	0,03	0,03	0,15	0,15	0,12	0,04

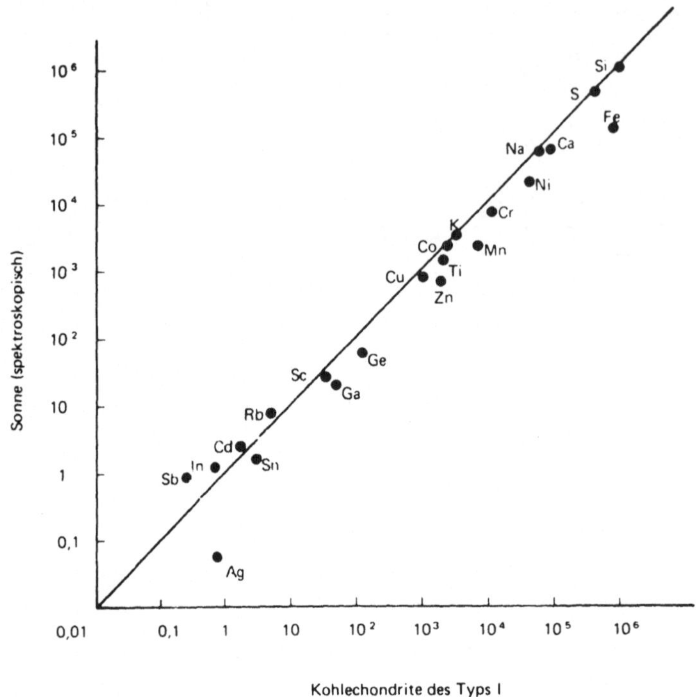

Abb. 2. Vorkommen einiger Elemente in Kohlechondriten (relativ zu 10^6 Si-Atomen) verglichen mit spektroskopisch erhaltenen Daten der Sonne.

Für die Temperatur des solaren Gasnebels in Abhängigkeit von der Zeit können zwei Grenzfälle angegeben werden. Cameron[4] gab eine Formel für eine rasche Abkühlung des Nebels nach dem Gravitationskollaps an, in der das hochluminose Stadium nicht berücksichtigt wird. Die Formel von Ezer und Cameron[5] berücksichtigt ein frühes Hochtemperaturstadium, in dem die Sonne die etwa 1000-fache Leuchtkraft verglichen mit dem heutigen Wert hatte. Zwei Kurvenscharen geben den Temperaturverlauf in Abhängigkeit von der Zeit in der Gegend der heutigen Planeten (Merkur bis Jupiter) für diese beiden Fälle wieder. Wahrscheinlich ist die Temperatur anfänglich gemäß den Kurven nach Cameron, später gemäß den Kurven nach

Ezer und Cameron abgefallen.

Selbst wenn man ein relativ rasches Abkühlen des Sonnensystems in Betracht zieht, kommt für die CI-Chondrite, die unter 400° K aggregiert sein müssen, nur die Jupiter- oder Transjupiterregion in Frage.

Von besonderem Interesse ist auch die Gruppe der Enstatitchondrite. Sie werden auf Grund ihres Gehaltes an Spurenelementen und ihres Rekristallisationsgrades in zwei Gruppen eingeteilt. In der Gruppe I sind flüchtige Spurenelemente in annähernd kosmischer Häufigkeit zu finden und die Vertreter dieser Gruppe zeigen einen geringen Rekristallisationsgrad. In den Meteoriten der Gruppe II findet man eine Abreicherung der flüchtigen Spurenelemente und einen hohen Rekristallisationsgrad.

Gemeinsam ist den Enstatitchondriten das Vorkommen von Kohlenstoff (0,056 Gew.-% bis 0,56 Gew.-%), der keine Tendenz einer Gruppentrennung zeigt, sowie der geringe Gehalt an FeO (0,5 Gew.-%) und das Auftreten von Silizium in fester Lösung in der Nickeleisenphase.

Diese Tatsachen zeugen für eine Genesis in stark reduzierender Atmosphäre unter Hochtemperaturbedingungen. Eine Entstehung aus den Restgasen der die Planeten Merkur und Venus bildenden inneren Nebelteile entspricht durchaus dem Gesamtbild. Seit der Aggregation dürften die Meteorite 1100° K nicht erreicht haben, da die Chondren zumindest fragmentarisch noch erhalten sind. Ebenso enthalten die Enstatitchondrite eine Nickeleisenphase, die der Matrix nicht durch Gravitationsseparation entzogen wurde. Das beweist, daß es nicht zur Bildung größerer Meteoritenmutterkörper (500-1000 km Radius) gekommen sein kann. Für die Enstatitchondrite der Klasse I muß auf Grund ihres Gehalts an flüchtigen Spurenelementen eine tiefere Temperatur während der Aggregation angenommen werden. Dies spricht für ein späteres

Entstehen dieser Gruppe. Der kontinuierliche Übergang
von Gruppe I zu Gruppe II sowie das Auftreten von Misch-
typen unterstützt diese Annahme.

Danksagung

Wir danken Herrn Pater Dr. E. W. Salpeter S.J.,
Specola Vaticana, Castel Gandolfo, durch dessen freund-
liche Vermittlung wir die Meteorite der Vatikanischen
Sammlung erhalten konnten.

Literatur

1. Hermann, F., W. Kiesl, F. Kluger und F. Hecht:
   Mikrochim. Acta 1971, 225-240.
2. Wichtl, M.: Dissertation, Universität Wien (1973).
3. Reynolds, R.T., und A.L. Summers: Journ. Geophys.
   Res. 7o, 199-2o8 (1965).
4. Cameron, A.G.W.: Icarus 1, 13-69 (1962).
5. Ezer, D., and A.G.W. Cameron: Canadian Journ. Phys.
   43, 1497-1517 (1965).

Anschrift der Verfasser: F. Hermann und M. Wichtl,
Analytisches Institut der Universität Wien, Währinger
Straße 38, A-1o9o Wien, Österreich.

TRENNVERFAHREN UND RADIOCHEMISCHE BESTIMMUNGSMETHODEN
FÜR GERINGE MENGEN SELTENER ERDEN IN CHONDRITEN

R.R. BECKER, K. BUCHTELA, F. GRASS, R. KITTL und
G. MÜLLER, Wien

Zusammenfassung

Es wird über Anwendungen der Neutronenaktivierungsanalyse zur Bestimmung Seltener Erden in extraterrestrischen Materialien berichtet. Schemata zur Gruppenabtrennung und gammaspektroskopischen Messung werden angegeben. Die Analysenmethode wird am Beispiel des Meteoriten Allende erprobt. Die Auftrennung kleiner Mengen
Seltener Erden durch Gaschromatographie flüchtiger Che-
latverbindungen ist möglich.Die Nachweisempfindlichkeit
läßt sich durch Verwendung radioaktiv markierter Chelate stark verbessern. Mittels Hochspannungselektrophorese
können sämtliche Lanthanoide in kurzer Zeit getrennt
werden. Die Ergebnisse von Aktivierungsanalysen mit
elektrophoretischer Auftrennung der Seltenen Erden an
sieben Chondriten werden angeführt.

Abstract

The application of neutron activation analysis of the
rare earth elements in extraterrestrial matter is reported.
Schemes for group separation and gammaspectrometric de-

termination are described. This method is tested on the
analysis of the Allende meteorite. It is possible to
separate small amounts of rare earth elements by gas-
chromatography of volatile chelates. The detection limits
are improved by use of radioactive labelled chelates.
All lanthanoides are rapidly separated by high voltage
electrophoresis. Results obtained on 7 chondrites by
this method are reported.

1. Instrumentelle Aktivierungsanalyse

Die instrumentelle, zerstörungsfreie Aktivierungsanalyse mit thermischen Neutronen hat durch die Entwicklung
hochauflösender Detektoren breite Anwendung gefunden.
Jedoch kann dieses Analysenverfahren nicht allgemein angewendet werden: Neben stark radioaktivierten Hauptmen-
gen lassen sich Elemente mit niedrigem Einfangquerschnitt
für thermische Neutronen schlecht nachweisen. Eine rein
instrumentelle Analyse von Seltenen Erden in Meteoriten
ist nur für jene Nuklide der Lanthanoiden möglich, die
einen sehr großen Einfangquerschnitt für thermische
Neutronen haben und Radioisotope bilden, deren Halbwertszeiten eine Aktivierung bis in Bereiche der Sättigungs-
aktivität erlaubt.[1]

1.1. Abtrennung der Lanthanoidenelemente

Mittels Hydroxid-Fluorid-Fällungszyklen,[2,3] Ionen-
austauscherelutionschromatographie und Extraktionschro-
matographie[4,5,6,7] können die Lanthanoiden von den anderen Elementen getrennt werden. Für die Abtrennung der
Gruppe der Seltenen Erden aus Meteoritenproben wurde
ein Trennschema ausgearbeitet (Tab. 1), welches für den
Einsatz bei der Aktivierungsanalyse gut geeignet ist.
Die Probleme bei der Hantierung mit radioaktivem Material
werden besonders berücksichtigt: Ein Arbeiten mit Trenn-

Tabelle 1. Trennschema zur Gruppenabtrennung der Seltenen Erden in Steinmeteoriten

---

Neutronenbestrahlung: 7 Stunden bei $10^{13} cm^{-2} s^{-1}$

Aufschluß: 7 ml HF, 7 ml HNO_3, 3 ml $HClO_4$ bei 250° + Ce-144 und 400 µg Träger (Seltene Erden)

Silikatentfernung: mit HF und HNO_3; in 6n HCl gelöst, + H_2O_2

F^--Fällung: mit HF; in H_3BO_3 und HNO_3 gelöst

OH^--Fällung: mit NaOH; in HCl gelöst, auf 9n HCl eingestellt

TOPO Kolonne: (4 g Voltalef 300 UF + 2 g TOPO, Ø 0,9 cm, Höhe 7 cm); mit 15 ml 9n HCl gewaschen, auf pH 2 eingestellt

HDEHP Kolonne: (2 g Voltalef 300 UF + 0,2 ml HDEHP, Ø 0,6 cm, Höhe 6 cm); mit 10 ml 0,01n HCl gewaschen

SE Elution: mit 20 ml 9n HCl

säulen vermeidet eine Strahlengefährdung des Experimentators und schließt die Gefahr einer radioaktiven Verseuchung von Arbeitsgerät und Arbeitsplatz aus.

Graber, Lukens und MacKenzie[8] geben ein Meßschema an, nach dem alle 14 Lanthanoidenelemente aufgrund ihrer charakteristischen Gammalinien und ihrer verschiedenen Halbwertszeiten nebeneinander bestimmt werden können. Kurzlebige Radionuklide werden unmittelbar nach der Bestrahlung der Probe und Abtrennung der Gruppe der Seltenen Erden gemessen (Praseodym 142, Halbwertszeit 12,2 h; Dysprosium 165, Halbwertszeit 2,32 h; Erbium 171, Halbwertszeit 7,52 h). Langlebige Radionuklide der Seltenen Erden werden erst nach dem Abklingen der kurzlebigen radioaktiven Substanzen bestimmt: Nach 26 Tagen Abklingzeit werden Europium 153 (HWZ 12,7 a) und Thulium 170 (HWZ 134 d) nachgewiesen.

Für eine aktivierungsanalytische Bestimmung der Seltenen Erden im Meteoriten "Allende" wurden die in Tab. 1 angeführten Trennverfahren und das Meßschema nach Graber, Lukens und MacKenzie[8] eingesetzt. Die Ergebnisse sind in Tab. 2 zusammengestellt. Die Analysenproben vom Meteoriten "Allende" wurden uns von der "Smithsonian Institution" im Rahmen einer Ringuntersuchung zur Verfügung gestellt (split 3, position 15). In Tab. 2 sind auch Analysenwerte angeführt, die von anderen Autoren erhalten wurden: Morrison et al.[9] setzten für ihre Analysen Massenspektrometrie und Aktivierungsanalyse ein, Wakita und Schmitt[10]

Tabelle 2. Konzentration der Seltenen Erden im Meteoriten Allende

Element	diese Arbeit	Morrison et al.[9]	Wakita, Schmitt[10]	Clarke et al.[11]
		(Werte in ppm)		
La	0,56	0,58 (M+A)[+]	0,44	0,7
Ce	1,32	1,1 (M+A)	1,25	1,0
Pr	0,26	0,22 (M)	0,20	0,20
Sm	0,36	0,35 (M+A)	0,29	0,5
Eu	0,13	0,1 (M+A)	0,107	0,1
Gd	0,54	0,42 (M)	0,43	0,6
Tb	0,075	0,076 (M+A)	0,074	0,09
Dy	0,41	0,41 (M)	0,42	0,6
Ho	0,11	0,12 (M+A)	0,12	0,1
Er	0,34	0,28 (M)	0,31	0,3
Yb	0,33	0,30 (M)	0,32	0,4
Lu	0,053	0,06 (A)	0,058	

[+] M mittels Massenspektrometrie,
A mittels Neutronenaktivierung

trennten die Lanthanoidenelemente nach der Neutronenbestrahlung auf und brachten die einzelnen radioaktiven
Seltenen Erden zur Messung, Clarke et al.[11] bestimmten
die Seltenen Erden mittels Massenspektrometrie.

Die von uns erhaltenen Ergebnisse stimmen gut mit den
Analysendaten der anderen Autoren überein. Bei Praseodym,
Gadolinium und Erbium betrugen die Schwankungen unserer
Werte ±15 % um den Mittelwert, sonst waren die Abwei-
chungen kleiner als ±10 %.

Wendet man das Meßschema nach Graber , Lukens und
MacKenzie[8] an, so nimmt eine Bestimmung aller Seltenen
Erden 26 Tage in Anspruch. Eine Auftrennung der Seltenen
Erden läßt sich also nicht umgehen, wenn die fertigen
Analysen in kürzerer Zeit vorliegen müssen. Die Gamma-
linien einiger radioaktiver Lanthanoiden mit ähnlichen
Halbwertszeiten liegen außerdem so nahe beisammen, daß
ohne Auftrennung eine vollkommen störungsfreie Bestimmung
auch mit Halbleiterdetektoren nicht möglich ist.

2. Trennung der Seltenen Erden mittels Gaschromatographie

Die Seltenen Erden bilden mit 2,2,6,6,-tetramethyl-
3,5-Heptandion[12] und mit 1,1,1,2,2,3,3-heptafluor-7,7-
dimethyl-4,6-Octandion[13] flüchtige Chelate, deren thermische Stabilität hinreicht, um eine gaschromatographische
Trennung dieser Komplexverbindungen zu ermöglichen. Setzt
man radioaktiv markierte Komplexbildner ein und verwendet Durchflußzählrohre als Detektoren nach der gaschromatographischen Trennung, so lassen sich sehr geringe
Mengen (10^{-14} g) an Chelat nachweisen. Die Trennung selbst
nimmt nur wenig Zeit in Anspruch: In Tab. 3 sind Ver-
suchsergebnisse, die bei einer gaschromatographischen Trennung von Seltenen Erden erhalten wurden, zusammengestellt.

Eine Beschreibung der Arbeitsmethodik für die gaschromatographische Trennung flüchtiger Metallchelate
wird an anderer Stelle veröffentlicht.

Tabelle 3. Gaschromatographische Trennung von Chelaten der Seltenen Erden

	Retentionszeit
Scandium	2,3
Ytterbium	3,1
Holmium	3,8
Dysprosium	4,8
Terbium	6,2
Gadolinium	13,0

Komplexbildner: 1,1,1,2,2,3,3-heptafluor-7,7-dimethyl-4,6-Octandion

Säule: 0,1 % Apiezon L auf Glaskügelchen von 120 mesh, Länge 110 cm, Durchmesser 3 mm. Temperatur $170^{\circ}C$.

Trägergas: Helium 50 ml min^{-1} mit Propan 60 ml min^{-1}.

3. Trennung der Seltenen Erden mittels Hochspannungs-elektrophorese

Die Trennung der Seltenen Erden mittels Hochspannungselektrophorese ist bereits an anderer Stelle ausführlich beschrieben worden.[14,15] Eine Gruppenabtrennung erfolgt durch Fällungs- und Extraktionsverfahren,[16] die elektrophoretische Trennung nach den bei Aitzetmüller et al.[15] angeführten Arbeitsvorschriften. Als Trägermaterial werden 40 cm Acetylcellulosestreifen verwendet und als Elektrolyt dient α-Hydroxyisobuttersäure. Bei Feldstärken von 75 bis 90 Volt.cm^{-1} beträgt der Zeitbedarf für eine Trennung etwa 60 Minuten.

In Tab. 4 sind Ergebnisse zusammengestellt, die bei der Analyse von 7 Chondriten erhalten wurden. Die Werte stimmen mit den von Schmitt et al.[3,17] erhaltenen Werten anderer Chondrite gut überein.

Tabelle 4. Seltene Erden in Chromiten (alle Werte in ppm)

| | 1 | | 2 | | 3 | 4 | 5 | 6 | 7 |
	$\bar{M}$	ΔM	$\bar{M}$	ΔM					
La	1,20	±0,05	0,61	±0,005	0,35	0,39	0,52	0,47	0,37
Ce	1,30	–	1,20	–	–	0,95	1,05	1,10	0,80
Pr	0,28	±0,02	0,17	±0,002	0,13	0,15	0,16	0,16	0,11
Sm	0,35	±0,01	0,27	±0,002	0,20	0,22	0,25	0,25	0,24
Eu	0,12	±0,006	0,10	±0,004	0,081	0,11	0,11	0,12	0,096
Dy	0,48	±0,03	0,37	± –	0,45	0,54	0,58	0,38	0,38
Ho	0,086	±0,006	0,084	±0,002	0,09	0,097	0,087	0,11	0,080
Er	0,26	±0,001	0,26	±0,002	0,24	0,29	0,26	0,24	0,22
Yb	0,22	±0,02	0,25	±0,003	0,18	0,15	0,25	0,25	0,21
Lu	0,040	±0,004	0,050	±0,005	0,035	0,047	0,050	0,046	0,040

Proben: 1: Clovis II ($\bar{M}$ aus 6 Analysen), 2: Seminole ($\bar{M}$ aus 3 Analysen),
3: Densmore, 4: Potter, 5: Armel, 6: Plainview, 7: Calliham.

Elektrophoretische Trennverfahren haben in der Aktivierungsanalyse eine Reihe von Vorteilen: Sie nehmen
wenig Zeit in Anspruch, lassen sich auf geringe Substanzmengen anwenden und liefern die getrennten Substanzen
in einer Form, die eine Radioaktivitätsmessung ohne
zeitraubendes Aufarbeiten und Probebereiten erlaubt.
Die in Tab. 4 angeführten Ergebnisse wurden mittels
Gammaspektrometrie erhalten. Mit Hilfe eines Flüssigszintillationsspektrometers sind auch Messungen der
ß-Zählrate mit guter Zählausbeute möglich; in dieser
Hinsicht sind noch weitere Verbesserungen der Methodik
durchführbar.

180

Literatur

1 Bereznai, T: Journ. Radioanal. Chem. $\underline{9}$, 81-100 (1971).

2 Mosen, A.W., R.A. Schmitt,and J. Vasilevskis: Anal.
   Chim. Acta $\underline{25}$, 10-21 (1961).

3 Schmitt, R.A., R.H. Smith, J.E. Lasch, A.W. Mosen,
   E.A. Olehy,and J. Vasilevskis: Geochim.Cosmochim.
   Acta $\underline{27}$, 577-622 (1963).

4 Rey, P., H. Wakita, and R.A. Schmitt: Anal. Chim.
   Acta $\underline{51}$, 163-178 (1970).

5 Haskin, L.A., T.R. Wildeman, and M.A. Haskin: Journ.
   Radioanal. Chem. $\underline{1}$, 337-348 (1968).

6 Towell, D.G., J.W. Winchester, and R. Volfovsky Spirn:
   Journ. Geophys. Res. $\underline{70}$, 3485-3496 (1965).

7 Cerrai, E., G. Ghersini, and R. Trucco: Vortrag am
   International Symposium on Analytical Chemistry,
   Birmingham 1969.

8 Graber, F.M., H.R. Lukens and J.K. MacKenzie: Journ.
   Radioanal. Chem. $\underline{4}$, 229-239 (1970).

9 Morrison, G.H., R.A. Nadkarni, N.W. Potter, A.M.
   Rothenberg and S.F. Wong: Radiochem. Radioanal.
   Letters $\underline{11}$, 251-268 (1972).

10 Wakita, H., and R.A. Schmitt: Nature $\underline{227}$, 478-479
    (1970).

11 Clarke Jr., R.S., E. Jarosewich, B. Mason, J.Nelen,
    M. Gómez, and J.R. Hyde: Smithsonian contributions
    to the Earth Science $\underline{5}$ (1970).

12 Eisentraut, K.J., and R.E. Sievers: Journ. American
    Chem. Soc. $\underline{87}$, 5254-5256 (1965).

13 Springer Jr., C.S., D.W. Meeg, and R.E. Sievers:
    Inorg. Chem. $\underline{6}$, 1105-1110 (1967).

14 Aitzetmüller, K., K. Buchtela, F. Grass und F. Hecht:
    Mikrochim. Acta (Wien) $\underline{1964}$, 1089-1096.

15 Aitzetmüller, K., K. Buchtela and F. Grass: Journ.
    Chromatography $\underline{22}$, 431-445 (1966).

16 Grass, F., und R. Kittl: Mikrochim. Acta (Wien)
    <u>1971</u>, 371-379.
17 Schmitt, R.A., R.H. Smith, and D.A. Olehy: Geochim.
    Cosmochim. Acta <u>28</u>, 67-86 (1964).

Anschrift der Verfasser: R.R. Becker, K. Buchtela,
F. Grass, R. Kittl und G. Müller, Atominstitut der
Österreichischen Hochschulen, Schüttelstraße 115,
A-1020 Wien, Österreich.

ELEMENTKORRELATIONEN UND DIE CHEMISCHE ZUSAMMENSETZUNG VON MOND UND ERDE

H. WÄNKE, Mainz

Zusammenfassung

Im Laufe der Arbeiten bezüglich der chemischen Analyse der Mondproben war aufgefallen, daß eine Reihe von Elementen in allen Proben in konstanten Verhältnissen auftritt, während die absoluten Konzentrationen über drei Größenordnungen variieren. Die meisten dieser korrelierten Elemente haben einen großen Ionenradius (LIL Elemente = Large Ion Lithophile Elements). Unter der Voraussetzung, daß der Mond bis tief in sein Inneres aufgeschmolzen war, sollten die beobachteten Elementverhältnisse für den gesamten Mond gültig sein.

Wir können die korrelierten LIL-Elemente in zwei Gruppen teilen, von denen die eine die besonders schwerflüchtigen Elemente (wie Zr, Hf, La, U usw.) und die andere die mittelflüchtigen Elemente enthält (wie K, Rb, Cs, nicht aber die sehr leichtflüchtigen Elemente, wie In, Tl, Bi, Pb usw.).

Innerhalb jeder dieser beiden Gruppen stimmen die beobachteten Elementverhältnisse mit den solaren (oder chondritischen) Verhältnissen überein (U/La, Zr/La, Zr/Nb, Hf/Yb usw. oder K/Rb, Rb/Cs). Wir können somit schließen, daß innerhalb der beiden Gruppen keine Frak-

184

tionierungen auftraten und zwar weder während der Kondensation und Akkumulation noch während der magmatischen Prozesse am Mond. Für alle Elementpaare, in welchen Mitglieder aus beiden Gruppen (schwerflüchtige und mittelflüchtige) der korrelierten Elemente enthalten sind, wie z.B. K/La oder K/Zr, weichen die Werte der lunaren Verhältnisse von denjenigen in Chondriten um einen Faktor 30 ab, und zwar in Richtung einer Abreicherung der flüchtigeren Elemente.

Es wird ein Zweikomponentenmodell für die Zusammensetzung des Mondes entwickelt, in welchem eine Komponente Hochtemperaturkondensate, ähnlich den kürzlich im Meteorit Allende beobachteten, darstellt, während die andere Komponente eine chondritische Häufigkeitsverteilung der Elemente besitzt.

Mit Hilfe der korrelierten Elemente, insbesondere dem K/La-Verhältnis, wird das Mischungsverhältnis dieser beiden Komponenten für den Mond berechnet und die durchschnittliche chemische Zusammensetzung des Mondes angegeben. Die Gültigkeit dieses Modells wird auf zweifache Weise bewiesen.

Abstract

During the work on chemical analysis of lunar samples it was observed that a number of elements occur in constant abundance ratios in spite of a variation of the absolute concentrations of up to three orders of magnitude Most of these correlated elements have large ionic radii (LIL elements = Large Ion Lithophile elements). With the assumption that melting occurred down to the deep interior of the moon the observed element ratios should be valid for the whole moon.

We can subdivide the correlated LIL elements into one group of elements with highly refractory character (like

Zr, Hf, La, U etc.) and another group containing elements
with medium volatility (like K, Rb, Cs, but not highly
volatile elements, i.e. In, Tl, Bi, Pb etc.).

The observed element ratios within each of both groups
are identical to the corresponding solar (or chondritic)
ratios (U/La, Zr/La, Zr/Nb, Hf/Yb etc. or K/Rb, Rb/Cs).
Hence, we conclude that within each group no fractionation
occurred during condensation and accumulation and during
all magmatic processes on the moon. However, in all pairs
containing elements of both groups (refractories and
medium volatiles) of correlated elements, for example
K/La or K/Zr, the lunar ratios differ from the chondritic
ones by a factor of 30 in the direction of a depletion of
the more volatile elements.

A two component model for the moon is set up in which
one component is a high temperature condensate similar
to the one recently observed in the Allende meteorite,
and the other component having chondritic abundances.

The mixing ratio of the two components on the moon
is calculated and the bulk composition of the moon is
tabulated. The validity of the model is proved in two
ways.

1. Einleitung

Bereits die Analyse der ersten Mondproben[1] brachte
den Beweis, daß es sich bei unserem Mond keineswegs um
einen primitiven Körper handelt, bei dem nach der Akkumulierung aus dem Staub des planetaren Nebels Schmelzprozesse auf die Oberflächenschichten beschränkt geblieben waren. Ausgedehnte Schmelzprozesse im Inneren des
Mondes waren aufgrund der relativ kleinen Masse vorher
als unwahrscheinlich bezeichnet worden. Hierbei war man
von einer normalen, d.h. chondritischen Häufigkeit der
für die Wärmeproduktion verantwortlichen Radioelemente

186

Kalium, Uran und Thorium ausgegangen.

Die hohe Anreicherung gewisser Elemente und besonders
die starke negative Europiumanomalie bewiesen eindeutig
eine weitgehende magmatische Differenzierung des Mondes.
Schmelzprozesse muß es bis mindestens 300 km Tiefe (50 %
der Mondmasse), mit aller Wahrscheinlichkeit aber bis
zum Zentrum des Mondes gegeben haben. Die Annahme einer
chondritischen Häufigkeit der Radioelemente erwies sich
als grundlegender Irrtum. Uran und Thorium sind auf dem
Mond zusammen mit vielen anderen Elementen um etwa einen
Faktor 10 gegenüber der chondritischen Häufigkeit angereichert. (Die chondritische Häufigkeitsverteilung entspricht der solaren Häufigkeit sofern man sich auf die
nichtflüchtigen Elemente beschränkt.)

2. Die Analyse der Mondproben

Zunächst möchte ich mit Hilfe einer schematischen Aufstellung das von uns in Mainz verwendete Analysenverfahren[2] skizzieren, welches in den Mondproben bei der Probenmenge von nur 0,5 g die Bestimmung von bis zu 58 Elementen erlaubt. Die Genauigkeit liegt bei den Hauptelementen
bei etwa 1 bis 3 % und bei den Spurenelementen um 5 %,
in ungünstigen Fällen bei 10 %. Hierbei können 35 dieser
Elemente praktisch zerstörungsfrei mittels instrumenteller
Neutronenaktivierung bestimmt werden.

Die Bestrahlung mit schnellen Neutronen erfolgt mittels 14 MeV-Neutronen aus der Reaktion ^{3}H(d,n) aus einem
Philips Neutronengenerator PW 5320. Dieses System mit
abgeschmolzener Neutronenröhre erlaubt ohne Schwierigkeit
eine Bestrahlungsdauer von 12 Stunden und mehr und liefert einen Neutronenfluß durch die Probe von ca. 2 . 10^9
n/cm^2.sec. Die Bestrahlung mit thermischen Neutronen erfolgt in einem TRIGA-Forschungsreaktor, Fluß 7 . 10^{11}
Neutronen/cm^2.sec bzw. 2 . 10^{12} Neutronen/cm^2.sec (letz-

teres bei kurzen Bestrahlungszeiten).

Analysenschema:

Bestrahlung und   Elemente

γ-Messung

   Probe A (ca. 0,5 g)

1. Schnelle Neutronen $\underline{O}$ über $^{16}O(n,p)^{16}N$

   5 . 10 sec $\underline{Si}$ über $^{28}Si(n,p)^{28}Al$

   5 . 5" NaJ   Direkte Standards.

2. Schnelle Neutronen $\underline{Fe, Mg, Al}$ über $^{56}Mn, {}^{27}Mg$ und ^{24}Na.

   3 . 5 min

   Ge(Li)-Detektor   Si als interner Standard.

3. Schnelle Neutronen $\underline{Sr}$ über ^{87}Sr.

   1 . 1 h

   Ge(Li)-Detektor ^{56}Mn von Fe als interner Standard.

4. Schnelle Neutronen $\underline{Ca}$ (^{47}Ca), $\underline{Ti}$ (^{48}Sc), $\underline{Ni}$ (^{57}Co),

   1 . 12 h $\underline{Y}$ (^{88}Y), $\underline{Zr}$ $(^{89}Zr-^{89}Y)$, $\underline{Nb}$ (^{92}Nb),

   Ge(Li)-Detektor $\underline{Ce}$ (^{139}Ce).

                                 ^{24}Na von Al und Mg als interner

                                 Standard.

5. Thermische Neutr. $\underline{V}$ (^{52}V) und $\underline{Al}$ (^{28}Al)

   3 . 5 min

   Ge(Li)-Detektor   Direkte Standards.

6. Thermische Neutr.   In fünf Meßperioden mit einer Dauer

   1 . 6 h   von 1 Stunde bis 2 Tagen werden im

   Ge(Li)-Detektor   Laufe von 3 Wochen nach Bestrahlungs-

                                ende über die γ-Aktivitäten der bei

                                der Bestrahlung gebildeten Radioiso-

                                tope folgende Elemente bestimmt: $\underline{Na}$,

                                $\underline{K, Ca, Sc, Ti}$ über (^{48}Sc), $\underline{Cr, Mn,}$

                                $\underline{Ni}$ über (^{58}Co), $\underline{Fe, Co, La, Ce, Nd,}$

                                $\underline{Sm, Eu, Tb, Dy, Ho, Yb, Lu, Hf, Ta,}$

                                $\underline{Ir}$ und $\underline{Th}$ über (^{233}Pa).

                                Flußmonitore und Standards.

<u>Probe A 1(ca. 300 mg von Probe A)</u>

7. Thermische Neutr.   Die Proben werden mit Na_2O_2 im Va-
   1 . 6 h   kuum aufgeschlossen und radioche-
   Ge(Li)-Detektor   misch für die Bestimmung folgender
   und Bohrloch,   Elemente aufgearbeitet:
   NaJ-Kristall sowie $\underline{Ni}$ (über ^{58}Co), $\underline{Cu, Zn, Ga, Ge, As,}$
   Proportionalzähl- $\underline{Se, Rb, Pd, In, Cs, Ba, Pr, Gd, Dy,}$
   rohr für ß-Koinzi- $\underline{Ho, Er, W, Re, Au, Th}$ (über ^{233}Pa)
   denzzählung von   und $\underline{U}$ (über ^{135}Xe).
   ^{135}Xe Flußmonitore und Standards.

<u>Probe A 2 (ca. 50-100 mg von Probe A)</u>

8. Thermische Neutr.   Pyrohydrolyse der Proben und Ex-
   1 . 2 h   traktion der Halogene.
   Ge(Li)-Detektor $\underline{Li}$ (über ^{18}F), ($^{6}Li(n,t) \longrightarrow$
                       $^{16}O(t,n)^{18}F$) und $\underline{Cl, Br, J}$ über
                       ihre (n,γ)-Produkte. $\underline{F}$ wird mit
                       Hilfe einer spezifischen Fluor-
                       elektrode bestimmt.
                       Flußmonitore und Standards.

<u>Probe A 3 (ca. 100 mg von Probe A)</u>

9. Aufschluß mit $Li_2B_4O_7$ und Röntgenfluoreszenzanalyse
   zur Bestimmung von:
   $\underline{Mg, Al, Si, P, Ca, Ti}$ und Fe

<u>Probe A 4 (ca. 50 mg von Probe A)</u>

10. Bestimmung von B mit Hilfe einer fluorimetrischen
    Methode.

Die chemische Zusammensetzung der zurückgebrachten
Mondproben ist hinsichtlich der Hauptelemente in Abb. 1
dargestellt. Wir besitzen heute Analysendaten von praktisch allen Elementen von einer großen Zahl von Mondproben aus acht Landestellen. Die Mondproben sind die
mit der bisher höchsten Genauigkeit und Zuverlässigkeit
analysierten Gesteinsproben. Unsere Kenntnisse der Ver-

teilung der Spurenelemente bis unterhalb des ppb-Bereiches
(10^{-9} g/g) sind für die Mondproben wesentlich größer als
z.B. für terrestrische Gesteine.

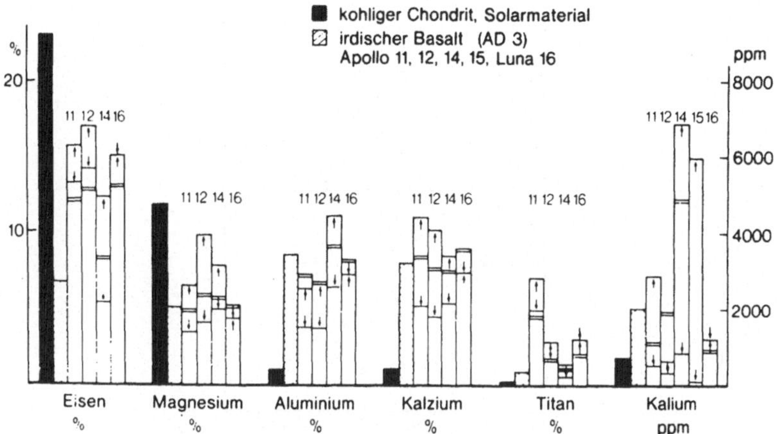

Abb. 1. Konzentration einiger Elemente in kohligen
Chondriten, irdischen Basalten und Mondproben. Die Pfei-
le deuten den Variationsbereich der Proben von magmatischen Steinen aus der jeweiligen Landestelle an. Der
dicke horizontale Strich entspricht der Zusammensetzung
der häufigsten Staubprobe.

Abb. 2 zeigt die Verteilung der Seltenen Erden mit
der oben erwähnten Europiumanomalie. Bei dem sehr geringen Oxydationsgrad der Mondgesteine liegt Europium im
Gegensatz zu allen anderen Elementen aus der Gruppe der
Seltenen Erden in zweiwertiger Form vor. Es verhält sich
bei allen magmatischen Prozessen daher völlig verschieden von den übrigen Seltenen Erden.

Die hohe absolute Anreicherung der Seltenen Erden und
anderer Elemente in den Mondproben gegenüber der chondritischen Häufigkeit ließ sehr bald die Vermutung aufkom-
men, diese Elemente seien am Mond insgesamt angereichert[3].
Bei den auf dem Mond mit großer Häufigkeit vorhandenen
Elementen handelte es sich ausschließlich um extrem

schwerflüchtige Elemente.

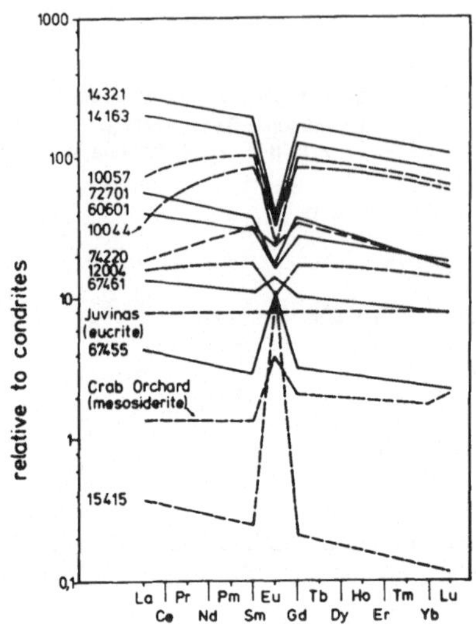

Abb. 2. Die Häufigkeitsverteilung der Seltenen Erden in
Mond- und Meteoritenproben. Neben der hohen absoluten
Anreicherung fällt besonders die negative Europiumanomalie in vielen Mondproben auf. Einige an Anorthosit reiche
Mondproben zeigen hingegen eine positive Europiumanomalie

Den Chemismus des Mondes als Ganzes, d.h. seine durchschnittliche chemische Zusammensetzung zu erfassen, erschien jedoch zunächst unmöglich. Wir haben immer nur Proben von der Oberfläche zur Verfügung; dies gilt auch für
die Erde. Proben aus dem tiefen Inneren der Erde oder irgendeines anderen Himmelskörpers werden für immer unerreichbar bleiben. Zwei in der allerletzten Zeit gewonnene
Erkenntnisse haben jedoch neue Möglichkeiten für diese
Thematik eröffnet.

3. Korrelierte Elemente

Verschiedene Arbeitsgruppen[2,4] entdeckten im Laufe der
Mondprobenuntersuchungen, daß bestimmte Elemente in allen

Proben praktisch immer im gleichen Verhältnis auftreten,
obwohl die Absolutwerte ihrer Konzentrationen über einen
weiten Bereich variieren.

Die Abb. 3 bis 9 zeigen wichtige Beispiele solcher
korrelierter Elemente. Die Analysendaten entstammen zum
größten Teil eigenen Arbeiten (Wänke et al.[2] und dortige
Zitate). Der Grund für diese Korrelation ist im ähnlichen
geochemischen Verhalten der jeweiligen Elemente zu suchen.
Die Korrelation zwischen Eisen und Mangan, die für die
Mondproben von Laul et al.[4] entdeckt wurde, erklärt sich
z.B. aus der Tatsache, daß Mn^{++} (R = 0,80 Å) ohne Schwierigkeit sowohl im Olivin als auch im Pyroxen das Fe^{++}
(R = 0,74 Å) ersetzen kann. Wir haben dann gefunden, daß
auch in vielen terrestrischen Proben Mangan und Eisen
miteinander korreliert sind[2].

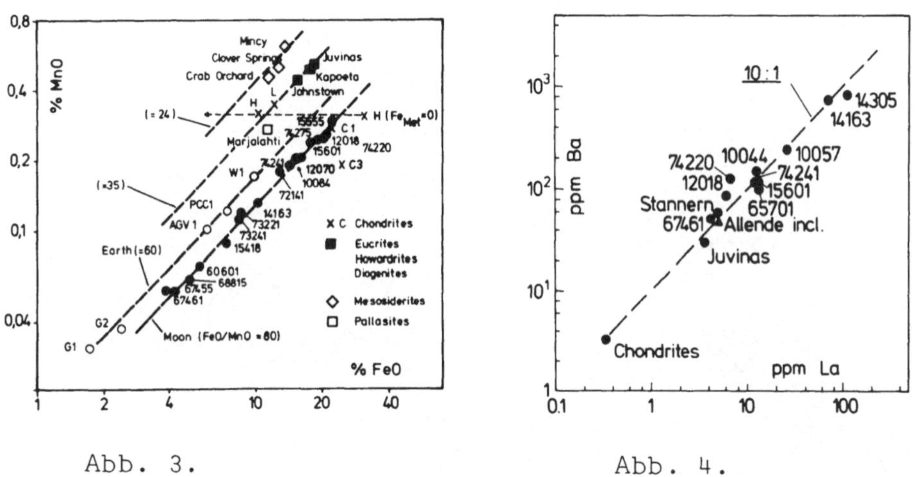

Abb. 3.   Abb. 4.

Mondproben sind mit fünfstelligen Zahlen bezeichnet.

Diese korrelierten Elemente sind von großer Wichtig-
keit. Auf dem Mond wie auch auf der Erde traten Schmelzprozesse bis zum Zentrum auf. Unter dieser Voraussetzung
und der Tatsache, daß zwei Elemente in vielen untersuch-

192

ten Proben eines Körpers im konstanten Verhältnis zueinander stehen, können wir annehmen, daß dieses Verhältnis
für alle Proben, also insgesamt für den ganzen Mond bzw.
für die ganze Erde gilt. Das unterschiedliche Verhältnis
von FeO/MnO für Mond und Erde schließt somit aus, daß der
Mond einmal Teil der Erde war.

Bei den Elementkorrelationen in Abb. 4 bis 9 handelt
es sich um Elemente mit großem Ionenradius. Diese Elemente gehen bei allen magmatischen Differenzierungsprozessen
immer stark bevorzugt in die flüssige Phase (Schmelze).
Die ersten Beispiele, Abb. 4 und 5 beschränken sich auf
Elemente, die als solche oder in ihren Verbindungen (Oxide
besonders schwerflüchtig sind. Hier zeigt sich, daß die
Elementverhältnisse in den Mondproben, in den terrestrischen Proben als auch in den Proben verschiedener
Meteorite sehr ähnlich sind. Ein weiterer Beweis dafür,
daß diese Elemente bei allen magmatischen Prozessen stets
mit gleichem Verhältnis zusammenbleiben.

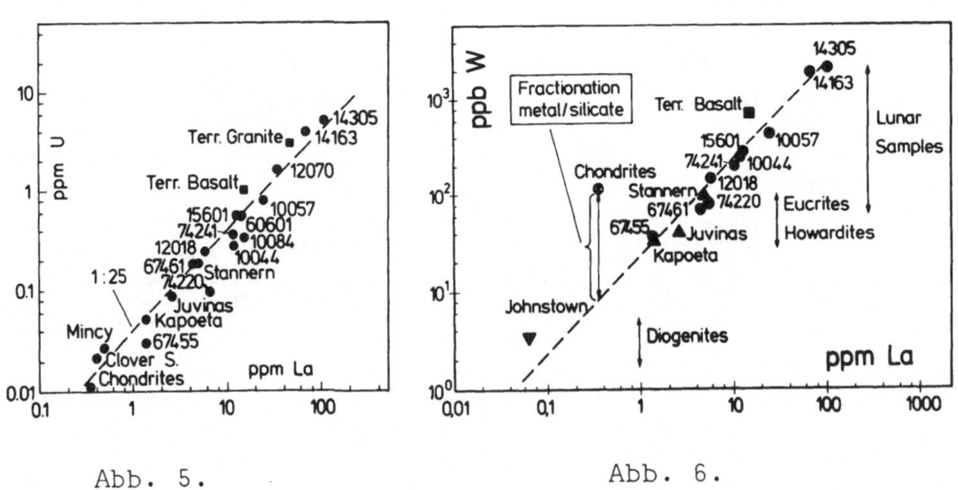

Abb. 5.   Abb. 6.

Mit der ersten Ausnahme haben wir es in Abb. 6 zu tun:
Hier ist das Verhältnis W/La in den Mondproben um einen

Faktor 17 tiefer als in den Chondriten. Wolfram hat jedoch im Gegensatz zu Lanthan beträchtliche siderophile Eigenschaften, d.h. es geht bevorzugt in eine metallische Eisenphase, falls eine solche vorhanden ist. Wir müssen daher schließen, daß auch der Mond metallisches Eisen enthält, wenn es auch nur knapp 2 % der Gesamtmasse ausmacht[2].

Ähnlich wie bei den schwerflüchtigen Elementen finden wir auch bei den leichter flüchtigen Alkalielementen für alle Mondproben eine weitgehende Korrelation und wiederum liegt das Verhältnis nahe dem chondritischen Verhältnis.

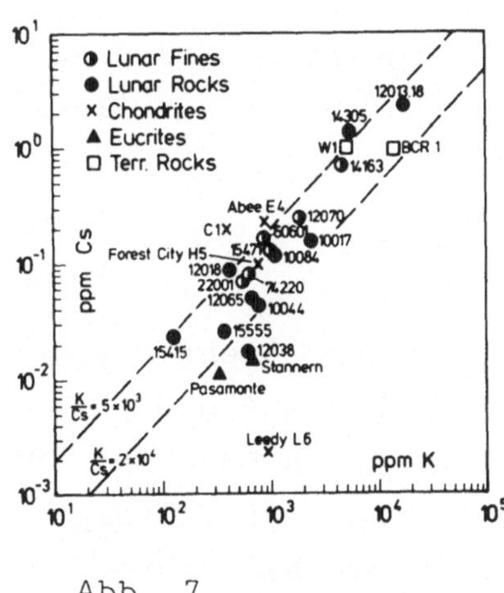
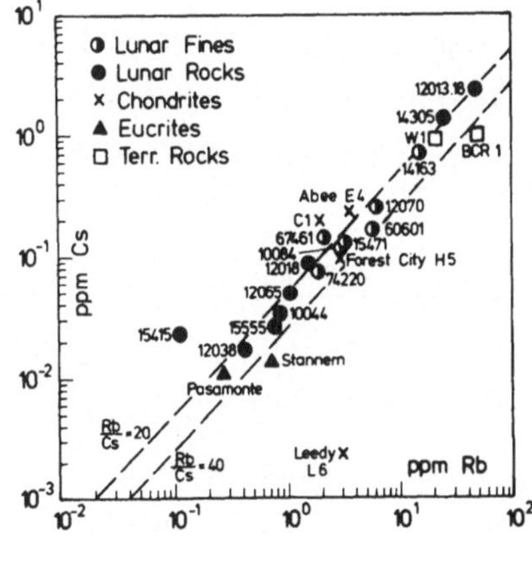

Abb. 7.   Abb. 8.

Eine weitere Ausnahme von dieser Regel finden wir in Abb. 9. Diese Korrelation ist besonders wichtig, weil hier ein Element aus der sehr schwerflüchtigen Gruppe mit einem Element aus der mittel- bis leichtflüchtigen Gruppe verglichen wird. Wieder zeigen die Mondproben eine sehr gute Korrelation mit einem Verhältnis K/La = 70. Der chondritische Wert für dieses Verhältnis liegt um etwa einen Faktor 30 höher. Daraus folgt für den ganzen Mond, daß Kalium entweder um einen Faktor 30 abgereichert

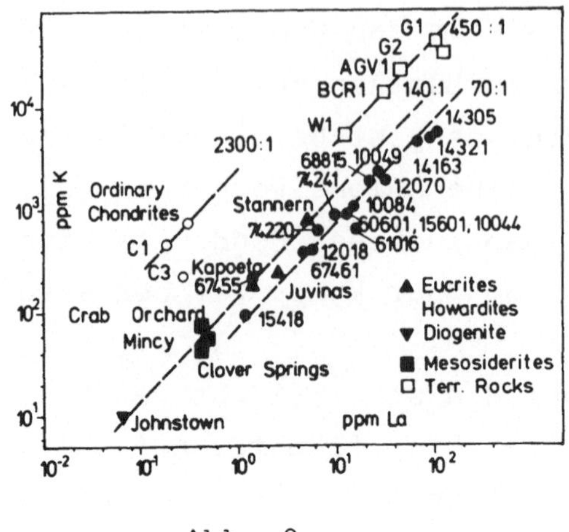

Abb. 9.

oder Lanthan um diesen Faktor angereichert ist oder daß dazwischen liegende An- und Abreicherungen beider Elemente diesen Faktor 30 ergeben.

4. Allende-Einschlüsse

Bei der Bildung unseres Planetensystems steht vor der Akkumulierung des Staubes zu größeren Körpern die Phase der Kondensation der gasförmigen zur festen Materie. (Wegen der sehr geringen Partialdrucke fehlt die flüssige Phase.) Hierbei kondensieren die Elemente bzw. ihre Verbindungen in Abhängigkeit von ihren chemischen Affinitäten. Kondensationsmodelle wurden von Urey[5], Lord[6], Larimer[7] und anderen angegeben. Nach einer Zusammenfassung von Anders[8] ergibt sich etwa folgendes Bild: Unterhalb 2000° K beginnen in einem Gas von solarer Zusammensetzung die besonders schwerflüchtigen Oxide von Aluminium, Calcium, Titan (Korund Al_2O_3 und Perowskit $CaTiO_3$) und teilweise auch Magnesium und Silizium zu kondensieren, letztere in Form von Spinell ($MgAl_2O_4$) bzw. Melilith ($Ca_2Al_2SiO_7$-$Ca_2MgSi_2O_7$).
Erst bei wesentlich tieferen Temperaturen von ca.

1400° K folgen metallisches Eisen und die Magnesiumsilikate und dann bei etwa 1000° K die Alkalisilikate. Nur
noch Wasserstoff, Kohlenstoff, Stickstoff, Sauerstoff,
Schwefel (bzw. deren Verbindungen) und einige besonders
leichtflüchtige Spurenelemente bleiben in der Gasphase.
Bei 680° K beginnt H_2S mit den metallischen Eisenkörnern
unter der Bildung von FeS zu reagieren. Zwischen 600° K
und 400° K kondensieren Blei, Wismut, Thallium und In-
dium und bei 400° K reagiert das restliche metallische
Eisen mit dem Wasserdampf und bildet Magnetit (Fe_3O_4).
Bei noch tieferer Temperatur wird Wasser auch noch in
Form hydratisierter Silikate gebunden.

In letzter Zeit hat Grossman[9] dieses Modell noch ver-
feinert, ohne daß sich entscheidende Veränderungen ergaben. Er zeigte auch, daß folgende der selteneren Elemente
noch vor dem metallischen Eisen kondensieren[10]: Os, W,
Zr, Re, Hf, Y, Sc, Mo, Ir, Ru, V, Ta und Th.

Besonders für die Existenz der Hochtemperaturkonden-
sate als unabhängige Komponente ergaben sich aus den
Meteoritenanalysen schon viele Hinweise[8]. Grossman[10]
fand in den Ca-Al-reichen Einschlüssen des Meteorits
Allende die Elemente Sc, La, Sm, Eu, Yb, aber auch Ir um
etwa einen Faktor 20 gegenüber der Häufigkeit in kohligen
Chondriten Typ 1 angereichert. Wir haben bei uns in
Mainz[11] ähnliche Anreicherungen um etwa einen Faktor 20
in diesen Allende-Einschlüssen für insgesamt folgende
Elemente gefunden: Al, Ca, Ti, Sc, Sr, Y, Zr, Nb, Ru, Ba,
La, Ce, Pr, Sm, Eu, Gd, Dy, Ho, Er, Yb, Lu, Hf, Ta, W, Re,
Os, Ir, Pt und U. Viele dieser Elemente bzw. ihre Verbindungen kondensieren bei Temperaturen oberhalb der Kon-
densationstemperatur des metallischen Eisens. Die übrigen,
wie Lanthan (als La_2O_3), werden bevorzugt in die Hochtemperaturkondensate wie Perowskit eingebaut.

5. Zweikomponentenmodell

Mit Ausnahme der siderophilen Elemente scheinen alle anderen Elemente der Hochtemperatureinschlüsse des Meteorits Allende auch im Mond stark angereichert. Bei denjenigen dieser Elemente, die in den Mondproben Korrelationen zeigen, stimmen auch die Verhältnisse untereinander mit den chondritischen, d.h. auch mit den Verhältnissen in den Allende-Einschlüssen überein. Ebenso scheinen die flüchtigen Alkalielemente und auch noch einige andere in den Mondproben unter sich nicht fraktioniert zu sein, d.h. sie liegen in chondritischen Verhältnissen vor.

Auf Grund dieser Erkenntnisse haben wir versucht, für den Mond ein Zweikomponentenmodell zu entwickeln. Hierbei stellen die Hochtemperaturkondensate, wie wir sie in ihrem Chemismus aus den Einschlüssen des Meteorits Allende kennen, die eine Komponente dar (im folgenden HTC), während die zweite Komponente alle Elemente in chondritischer, d.h. unveränderter Zusammensetzung enthalten soll (chondritische Komponente ChC). Auf geringe Abreicherungen bei den flüchtigeren schweren Alkalielementen sowie auf die sicherlich starke Abreicherung bei den extrem flüchtigen Elementen Pb, Bi, Tl und In im Mond wollen wir hier nicht Bezug nehmen.

Aus dem gemessenen und in allen Mondproben konstanten Verhältnis K/La = 70 (siehe Abb. 9) können wir den Anteil der beiden Komponenten berechnen. Während Kalium in der HTC nicht, sondern nur in der ChC enthalten ist, tragen beim Lanthan beide Komponenten bei

$$\frac{[K]_M}{[La]_M} = R_M = \frac{A.[K]_{ChC} + (1-A).[K]_{HTC}}{A.[La]_{ChC} + (1-A).[La]_{HTC}} \qquad (1)$$

Mit $[K]_{HTC} = 0$, $[K]_{ChC} = 800$ ppm, $[La]_{ChC} = 0,35$ ppm, $[La]_{HTC} = 4,9$ ppm und mit R_M = K/La = 70 erhalten wir für den Mond 69 % HTC und 31 % ChC.

Aus den übrigen Werten für das K/La-Verhältnis aus
der Abb. 9 ergeben sich für die Zusammensetzung der Erde
und des Mutterkörpers der basaltischen Achondrite die in
Tab. 1 zusammengefaßten Ergebnisse. Für die Erde kann
dieses Zweikomponentenmodell allerdings nur eine sehr
grobe Annäherung darstellen, da wir hier nur wesentlich
ungenauere bzw. unvollständige Analysendaten besitzen
und überdies die Differenzierungsprozesse umfangreicher
und komplizierter sind als am Mond.

Tabelle 1

	K/La	HTC	ChC
Mond	70	69 %	31 %
Achondrite	140	48 %	52 %
Erde	450	22 %	78 %

Die Zusammensetzung der chondritischen Komponente
ChC ist gut bekannt; als Zusammensetzung der Hochtemperaturkondensate verwenden wir unsere Analysendaten der
Allende-Einschlüsse[11]. Wir können somit die durchschnittliche Zusammensetzung des Mondes für alle Elemente mit
wenigen Ausnahmen angeben. In Tab. 2 ist diese Zusammensetzung für alle Haupt- und die wichtigsten Spurenelemente angegeben.

Alle magmatischen Differenzierungsprozesse am Mond
spielten sich ganz am Anfang seiner Entwicklung ab. Alle
zurückgebrachten Steine sind älter als 3 Milliarden
Jahre. Soweit liegen sicherlich alle wesentlichen Magma-
eruptionen zurück und etwa seit dieser Zeit ist nahezu
der ganze Mond unter dem Erstarrungspunkt auch der am
leichtesten zu schmelzenden Gesteinskomponenten abge-
kühlt. Für den Mond sollte unser Zweikomponentenmodell
daher relativ zuverlässig und auch überprüfbar sein.

Tabelle 2. Durchschnittliche Zusammensetzung des Mondes, berechnet nach dem Zweikomponentenmodell

Element	%	Element	ppm	Element	ppm
Mg	8,9	Na	1770	Eu	0,81
Al	12,0	K	250	Zr	67
Si	15,0	Rb	0,87	Hf	2,4
Ca	12,8	Cs	0,039	V	440
Ti	0,70	Mn	700	Nb	4,8
Fe	8,6	Sr	93	Ta	0,2
		Ba	33	W	1,35
		Sc	81	Ir	6,32
		Y	24	Au	0,071
		La	3,5	U	0,086

Bei den Mondlandungen von Apollo 15 und 17 wurde der Wärmefluß aus dem Mondinneren direkt gemessen.

Aus diesen Messungen ergab sich für den Wärmefluß[12]:

$$F = 0,79 \cdot 10^{-6} \ cal/cm^2.sec.$$

Aus unseren Daten über die durchschnittliche Zusammensetzung des Mondes finden wir für die Radioelemente folgende Werte: Kalium 250 ppm, Thorium 0,31 ppm und Uran 0,086 ppm.

Daraus errechnet sich ein Wärmefluß von:

$$F = 0,78 \cdot 10^{-6} \ cal/cm^2.sec.$$

Hierbei ist angenommen, daß wir am Mond thermisches Gleichgewicht haben; diese Voraussetzung ist auf Grund neuerer Erkenntnisse für alle planetarischen Körper erfüllt[13].

Die genaue Übereinstimmung des gemessenen Wärmeflusses mit dem Wert, der sich auf Grund des Gehalts von Kalium, Thorium und Uran nach unserem Zweikomponentenmodell errechnet, ist Zufall, da die berechneten Elementkonzentrationen mit einem Fehler von ca. 10 % behaftet sind. Auf jeden Fall ist diese Übereinstimmung jedoch ein starker

Beweis für die Gültigkeit unseres Modells.

Als weiterer Beweis können die Häufigkeiten von Elementen angesehen werden, die in den Mondproben in nur sehr geringen Konzentrationsbereichen variieren. Ganz im Gegensatz zu den lithophilen Elementen mit großem Ionenradius (LIL Elemente = Large Ion Lithophile Elements), wie z.B. Kalium, Lanthan, Barium, Zirkon usw., deren Konzentrationen in den Mondproben über mehr als drei Größenordnungen variieren, sind die in Tab. 2 aufgeführten Elemente in allen Mondproben in nahezu konstanter Häufigkeit vorhanden.

Tabelle 3

| | Mond | |
	beobachtet	berechnet
Hochtemperaturkomponente überwiegend		
Ca (%)	5,1 - 14,1	12,8
Sc (ppm)	40 - 92 *	81
V (ppm)	74 - 210*	440
Sr (ppm)	74 - 244	93
Eu (ppm)	0,73 - 2,7	0,81
Chondritische Komponente überwiegend		
Na (ppm)	1430 - 5000	1770

* Nur Marebasalte

Wie aus Tab. 3 ersichtlich, liegen mit Ausnahme des Elements Vanadium alle berechneten Konzentrationen innerhalb des tatsächlich beobachteten Bereiches. Es besteht begründeter Verdacht, daß auch beim Vanadium die tatsächliche durchschnittliche Konzentration im Mond mit dem berechneten Wert übereinstimmt, Vanadium bei den Schmelzprozessen jedoch nicht an die Oberfläche gebracht wurde.

Ein Zweikomponentenmodell kann prinzipiell nur als Näherung angesehen werden. Selbst wenn man, wie wir es getan haben, die extrem flüchtigen Elemente,wie In, Tl,

Bi, Pb usw., außer Betracht läßt, hat man es auf Grund der Kondensationssequenz der Hauptelemente und deren chemischen Affinitäten mit mindestens vier Komponenten zu tun, die in einem gewissen Umfang unabhängig voneinander auftreten können.

a) Die Hochtemperaturkomponente HTC.

b) Das metallische Eisen zusammen mit vielen siderophilen Elementen.

c) Die Magnesiumsilikate, die auch noch andere Elemente wie z.B. Mn enthalten können.

d) Die Alkalisilikate.

Wir können, ausgehend vom K/La-Verhältnis, nur das Verhältnis von Komponente 1 zu Komponente 4 angeben. Da man am Mond schon auf Grund seiner kleinen Dichte größere Anteile von metallischem Eisen ausschließen kann, muß der Großteil des Eisens als Oxid vorliegen. In diesem Fall können wir über die MnO/FeO-Korrelation die zweite Komponente an die dritte Komponente ankoppeln. In unserem Modell haben wir für das Verhältnis der beiden mittleren Komponenten zueinander und zu der vierten Komponente chondritische Häufigkeitsverteilung angenommen. Exakt liefert unser Verfahren für die beiden mittleren Komponenten nur einen unteren Grenzwert. Die Übereinstimmung der aus unseren Daten errechneten Wärmeproduktion mit dem tatsächlichen Wärmefluß deutet jedoch auf die Richtigkeit unserer Annahme hin.

Auf jeden Fall haben wir mit den korrelierten Elementen einen Weg aufgezeigt,die durchschnittliche chemische Zusammensetzung der Planeten zu bestimmen.

Literatur

1 Alle Arbeiten in Science 167, 447-779 (1970).

2 Wänke, H., H. Baddenhausen, G. Dreibus, E. Jagoutz, H. Kruse, H. Palme, B. Spettel, and F. Teschke:

Proc. Fourth Lunar Science Conf., Geochim. Cosmochim.
Acta, <u>Suppl. 4</u>, im Druck.

3 Gast, P.W., and N.J. Hubbard: Science <u>167</u>, 485-487
(1970).

4 Laul,J.C., H. Wakita, D.L. Showalter, W.V. Boynton,
and R.A. Schmitt: Proc. Third Lunar Science Conf.,
Geochim.Cosmochim. Acta, <u>Suppl. 3(2)</u>, 1181-1200
(1972).

5 Urey, H.C.: Geochim. Cosmochim. Acta <u>2</u>, 269-282
(1952).

6 Lord, H.C.: Icarus <u>4</u>, 279-288 (1965).

7 Larimer, J.W.: Geochim. Cosmochim. Acta <u>31</u>, 1215-
1238 (1967).

8 Anders, E.: Annual Rev. Astron. Astrophys. <u>9</u>, 1-34
(1971).

9 Grossman, L.: Geochim. Cosmochim. Acta <u>36</u>, 597-619
(1972).

10 Grossman, L.: Geochim. Cosmochim. Acta <u>37</u>, 1119-
1140 (1973).

11 Wänke, H., H. Palme, H. Baddenhausen, and B. Spettel:
In Vorbereitung.

12 Langseth, M.G., Jr., S.P. Clark, J. Chute, Jr., and
S. Keilm: Lunar Science III (Ed.: Watkins, C.),
Lunar Science Institute Contr. No. 88, Houston (1972).

13 Tozer, D.C.: The Moon <u>5</u>, 90-105 (1972).

Anschrift des Verfassers: H. Wänke, Max-Planck-
Institut für Chemie, Abteilung Kosmochemie, Saarstraße 23,
D-6500 Mainz, Bundesrepublik Deutschland.

ORGANISCHE MOLEKÜLE IM INTERSTELLAREN RAUM

E.W. SALPETER, S.J., Castel Gandolfo

Zusammenfassung

Die Entdeckung und der Nachweis organischer Moleküle
im interstellaren Raum mittels Astrospektrographen und
Radioteleskopen sowie die Bedingungen zur Bildung und
Anregung dieser Moleküle in Dunkelwolken werden diskutiert.

Abstract

Discovery and detection of organic molecules in the
intergalactic space by means of astro spectrographs and
radio telescopes as well as conditions of formation and
excitation of these molecules in dark clouds are discussed.

1. Einleitung

Seit etwa 5 Jahren wissen wir von der Existenz organischer Moleküle im interstellaren Raum. Was gefunden
wurde, ist zwar bescheiden an Zahl und Komplexität, aber
schon allein die Tatsache, daß es sie dort gibt, ist von
Bedeutung, und daß wir sie dort finden konnten, stellt
einen großen Fortschritt in den einschlägigen Wissenschaften, also vor allem der Astronomie und der Chemie,

204

dar. Diesen Fortschritt verdanken wir in erster Linie
der Radartechnik, die uns Anregung und technische Grundlagen für das Radioteleskop darbot. Ohne dieses wären
wir auf optische Teleskope angewiesen und - man kann
wohl sagen - beschränkt.

2. Nachweis einiger Moleküle im sichtbaren Bereich der elektromagnetischen Strahlung

Mit optischen Teleskopen ist man allerdings weit,
vielleicht bis zu den Grenzen des Kosmos, vorgedrungen;
man hat mit Astrospektrographen schon viel über Sterne
und Sternatmosphären gelernt, ja man kann sogar einiges
über die Beschaffenheit interstellarer Räume aussagen,
soweit darin der Lichtstrahl, der zu uns kommt, beeinflußt wird; man hat in Absorption sogar Moleküle gefunden, wie CH, CH^+, CN, aber es war oft schwierig zu ent-
scheiden, ob diese nicht bloß in den äußeren Teilen der
Sternatmosphären existierten. Man wußte schon lange, daß
die "Löcher" in der Milchstraße Dunkelnebel, also Materie-
wolken sind, bestehend aus kosmischem Staub, der die
Sterne dahinter verdunkelt und das Sternenlicht rötet
und polarisiert. Man hatte die sogen. H^+-Regionen in
der Nähe von heißen Sternen gefunden, die die Wasserstoffatome zur Emission anregen, wo Temperaturen bis
10.000 K herrschen und etwa 100 Atome/cm^3 vorkommen.
Das war so ziemlich alles, was man erforschen konnte.
Mehr war kaum zu erwarten. Man hatte den Lichtstrahl in
seinem sehr bescheidenen Wellenlängenintervall von etwa
400-900 nm anscheinend schon voll ausgenützt.

3. Nachweis organischer Moleküle mit dem Radioteleskop

Die Radioastronomie entwickelte sich nach dem Kriege
zusehends. Berichte über immer größere und vollkommenere
Radioteleskope, die von Mechanikern und Elektronikern in

ausgezeichneter Zusammenarbeit geschaffen wurden, fanden
großes Interesse. Leider wußten nur wenige die Erfolge
zu würdigen, die dieser ungeheure Aufwand brachte.

Ihr erster großer Erfolg war die Entdeckung des atomaren Wasserstoffs im interstellaren Raum durch seine
Spektrallinie bei 21 cm. Sehr bald kam man darauf, daß
mit Hilfe dieser Radio-Wellenlänge unser ganzes Milchstraßensystem durchgemustert werden könnte, also Entfernungen bis etwa 60.000 Lichtjahre, während Lichtwellen durch den kosmischen Staub unserer Milchstraße stark
absorbiert werden und höchstens 2 oder 3.000 Lichtjahre
weit reichen. Die Durchmusterung mit der 21-cm-Linie,
also die charakteristische Verteilung des Wasserstoffs,
ergab ein genaues Bild von der Spiralnatur unseres Milchstraßensystems. In den Spiralarmen kommen 1-10 H-Atome/cm^3
vor, zwischen den Armen etwa ein Zehntel davon, bei Temperaturen um 100 K.

1963 folgte die Entdeckung des Hydroxylions durch
seine Maserstrahlung auf 18 cm. Nun war man aber an
einem Punkt angekommen, wo man nicht mehr recht weiter
wußte. Nach weiteren Molekülen im interstellaren Raum zu
suchen, schien aussichtslos. Moleküle konnten sich ja
nur durch Zusammenstöße bilden, und man konnte sich die
Unwahrscheinlichkeit von Zweierstößen bei der mageren
Raumbelegung von 0,1-100 Atomen/cm^3 ausrechnen. Schon OH
war schwierig zu glauben gewesen, aber es war in sehr
dichten Wolken, von 10^{18} Atomen/cm^3 entdeckt worden. Um
wieviel seltener aber mußten jedoch Dreierstöße sein!
Und was sich im Laufe von Jahrmillionen jeweils gebildet
haben sollte, wäre sicher durch kosmische u.ä. Strahlung
schnell, ja sehr schnell zerlegt worden.

Trotzdem machten sich zwei Gruppen von Wissenschaftlern von Berkeley und NRAO, Green Bank, mit ihren neuen
Radioteleskopen auf die Suche, u. zw. nach NH_3 und H_2O.
Theoretische Überlegungen sagten ihnen, wo im Raum und

auf welchen Frequenzen diese Moleküle zu finden sein
mußten, wenn es sie überhaupt gab. Sie fanden, was sie
gesucht hatten, in dunklen Wolken nahe dem galaktischen
Zentrum, NH_3 auf 23,8 GHz (1,26 cm), H_2O auf 22,2 GHz
(1,35 cm), als Maserstrahlung.

4. Bildung und Anregung organischer Moleküle im interstellaren Raum

Die Bedeutung dieser Entdeckung ist kaum abzuschätzen.
Diesmal war es nicht ein Mangel an Instrumenten und Methoden, sondern es waren Vorurteile zu überwinden gewesen.
Bevor man sich also nun wirklich auf die richtige Suche
nach Molekülen begeben konnte, mußten einige Ideen re-
vidiert werden.

Zunächst die Bildungswahrscheinlichkeiten: Man er-
innerte sich plötzlich an die Massen kosmischen Staubes
und an die Tatsache, daß die meisten Moleküle dort gefunden wurden, wo diese Staubwolken am dichtesten waren.
Hier mußte also ein Zusammenhang bestehen. Es waren ja
nicht mehr nur freie Zusammenstöße in der Gasphase möglich, die allerdings selten sein mochten, sondern die
Atome konnten sich auch an der Oberfläche der Staubteilchen ansetzen und treffen, so daß auch Dreierstöße möglich und wahrscheinlich werden. Was weiß man denn schon
von der Oberflächenwirkung im kosmischen Höchstvakuum!
Falls Energie nötig ist, so bietet sie die kosmische und
Sternstrahlung an der Oberfläche oder im Teilschatten
der Staubteilchen. Und schließlich bildet der Schatten
auch eine sehr effektive Abschirmung der verschiedenen
Strahlungen, so daß ein Überleben der Moleküle nicht mehr
unmöglich erscheint.

Damit wir diese Moleküle erkennen können - sei es in
Emission oder in Absorption -, müssen sie angeregt werden, und das war wieder ein neues Problem. Laborerfah-
rungen halfen hier wenig, aber theoretische Überlegungen

erwiesen sich als fruchtbringend. Kosmische Strahlungen
konnte man ziemlich ausschließen, da ihre Energien zu
hoch sind, so daß nur Zerlegung, aber keine Anregung erfolgen würde. Es kommt nur Stoßanregung in Frage, u.zw.
Zusammenstöße mit in großer Menge vorhandenem molekularen
Wasserstoff. Die nötige kinetische Energie ist vorhanden,
denn größere Staubmassen sind wesentlich unstabil und
enthalten starke Turbulenzen, die sich übrigens auch in
den Radiospektren durch Doppler Rot- und Blauverschiebung
auswirken. Aber es kommen auch andere Anregungsarten vor,
wie z.B. die Maser-Strahlung von OH und noch mehr bei
H_2O, und die merkwürdige Tatsache, daß man z.B. Formaldehyd in Absorption ohne erkenntliche Hintergrundstrah-
lung gefunden hatte. Der Hintergrund entspricht hier
etwa 3 K, und so müßte das Formaldehydmolekül eine noch
tiefere Temperatur haben - wenn unsere Gesetze auch bei
diesen extremen Bedingungen Geltung behalten.

5. Entdeckung weiterer Moleküle

Hand in Hand mit solcherlei mehr theoretischen Er-
kenntnissen folgten Entdeckungen von weiteren Molekülen.
Formaldehyd war als erstes eigentlich organisches Molekül in fast allen Dunkelwolken gefunden worden, u.zw.
in Absorption, auf etwa 6 cm Wellenlänge. Für eine Reihe
von weiteren einfachen Molekülen forderte die Theorie
höhere Frequenzen, für deren Empfang es damals noch
keine Geräte gab. Einige Forscher bei Bell Telephone
waren schon von Anfang an an Radioastronomie interessiert
und stellten auch jetzt die nötigen Verstärker für das
mm-Gebiet her.

Die Mühe lohnte sich: Auf 2,6 mm Wellenlänge fand man
in Emission CO als wichtigen Baustein für organische
Moleküle. Es wurde zuerst im Orionnebel erkannt, aber
nach und nach fand man es in allen Dunkelwolken. Es ist

nicht nur weit verbreitet, sondern auch anscheinend sehr
stabil, denn man fand es auch in Leuchtwolken mit ihrer
hohen Temperatur. Der Vorstoß zu höheren Frequenzen war
nicht nur zur Entdeckung neuer Moleküle fruchtbar, man
erzielte auch wesentlich höhere Auflösung. So entdeckte
man 1970 mühelos neben normalem CO auch die Isotopenkom-
bination ^{13}C-O und C-^{18}O, u.zw. gelang es sogar, die
Isotopenhäufigkeiten quantitativ zu bestimmen: Sie sind
in manchen Gegenden von den terrestrischen merklich verschieden. Überhaupt ist die mit Radioteleskopen auf Mil-
limeterwellen erzielbare und erzielte Genauigkeit und
Sicherheit erstaunlich: Manche Moleküle konnten mit Hilfe
einer einzigen Linie mit 95 % Sicherheit identifiziert
werden!

Man kennt bis jetzt neben H_2 23 Moleküle in 34 Iso-
topenkombinationen, erfaßt auf 75 Wellenlängen von 2 mm
bis 36 cm. Schon kann man fast von einer interstellaren
Chemie sprechen, bei der wir allerdings nur zusehen und
über die Reaktionen spekulieren können.

6. Entstehung und Lebensdauer organischer Moleküle in Dunkelwolken

Wir haben die Dunkelwolken als Fundort der Moleküle
genannt. Sie sind bevorzugte Stellen, anderswo existieren
entweder keine Moleküle oder aber, sie werden eben nicht
angeregt und sind für uns also nicht erfaßbar. Wir wollen
uns nun etwas eingehender damit beschäftigen.

In den Dunkelwolken sind anscheinend die besten Bedingungen sowohl zur Bildung wie auch zur Anregung der
Moleküle gegeben. Die Zahl dieser Wolken in unserem
Milchstraßensystem wird auf 3000 geschätzt. Ihre Ausdehnung ist im Mittel etwa 10 Lichtjahre, und jede Dunkelwolke enthält viele Tausende von Sonnenmassen ($=10^{33}$g),
so daß sie in ihrer Gesamtheit doch einen gewissen Bruch-
teil der Masse der Milchstraße darstellen. Wahrscheinlich

entwickeln sich in und aus ihnen neue Sterne. Einige dieser Wolken erregen besonderes Interesse, so z.B. der Orionnebel und der Nebel Sagittarius B2. Letzterer ist besonders reich an Molekülen, denn er ist sehr dicht (10^8 Partikel/cm^3) und ausgedehnt (über 20 Lichtjahre), so daß in der Sichtlinie des Radioteleskops eine vielleicht 100mal größere Anzahl an Molekülen liegt als bei jedem anderen Nebel. Dort konnten auch die meisten der bisher bekannten Moleküle gefunden werden. Der Orionnebel ist deswegen so interessant, weil er anfangs widersprechende Beobachtungen lieferte: Es schienen eine größere Anzahl von Molekülen direkt im hellen Teil des Nebels zu liegen - eine Unmöglichkeit bei den dort herrschenden hohen Temperaturen - bis man erkannte, daß die eigentliche molekülreiche Dunkelwolke hinter dem hellen sichtbaren Orionnebel liegt.

Die Dunkelwolken bestehen hauptsächlich aus kosmischem Staub und molekularem Wasserstoff. Das Vorhandensein des Staubes erkennt man aus der Lichtschwächung der dahinterliegenden Sterne, die man teilweise noch durchscheinen sieht und deren gleichmäßige statistische Verteilung man annehmen kann. Die Größe der einzelnen Partikel dürfte 0,5 μm nicht übersteigen. Von ihrer chemischen Konstitution weiß man allerdings so gut wie nichts. Als möglich werden genannt: Graphit, Graphit bedeckt mit gefrorenem Wasser, Ammoniak und Methan, Mischungen aus Graphit mit Silikaten und Eisen. Zusammensetzung und Oberflächenbeschaffenheit haben zusammen mit der Dichte des umgebenden Gases entscheidenden Einfluß auf die Molekülbildung. Komplizierte und schwer durchschaubare Gleichgewichte zwischen dem Ausfrieren der Moleküle an den Staubpartikeln (jedes kommt einmal in 100.000 Jahren dran), wodurch sie der Anregung und Beobachtung entzogen werden, und dem Wiederablösen bei Umgebungstemperaturen von 4-25 K spielen sich hier ab.

Der zweitwichtigste Bestandteil der Dunkelwolken ist
der molekulare Wasserstoff. Infolge des Fehlens eines
(elektrischen) Dipolmoments ist er, wenigstens im Radio-
gebiet, nicht erfaßbar. Dennoch dürfte er an Masse den
Staub etwa hundertfach übertreffen, mit der ansehnlichen
Dichte bis zu 10.000 Molekülen/cm^3. Moleküle, die sich
an den Staubteilchen gebildet und von ihnen abgelöst
haben, werden hauptsächlich durch Zusammenstöße mit Was-
serstoffmolekülen zur Emission angeregt.

Dunkelwolken sind übrigens nicht die einzigen Fund-
stellen von Molekülen, auch die Umgebung der H$^+$-Regionen
ist besonders reich an komplexeren Molekülen. Dort ist
die Temperatur infolge der Nähe von heißen Sternen höher,
deren thermische Anregung den Wasserstoff für uns sichtbar macht, und auch das Milieu ist viel dichter. Daraus
ergibt sich mit einer Wahrscheinlichkeit von 100 Jahren,
daß sich viel mehr Moleküle an Staubteilchen ansetzen
können. Infolge der höheren Temperatur werden sie sich
auch leichter wieder ablösen, wodurch ihre Beobachtung
möglich wird. Häufigeres Ansetzen begünstigt aber auch
eine Verschiedenheit von Reaktionspartnern und -vorgängen,
so daß sich das Vorkommen einer größeren Anzahl von
Molekülspezies in diesen Regionen erklärt.

Ich habe schon angedeutet, daß die Lebenszeit der
Moleküle, außer dem Einfrieren, mit der Stärke der Photoionisation zusammenhängt. Im Goddard Space Research
Center ging man der Frage nach, wie lange es etwa dauert,
bis ein Molekül durch Photoionisation zerstört wird.
Auf Grund von eleganten Laborversuchen und Messungen
der UV-Strahlung im Raume durch Raketen kam man auf etwas weniger als 100 Jahre für die Moleküle Wasser, Ammoniak, Formaldehyd u.ä., wenn sie direkt der normalen
interstellaren Strahlung ausgesetzt sind - eine astro-
nomisch gesehen sehr kurze Zeitspanne. Eine typische
kosmische Staubwolke von nur einem Lichtjahr Durchmesser

und 1000 Partikeln pro cm^3 würde sichtbares Licht etwa um den Faktor 10, UV-Strahlung jedoch vielleicht um den Faktor 10^{24} schwächen. Die Lebenszeit eines Moleküls würde so auf etwa 10 Millionen Jahre verlängert, was den tatsächlichen Verhältnissen annähernd entsprechen würde.

7. Vergleich der kosmischen Häufigkeiten von Elementen und organischen Molekülen

In den dichten Wolken von molekularem Wasserstoff und Staub stellen die Moleküle, die wir erfassen, eigentlich nur Spuren dar. Das kommt daher, daß diese Moleküle neben Wasserstoff auch noch andere Atome enthalten, die nach der allgemein angenommenen kosmischen Häufigkeitsverteilung der Elemente sehr viel seltener sind als Wasserstoff: Auf 10.000 Wasserstoffatome kommen etwa 3-4 Sauerstoffatome, 2 Kohlenstoffatome, 1-2 Stickstoffatome und 1 Schwefelatom. Wenn diese Häufigkeitsskala stimmt, kommen wir zur überraschenden Tatsache, daß die Moleküle, die wir durch Beobachtung erfassen, praktisch allen Kohlenstoff enthalten, der in der Sichtlinie vorhanden ist, etwa 30 % des Sauerstoffes, aber nur etwa 1 ppm des Stickstoffes, während der allergrößte Teil des Stickstoffes wahrscheinlich als N_2-Molekül vorliegt, welches man aber noch nicht entdeckt hat.

Wir müssen also annehmen, daß der Mechanismus der Molekülbildung in den Dunkelwolken ein äußerst wirksamer Prozeß ist, daß also kaum freie Atome übrig bleiben. Und noch eine wichtige Beobachtung drängt sich auf: Die interstellare Chemie scheint die Bildung von organischen Molekülen, d.h. solchen, die Kohlenstoff enthalten, eindeutig zu bevorzugen. Alle einfachen - und auch einige höhere organische Moleküle - wurden gefunden, während sogar noch einfachere anorganische Moleküle, wie NO, SO, SH, trotz beharrlichen Suchens nicht entdeckt werden konnten.

Ob man hier eine natürliche Hinordnung auf die Bildung von Stoffen sehen soll, die als Voraussetzung für
die Entstehung von Leben gelten, oder ob es sich um
nichts anderes als rein energetische Vorgänge handelt,
bleibe dahingestellt.

<u>Literatur</u>

1   Solomon, P.M.: Physics Today <u>26</u>, (3), 32-40 (1973).
2   Turner, B.E.: Scientific American <u>228</u>, (3), 51-69
    (1973).
3   Buhl, D.: Mercury <u>1</u>, (5), 4-7 (1972).
4   Buhl, D.: Mercury <u>1</u>, (6), 4-8 (1972).

Anschrift des Verfassers: E.W. Salpeter, S.J.,
Specola Vaticana, Astrofisico, I-00040 Castel Gandolfo,
Italien.

ELEMENTHÄUFIGKEIT IN MAGNETISCHEN STERNEN

K.D. RAKOS, Wien

Zusammenfassung

Verschiedene Prozesse, die eine Rolle bei der Schaffung ungewöhnlicher Häufigkeiten der chemischen Elemente in den Atmosphären der Ap-Sterne spielen könnten, werden diskutiert. Fusionsprozesse in der Region der magneto-hydrodynamischen Instabilitäten an den magnetischen Polen werden für die ungewöhnlichen Häufigkeiten der Isotope schwerer Elemente verantwortlich gemacht.

Abstract

A discussion is given of various processes that may play roles in production of anomalous abundances of elements in peculiar A stars. Surface nuclear reactions on magnetic poles in the region of magnetohydrodynamical instabilities may be responsible for anomalous isotopic abundances of heavy elements.

1. Einleitung

Anfang 1947 fand H.W. Babcock[1] bei dem Stern 78 Virg. ein starkes Magnetfeld. Nun haben spätere Messungen aber gezeigt, daß man Magnetfelder hauptsächlich bei einer speziellen Type der A-Sterne, den sogenannten Ap-Sternen, nachweisen kann und daß die Rotationsachsen dieser Ster-

214

ne in alle Richtungen statistisch gleichmäßig verteilt
sind. Sie haben wegen der langsamen Rotation im allgemeinen scharfe Spektrallinien. Für diese Ap-Sterne wurde
dann die Bezeichnung "Magnetische Sterne" geprägt. Dabei
soll nicht vergessen werden, daß die ersten Magnetfelder
auf einem Stern, nämlich der Sonne, noch im vorigen Jahr-
hundert aus der Gestalt der Korona vermutet und 1908 von
Hall auch gemessen worden sind. 1949 wurden, indirekt
durch die Polarisationsmessungen von Hall, Mikesell und
Hiltner, Magnetfelder im interstellaren Raum gefunden.
Ihre Feldstärke beträgt in der Regel zwischen 10^{-7} und
10^{-5} Gauß.

Nachdem es gelungen war, großräumige Magnetfelder im
interstellaren Raum nachzuweisen, ist das Vorhandensein
der Magnetfelder in den Sternen selbst durchaus nicht
etwas außergewöhnliches. Es erhebt sich eher die Frage,
warum es so viele Sterne ohne nachweisbare Magnetfelder
gibt.

In letzter Zeit werden auffallend viele theoretische
Arbeiten über die Wechselwirkung zwischen starken Magnet-
feldern und der Sternmaterie geschrieben. Schon diese
ersten Versuche zeigen, daß von der Geburt eines Sternes
bis zu seinem Tode die Magnetfelder in den Sternen eine
wichtige Rolle spielen. Trotz des großen Interesses für
diese Probleme stehen wir noch immer am Anfang. Für viele
empirische Ergebnisse gibt es ganz verschiedene durchaus
plausible Interpretationen. Sogar die Hypothese des
"Schiefen Rotators", welche das Verhalten dieser Sterne
einheitlich zu deuten versucht, ist zwar allgemein aner-
kannt, aber keineswegs eindeutig bewiesen.

Wesentlich komplizierter erscheint das Verhalten der
Magnetischen Sterne in bezug auf ihre spektralen Eigenschaften. Vor allem geht es darum, die ungewöhnliche
Häufigkeitsverteilung der chemischen Elemente zu erklären und ihre bevorzugte Konzentration in gewissen Regionen der Sternoberfläche verständlich zu machen.

2. Chemische Anomalien bei Ap-Sternen

Es gilt als gesicherte Tatsache, daß die Atmosphäre dieser Sterne in bezug auf die chemische Zusammensetzung und damit mehr oder weniger auch auf die allgemeine Struktur (Dichte, Druck) nicht homogen ist. Damit ist aber jede genauere quantitative Häufigkeitsbestimmung sehr erschwert und nur bedingt möglich. Schon die Vernachlässigung der kleinen Temperaturunterschiede würde z.B. bei α^2 Can.Ven. die Häufigkeit von Eu II um den Faktor 2 verfälschen[2].

Eine so zusammengesetzte Atmosphäre würde sich unter normalen Bedingungen schon in einigen Jahren durch Diffusion und Rotationsströmungen vermischen. Nur das Magnetfeld vermag diese Vermischung für kosmische Zeiten aufzuhalten. Fowler, Burbridge, Burbridge und Hoyle[3] haben bekanntlich Häufigkeitsanomalien durch die nukleare Synthese im degenerierten Kern zu erklären versucht. Nachdem ein Stern alle Entwicklungsphasen durchlaufen hat und in seinem Kern auch das Helium verbannt wurde, setzt eine totale Durchmischung ein, und er wandert zurück zur Hauptreihe. Danach müßten Ap-Sterne relativ alt sein. Man findet sie aber in sehr jungen Sternhaufen [4,5]. Einige Autoren gehen vom Grundsatz aus, daß eine Produktion schwerer Elemente auch mit Hilfe des starken Magnetfeldes in den Außenschichten der Sterne nicht möglich ist. Brancazio und Cameron[6] zeigen, daß dabei wohl eine Spaltung schwerer Elemente durch Beschuß mit Protonen stattfinden kann, aber Protonen für eine Synthese nicht geeignet sind. Dagegen wäre eine Synthese mit Hilfe schneller Alphateilchen denkbar. Wie soll man sich aber an der Oberfläche dieser Sterne nur Heliumkerne, isoliert, ohne Vermischung mit einer größeren Menge von Wasserstoff, denken?

Zur Hypothese von Fowler und Mitarbeitern ist auch der Versuch, die Anomalien mit Hilfe der Supernova-Katastrophe eines engen Doppelsternsystems zu erklären, erwähnenswert [7,8]. Derzeit scheint es, daß man solche Fusionsprozesse vielleicht für jene Sterne verantwortlich machen muß, wo man große Häufigkeit schwerer Isotope von ^{202}Hg und ^{204}Hg gefunden hat [9].

3. Diffusionstheorie

Einen beachtenswerten Erklärungsversuch machte Michaud[10]. Nach ihm wird die relative Häufigkeit der Elemente durch Strahlungsdruck und Gravitation so geändert, daß die Elemente He, Ne, O in die tieferen Atmosphärenschichten und Mn, Sr, Y, Zr, Seltene Erden, aber auch Si und P in die oberen Schichten transportiert werden. Das Magnetfeld verhindert die Mischung. Wegen der radialen Richtung der Magnetfeldlinien an beiden Magnetpolen wird die Diffusion bei einer Feldstärke von 1 K Gauß um den Faktor 10 schneller vor sich gehen als am Magnetäquator. Dieser Vorgang führt in einer Zeitskala von 10^4 Jahren zur Bildung der "Flecken" mit erhöhten relativen Häufigkeiten der verschiedenen Elemente. Im allgemeinen werden Ionen um eine Größenordnung langsamer diffundieren als neutrale Atome. Bei O, He und Ne ist dieser Prozeß sogar um das Hundertfache langsamer. Die turbulente Konvektion und Oberflächenströmungen infolge der Rotation dürften nicht größer sein als 10^{-3} cm s^{-1}. Nach einer groben Abschätzung ist diese Bedingung bis zu einer Rotationsgeschwindigkeit von 90 km s^{-} erfüllt.

Leider sprechen manche Meßergebnisse gegen die Diffusionstheorie. Ca sollte eine größere relative Häufigkeit haben, das Gegenteil ist aber der Fall. Cr hat oft eine größere Häufigkeit als nach der Theorie. Einige Sterne rotieren offensichtlich schneller als 50 bzw. 90 km s^{-1}, wie z.B. 56 Ari, HR 5313 und HD 124224, der

letzte sogar mit 190 km s^{-1}. Die größte Schwierigkeit
aber bereitet, wie schon erwähnt, die außerordentlich
große Häufigkeit von ^{204}Hg bei einigen Sternen [11,12]
Das Auftreten von ^{145}Pm mit einer Halbwertszeit von nur
18 Jahren in dem Spektrum des Sternes HR 465[13] wurde
auch als Gegenargument angeführt; heute ist man eher
unsicher, ob ^{145}Pm wirklich gefunden wurde[14]. Nicht zu-
letzt sind die Diffusionsprozesse von der Temperatur
sehr abhängig. Es ist nicht klar, warum sich diese Abhängigkeit nicht deutlicher bei den Beobachtungen wider-
spiegelt.

4. Selektive Ansammlung

Havnes und Conti[15] haben diese Einwände durch eine
neue Hypothese zu entkräften versucht. Nach ihnen wird
durch die Wechselwirkung zwischen der interstellaren
Materie und dem Magnetfeld (Magnetosphäre) des Sternes
eine selektive Aufsammlung verschiedener Elemente auftreten. Die Atome werden zuerst ionisiert. Leichte Ionen
bekommen dabei eine genügend große Geschwindigkeit, und
sie entkommen in den Weltraum. Schwere Atome werden auf-
gefangen und fallen entlang der Magnetfeldlinie in die
Sternatmosphäre, vorwiegend in die Gegend der Magnetpole.
In etwa 10^6 Jahren könnten sich die Häufigkeitsanomalien
ausbilden.

Wegen der Wechselwirkung mit der interstellaren Materie wird der Stern außerdem sein Drehmoment verklei-
nern und langsamer rotieren. 10^8 Jahre würden genügen,
die Geschwindigkeit auf mehr als die Hälfte zu reduzieren.

Manche Schwierigkeiten bleiben nach wie vor bestehen.
Ca sollte eine wesentlich größere Häufigkeit haben, als
dies die Messungen zeigen. Ebenso ist es unverständlich,
warum Os, Ga, Pt und Hg in einigen Sternen mit so großer
Häufigkeit vorkommen. Der Mangel an Ca könnte eventuell
durch die Annahme einer Umwandlung von Ca in K mit Hilfe

218

der schnellen Protonen $^{40}Ca(p,2p)^{39}K$ erklärt werden.
K ist spektroskopisch schwer nachzuweisen, auch bei
einer erhöhten Häufigkeit. Im allgemeinen deuten alle
Zeichen darauf hin, daß man ohne die Annahme gewisser
Kernprozesse an der Oberfläche dieser Sterne nicht aus-
kommen kann. Ebenso wird man das Auftreten schwerer Isotope von Hg durch eine selektive Ansammlung aus der schon
aus früheren kosmischen Zeiten mit diesen Isotopen ver-
seuchten interstellaren Materie annehmen müssen, sollten
diese Sterne noch relativ jung sein und noch keine "post
red giant"-Phase hinter sich haben.

Dazu soll noch erwähnt werden, daß es Jaschek und
Brandi[16] gerade jetzt gelungen ist, in dem Stern HD 25354
Transurane mit großer Sicherheit nachzuweisen. An der
Oberfläche der Ap-Sterne muß also eine Kernfusion stattfinden. Die magnetohydrodynamischen Unstabilitäten an
einem der Magnetpole (oder an den beiden Polen) könnten
als Ort der Kernfusion in Betracht gezogen werden.

5. Konzentration der Elemente an den Magnetpolen

Die Radialgeschwindigkeiten der meisten Ap-Sterne
schwanken periodisch. Die Periode dieser Schwankungen
ist identisch mit ihrer Rotationsperiode. Die Amplitude
und die Phase dieser Schwankung ist für die verschiedenen chemischen Elemente unterschiedlich. Dieses Verhalten kann durch die Annahme, daß diese Elemente meistens
an einem und seltener an den beiden der magnetischen Pole
besonders konzentriert sind, restlos erklärt werden. Ähnliches gilt auch für die Messungen der magnetischen Feldstärke aus der Analyse der Absorptionslinien verschiedener Elemente. Sie ist größer für jene Elemente, welche
gleichmäßig über die ganze Oberfläche des Sternes verteilt sind. Ein Paradebeispiel ist der Stern HD 24712.
Seine magnetische Achse ist um etwa 30° gegen die Rota-

tionsachse und diese wieder um 40° in Richtung zur Erde
geneigt. Somit können wir nur einen Magnetpol sehen. Der
Stern zeigt eine ausgeprägte Konzentration von Eu auf
diesem Pol; Mg ist dagegen in der Nähe des zweiten Magnetpoles besonders angehäuft. Dies ist sowohl aus den Messungen der Magnetfeldstärke als auch aus der spektralen
Variation der Eu- und Mg-Linien (Abb. 1) klar erkennbar.

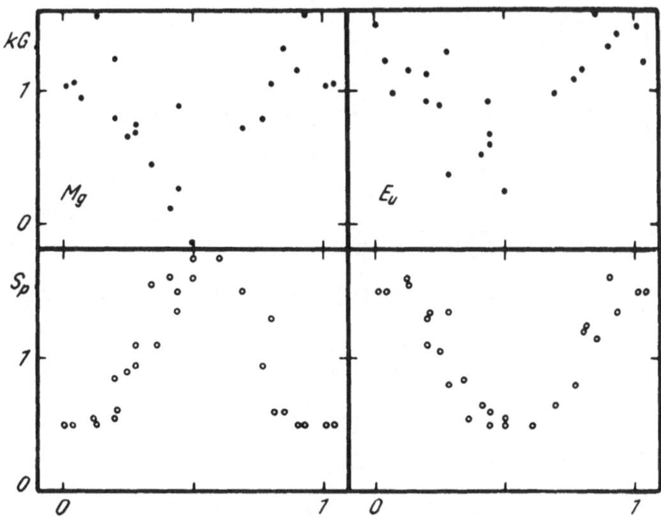

Abb. 1. Die periodische Änderung der Magnetfeldstärke
und der Intensität der Spektrallinien des Sternes
HD 24712.

Aber auch andere Elemente, wie Na, Al, Si, La, Gd,
nehmen an dieser räumlichen Verteilung zwischen den beiden Magnetpolen mehr oder weniger teil. Trägt man die
Differenz der Amplitude der spektralen Variation während
der Phase α = 0 und α = 0,5 gegen die Atomzahl dieser
Elemente auf, so ergibt sich die Abb. 2.

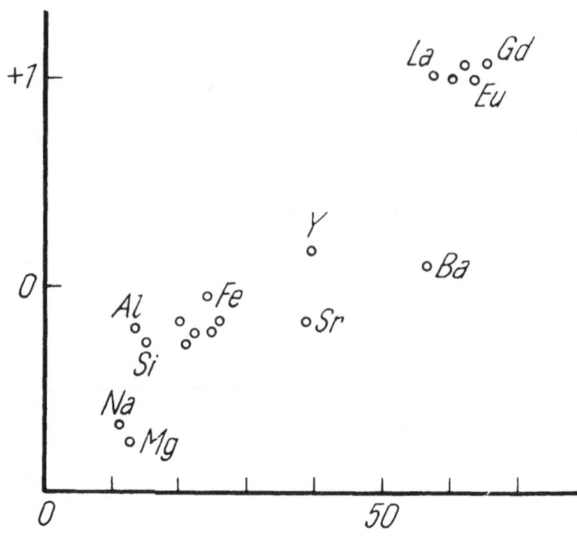

Abb. 2. Die Differenz der Amplitude der spektralen
Variation ist als Funktion der Atomzahl aufgetragen.

Eine solche Verteilung ist nur möglich, wenn
a) die Konzentration der Elemente in der Atmosphäre
eine Funktion der Höhe ist und
b) laminare Strömungen mit entsprechender Geschwindigkeit diese Elemente von einem Pol zum anderen tragen.

6. Temperatur als Ordnungsprinzip

Die größte Schwierigkeit für alle Erklärungsversuche
besteht darin, daß sich die Sterne nicht einheitlich
verhalten. Man kann kaum einen Zusammenhang zwischen
einer bestimmten Häufigkeit der Elemente und den anderen Eigenschaften dieser Sterne herstellen. Am besten
lassen sie sich noch nach der Temperatur einordnen.
Trotzdem kommt es vor, daß zwei Sterne gleicher Temperatur große Unterschiede zeigen. Z.B. HR 465 hat keine
Linien von P und Cl, diese Elemente kommen aber bei anderen Sternen wie α^2 Can.Ven. vor[17]. Solche Beispiele

lassen sich reihenweise anführen.

Nach der Temperatur geordnet, kommen zuerst die heißen Si Sterne, danach die Gruppe, bei welcher neben Si auch Cr dominiert, und dann die kühlsten Sterne mit großer Häufigkeit von Cr, Sr und Eu. Für alle drei Gruppen ist das Verhältnis von Si zu O sehr groß. Getrennt von diesen sind Mn-Sterne. Sie kommen in dem ganzen Temperaturbereich der Ap-Sterne vor und haben meistens stark ausgeprägte Linien von Hg, P und Ga, zeigen ausnahmslos keine Eu-Linien und haben ein Verhältnis Si/0 wie die normalen Sterne. Man neigt dazu, diese gänzlich aus der Familie der Magnetischen Sterne auszuschließen bzw. ihnen einen anderen Entwicklungsgang zuzuschreiben. Diese Meinung ist aber schwer zu verteidigen.

Auch bei manchen Ap-Sternen der ersten drei Gruppen kommt Mn II in gleicher Häufigkeit wie bei Mn-Sternen, z.B. 73 Draco, HR 7575, vor. Preston et al.[9] würde sie, wie schon erwähnt, wegen ^{204}Hg in die "post red giant" Entwicklungsstufe einordnen. α Andromedae ist ein Mn-Stern mit starken Linien von P II, ist aber Mitglied der Plejaden-Gruppe und dementsprechend noch sehr jung. Es scheint, daß Mn-Sterne keine Variabilität zeigen, weder magnetisch noch spektral oder photometrisch. Eine sichere Ausnahme ist α Andromedae, da er photometrisch veränderlich ist[18] und aller Voraussicht nach auch κ Cancri.

7. Ein Deutungsversuch

In den diskutierten Modellen der Ap-Sterne wurde die Annahme jeder Strömung der Materie an ihrer Oberfläche vermieden, um den Aufbau der chemischen Anomalien mit Hilfe der Diffusionstheorie von Michaud[10] oder der Theorie von Havnes und Conti[15] nicht zu unterbinden. Vor allem sind bei einem rotierenden Stern meridionale Strömungen zu erwarten. Baglin[19] hat gezeigt, daß rein laminare

Strömungen bis zu einer gewissen Rotationsgeschwindigkeit möglich sind. Das Vorhandensein der Magnetfeldlinien parallel zur Strömungsrichtung wird das Auftreten
der turbulenten Mischung noch zusätzlich verhindern.
Dies gilt natürlich auch für die Gegend der Magnetpole,
wo die Feldlinien senkrecht auf die Sternoberfläche gerichtet sind. Dort sind z.B. vertikale Strömungen noch
zulässig. Es ist also zu erwarten, daß das Magnetfeld
die meridionalen Strömungen in Richtung der Magnetpole
ablenken wird und daß an den Polen auch vertikale Strömungen vorkommen. In dem Bereich der vertikalen Strömungen, welche nach außen gerichtet sind, könnten die
allgemeinen Stabilitätsprobleme der Magnetohydrodynamik
eine wichtige Rolle spielen. Das veränderte Verhältnis
der Gasenergie gegenüber der Energie des Feldes kann zu
Instabilitäten und zu einer Abgabe von Energie in Form
der Strahlung führen. Wie man aus Laborversuchen rund
um die Kernfusionsprozesse erfahren konnte, werden über-
all dort, wo der Plasmadruck etwa dem Magnetdruck gleich
wird, die Konfigurationen unstabil, wobei das Wachsen
der Instabilität vergleichbar ist mit der Zeit, die eine
Alfven-Welle braucht, um das System zu durchwandern. Es
ist denkbar, daß die Energieabgabe einen Schwingungspro-
zeß auslöst und sich damit periodisch stabilisiert. Die
Messungen der kurzperiodischen Helligkeitsschwankungen
dieser Sterne[20,21,22] mit einer Periodenlänge von höchstens
zwei Stunden oder weniger bestätigen diese Annahme. Es
ist also naheliegend, diese kurzperiodische Helligkeits-
schwankung der periodischen Energieabgabe zuzuschreiben,
welche infolge der magnetohydrodynamischen Instabilitäten
an einem der Magnetpole des Sternes auftritt. Wie schon erwähnt, könnten diese Instabilitäten auch als Ort der even-
tuellen Kernfusion in Betracht gezogen werden.

Im allgemeinen haben A-Sterne keine Korona. Die Ener-
giequelle für die Bildung einer Korona fehlt an diesen

Sternen. Die beschriebene Energiefreigabe an einem der
Magnetpole kann bei den Ap-Sternen zwar keine Korona,
könnte aber eine etwas weiter ausgedehnte Atmosphäre,
begrenzt auf die Umgebung eines solchen Magnetpoles, erzeugen und sie dauernd aufrecht erhalten.

In den unteren Schichten dieser geänderten Atmosphäre
können die Diffusionsprozesse durch die Gravitation und
Strahlung nach dem Modell von Michaud voll zur Geltung
kommen. In den höheren Schichten, wo die Ionisation größer ist, kommen die Auswahlkräfte nach der Theorie von
Havnes und Conti[15] dazu und unterstützen die Bildung
von chemischen Anomalien. Zuerst wirkt in dieser Höhe
die Diffusion (durch die Gravitation) viel effektiver,
da die Temperatur steigt, und zugleich die Anzahl der
Teilchen pro cm^3 kleiner wird (z.B. beträgt die Diffu-
sionszeit in der Korona nur einige Tage). Schwere Elemente wie Eu werden tiefer sinken. Von den leichten Elementen werden alle jene mit kleinen Ionisationspotentialen beim Aufsteigen wegen der starken Wechselwirkung
mit dem Magnetfeld ihre Winkelgeschwindigkeit behalten
und in den Weltraum entkommen. Die leichten Elemente mit
sehr hohen Ionisationspotentialen, wie Mg oder He, siehe
Tab. 1, werden von dem Magnetfeld weniger beeinflußt.
Sie werden beim Aufsteigen ihre ursprüngliche lineare
Geschwindigkeit (die sie wegen der Rotation haben) behalten und sich aus dem Bereich des ersten Magnetpoles
entfernen und schließlich entlang der Feldlinien zum
zweiten Pol bewegen. Über diesem zweiten Magnetpol herrschen aber ganz andere Zustände als über dem ersten.
Es wird weniger oder gar keine Energie frei. Die Atmosphäre ist an dieser Stelle wesentlich weniger ausgedehnt. Je nach dem Zufließen der leichteren Elemente vom
"heißen" Magnetpol entsteht hier eine Konzentration von
z.B. Mg, Na, Al, Si, wie auf dem Stern HD 24712, siehe
Abb. 2. Entsprechend dem spezifischen Zustand der ausge-

Tabelle 1. Abnormale Häufigkeit der chemischen Elemente
in den Ap Sternen (ausgenommen Mn - Hg Sterngruppe) und
ihre Ionisationspotentiale

Element	relative Häufigkeit	Ionisationspotentiale eV		
		1	2	3
He	10^{-1}	24,5	54,4	-
O	10^{-1}	13,6	35,1	54,9
Mg	1	7,6	15,0	80,1
Si	10^2	8,1	16,3	33,5
Fe	10^2	7,0	15,0	30,0
Sr	$10 - 10^2$	5,7	11,0	43,0
Y	$10 - 10^2$	6,6	12,3	20,5
Zr	$10 - 10^2$	7,0	14,0	24,1
Seltene Erden	10^3	5,6	11,4	19,2

dehnten Atmosphäre, der Rotationsgeschwindigkeit und der
Neigung der Magnetachse zur Rotationsachse könnten zum
Teil auch andere Elemente wie Eu vom heißen Pol zum
kühleren Pol übergeführt werden. Warum am zweiten Pol
weniger Energie frei wird, läßt sich nicht leicht erklären. Ist es wirklich weniger oder merkt man davon nur
wenig, weil das in einer größeren Tiefe vor sich geht?
Eine allgemeine Strömung der Gase entlang der Magnetfeldlinien in die Richtung zum Stern könnte beides ver-
ursachen.

Viele Ap-Sterne zeigen zwar eine anomale Häufigkeit
der chemischen Elemente, haben aber in ihren Atmosphären
keine ausgeprägte ungleichmäßige Verteilung der Elemente. Dementsprechend gehören sie nicht in die Gruppe der
spektrumveränderlichen Sterne. Sogar manche Spektrumveränderlichen haben keine besondere Anhäufung gewisser Elemente an den magnetischen Polen. Ihre Variabilität der
Linien ist durch die magnetische Verstärkung von diesen
in dem Bereich der Magnetpole[9] zu erklären. So ist z.B.

HD 32633 kein spektrumveränderlicher Stern. Seine Licht-
kurve hat eine gut ausgeprägte Amplitude. Der Farbe und
Temperatur nach ist er dem α^2 Can.Ven. sehr ähnlich.

Für solche Ap-Sterne kann die chemische Analyse wesentlich genauer durchgeführt werden[23]. Abb. 3 bringt den
Mittelwert und die Streuung der Häufigkeiten in Einheiten des solaren Wertes, log(N/H), als Funktion der Atomzahl für 21 dieser Ap-Sterne.

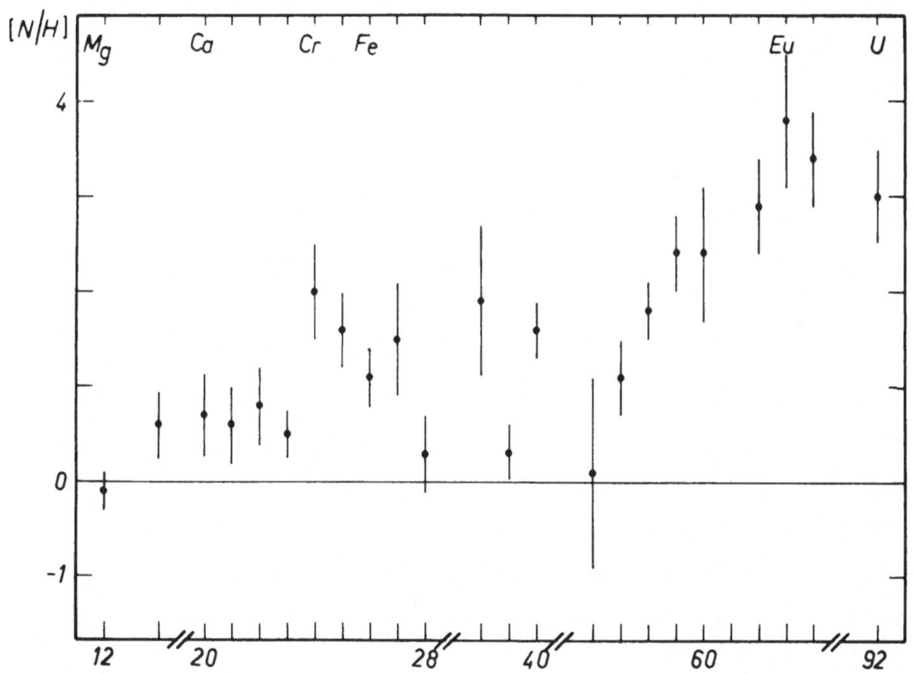

Abb. 3. Die Häufigkeit der chemischen Elemente in Einheiten des solaren Wertes log(N/H) als Funktion der Atomzahl für die Ap-Sterne. In dem Diagramm sind die spektrumveränderlichen Sterne nicht berücksichtigt.

226

Literatur

1 Babcock, H.W.: Astrophys. Journ. 105, 105-119 (1947).
2 Cohen, J.G.: Astrophys. Journ. 159, 473-484 (1970).
3 Fowler, W.A., E.M. Burbridge, G.R. Burbridge, and
   F. Hoyle: Astrophys. Journ. 142, 423-450 (1965).
4 Jaschek, C., and M. Jaschek: in: The Magnetic and
   Related Stars (Ed.: Cameron, R.C.), Mono Book,
   Baltimore, 287-301 (1967).
5 Kraft, R.P.: in: The Magnetic and Related Stars
   (Ed.: Cameron, R.C.), Mono Book, Baltimore, 303-309
   (1967).
6 Brancazio, P.J., and A.G.W. Cameron: Canadian Journ.
   Phys. 45, 3297-3312 (1967).
7 Van den Heuvel, E.P.J.: Bull. Astron. Inst. Netherl.
   19, 11-16 (1967).
8 Guthrie, B.N.G.: Publ. Royal Obs. Edinb. 6, 145-168
   (1968).
9 Preston, G.W., A.H. Vaughan, R.E. White, and J.P.
   Swings: Publ. Astron. Soc. Pacific 83, 607 (1971).
10 Michaud, G.: Astrophys. Journ. 160, 641-658 (1970).
11 Watson, W.D.: Nature Phys. Sci. 229, 228-229 (1971).
12 Dworetsky, M.M., J.E. Ross, and L.H. Aller: Bull.
   American Astron. Soc. 2, 311 (1970).
13 Aller, M.F., and C.R. Cowley: Astrophys. Journ. 162,
   L145-L148 (1970).
14 Cowley, C.R., and M.F. Aller: Astrophys. Journ. 175,
   477-480 (1972).
15 Havnes, O., and P.S. Conti: Astron. Astrophys. 14,
   1-11 (1971).
16 Jaschek, M., and E. Brandi: Astron. Astrophys. 20,
   233-235 (1972).
17 Aller, M.F.: Astron. Astrophys. 19, 248-260 (1972).
18 Rakos, K.D.: Int. Astron. Union Colloquium 15, 59-62
   (1971).

19 Baglin, A.: Astron. Astrophys. $\underline{19}$, 45-50 (1972).

20 Rakos, K.D.: Zeitschr. Astrophys. $\underline{56}$, 153-160 (1962).

21 Rakos, K.D.: Lowell Obs. Bull. $\underline{117}$ (1963).

22 Rakos, K.D.: Lowell Obs. Bull. $\underline{121}$ (1964).

23 Adelman, S.J.: Astrophys. Journ. $\underline{183}$, 95-120 (1973).

Anschrift des Verfassers: K.D. Rakos, Universitäts-Sternwarte, Türkenschanzstraße 17, A-118o Wien, Österreich.

DIE MONDFORSCHUNG HEUTE IN ASTRONOMISCHER SICHT

J. MEURERS, Wien

Zusammenfassung

Es wird ein kurzer Abriß der Situation der Mondforschung gegeben, wie sie sich heute in astronomischer Sicht im Hinblick auf zukünftige Forschungswege darstellt.

Abstract

This is a short situation-sketch of the investigation of the moon from an astronomical point of view concerning future scientific ways.

1. Einleitung

Durch die bemannte und unbemannte Satellitentechnik hat die gesamte Weltallforschung eine grundlegende Umgestaltung erfahren. Die ersten Resultate der neuen technischen Möglichkeiten liegen vor, und es erhebt sich die Frage, in welcher Beziehung die neuen Resultate, die man erlangte, zu den bisherigen Einsichten der Astronomie stehen, insbesondere was den Mond betrifft.

Man unterscheidet heute zwischen konventioneller und nichtkonventioneller Astronomie. Die konventionelle Astronomie ist diejenige, welche vom Boden aus betrie-

ben wird und deren Methodik rein rezeptiv ist. Sie kann
nur auffangen, aufnehmen, was auf dem elektromagnetischen
Felde an Information auf die Erde getragen wird. Die
Nichtkonventionelle dagegen kann, wenigstens soweit sie
das Planetensystem und den Mond betrifft, direkt an die
Objekte heran und unmittelbar in sie eingreifen. Das hat
zur Folge, daß sich die Grenzen der Forschung verschieben. Disziplinen, die sich bisher nicht oder nur wenig
mit dem Mond beschäftigten, haben mit einem Male entscheidende Bedeutung. So die Mineralogie, die Chemie und
auch die Atomphysik, soweit es sich um atomare Vorgänge
auf dem Mond und den Planeten handelt. Die neuen Ergebnisse sind so umfangreich und das Material so groß, daß
ein Einzelner es kaum übersehen kann und es noch lange
dauern wird, bis alle Informationen ausgeschöpft sind.

2. Konventionelle und nichtkonventionelle Mondforschung

Der unmittelbare Zugang zum Mondgestein und dessen
laboratoriumsmäßige Auswertung sowie die Möglichkeit,
das Verhalten des Stoffes auf der Mondoberfläche direkt
zu testen, haben die Methoden der einschlägigen Wissenschaften auf den Plan gerufen. Es sind dies die bekannten Analysen der Mineralogie, Chemie und Physik, welche
Gegenstand dieser Tagung sind. Fragt man demgegenüber
nun, welches die klassisch-astronomischen Fragestellungen auf der Basis rein rezeptiver Forschung, eben
der konventionellen Astronomie sind, so zeichnen sich
hier folgende Problembereiche ab: Die Bahnbestimmung
des Mondkörpers, das Gelände, die Kartographie, mögliche
Veränderungen auf der Mondoberfläche und ähnliche Fragestellungen. Zu einem Teil können diese heute viel besser durch die nichtkonventionelle Astronomie untersucht
werden und das geschieht auch, ohne daß damit die Arbeit der letzten Jahrzehnte, die wesentlich von Ama-

teuren durchgeführt wurde, entwertet wäre; denn es bleiben, jedenfalls in der augenblicklichen Situation, viele Fragen offen, und eine von der Erde aus systematisch getätigte Überwachung des Mondes dürfte auch gegenwärtig noch immer sinnvoll sein.

Es ist das bekannte Wort gefallen: "Gebt mir ein Stück Mondgestein und ich sage Euch, wie das Planetensystem entstanden ist". Dieser Ausspruch repräsentiert sehr charakteristisch das Gegenüber zwischen den alten astronomischen Fragestellungen und den neuen Resultaten und den damit neu auftauchenden Problemen. Es ist nicht zuviel gesagt, wenn man feststellt, daß ein solcher Ausspruch völlig daneben liegt und nicht mehr und nicht minder eine Überbewertung des Neuen repräsentiert, wie sie in der Geschichte der Wissenschaften, und nicht nur hier, immer wieder beobachtet werden kann. Nur eine nüchterne gegenseitige Abwägung des Alten und des Neuen kann eine fruchtbare Zukunft für die Mond- und Planetenforschung erbringen.

Und da dreht es sich vor allem um den Problemkreis der Mondbahn und die damit zusammenhängenden Fragen, welche im wesentlichen nur mit den bisherigen konventionellen Mitteln angehbar sind.

3. Das Verhältnis des Mondes zum Planetensystem

Die Mondbahn, wie jede Planetenbahn um die Sonne, ist von ausschlaggebender Bedeutung für das Verständnis des Planetensystems; das heißt jetzt nicht, daß die unmittelbaren Analysen der Gesteine und der direkten Untersuchung von Mond und Planeten nicht genauso wichtig wären. Aber diese alleine genügen sicher nicht, um das Planetensystem zu verstehen.

Die Mondbahn ist eine der am längsten beobachteten Bahnen im Weltall. Sie ist auch rein den numerischen

Daten nach die bekannteste. Man kennt sie am besten,
einmal der Nähe des Mondes wegen, was relativ hohe Meß-
genauigkeiten gestattet, und dann wegen der Länge der
Beobachtungszeit, während der der Mond bis jetzt verfolgt
wurde.

Man ist gegenwärtig rein dynamisch weit von einem
vollständigen Verständnis der Mondbahn entfernt. Der
Grund ist, daß sie durch die Störungen der Planeten,
Erde und Sonne eine der kompliziertesten Bahnen ist, und
es bis heute nicht möglich war, sie mathematisch befrie-
digend in allen Einzelheiten darzustellen; hier wird
noch eine lange Forschungsarbeit notwendig sein. So
kennt man mehrere hundert Störungen der Mondbahn, die
zum Teil in ihren Zusammenhängen noch nicht ermittelt
sind. Neue Methoden haben auch hier in die Forschung
eingegriffen, wie etwa die direkte Bestimmung der Erde-
Mond-Entfernung durch Laser-Strahlen oder durch Radio-
strahlungen über den Weg der großen Radioteleskope.
Wichtig für die Bahnbestimmung des Mondes sind die Stern-
bedeckungen durch die Mondscheibe, welche außerordentlich genaue Positionen zu fixieren gestatten, vor allem
hinsichtlich der Zeit. Hier hat Prof. Rákos u.a. durch
Konstruktion eines neuen Gerätes auf der Basis bekannter Prinzipien, eines sogenannten Scanners, dem Wiener
Institut Weltgeltung und Führungsrolle gesichert, womit eine hier schon lange konstituierte Tradition (Prof.
Hopmann) fortgesetzt wird. Es steht zu hoffen, daß hier-
durch wesentliche neue Einsichten in die Struktur der
Mondbahn gewonnen werden können, deren Kenntnis uner-
läßlich ist, um das Erde-Mond-System und darüber hinaus
das Planetensystem als Ganzes einmal zu verstehen.

Alles dies sind aber Problembereiche, welche die
neuen Methoden der unmittelbaren Analysen und der direkten Beobachtungen der Mondoberfläche bzw. der Planeten
nicht direkt tangieren. Ein weiteres Problem der kon-

ventionellen Astronomie ist das eigentümliche Massenver-
hältnis zwischen Erde und Mond. Dieses liegt nämlich bei
1:81, ist also verhältnismäßig groß, während z.B. die
Verhältnisse der Planetenmassen zu ihren Mondmassen wesentlich geringer sind. Für Jupiter beträgt dieses Verhältnis z.B. 1:1o.ooo. Schon hieran sieht man die Son-
derstellung des Erde-Mond-Systems im gesamten Planetensystem, das mit jenen neuen Fragen, welche die nichtkonventionelle Astronomie heute ermöglicht, wohl schwer er-
forscht werden kann. Und diese Umstände mahnen zur Vorsicht, wenn man glaubt, nahe dem endgültigen Verständnis des Planetensystems zu sein, wie es in obigem Zitat -
zweifelsohne voreilig - zum Ausdruck kommt.

Es muß auch darauf aufmerksam gemacht werden, daß die
Mondforschung sowohl konventionell wie nichtkonventionell
nicht mehr isoliert betrieben werden kann und darf, sondern man das gesamte Planetensystem, vor allem auch die
dynamischen und physikalischen Eigenschaften der Planeten mit im Auge behalten muß. Gerade die auf nichtkonventionelle Weise erreichte Einsicht in das Faktum von
Kratern auf dem Mars zeigt das mit aller Deutlichkeit.
Man kann heute den Mond nicht mehr betrachten, ohne den
Mars in seiner Orographie im Auge zu behalten; und wenn
es sich herausstellen sollte, wie neueste Meldungen be-
sagen, daß die Venus wirklich Krater analog dem Mond und
dem Mars besitzt, müßte man wohl die Entstehung der Planeten und den Ablauf ihrer Lebensgeschichte, von der bisher ohnehin nur wenig und Unsicheres bekannt ist, ganz
von neuem durchdenken. Die Venus hat uns ja auch vor
noch gar nicht langer Zeit das Faktum der retrograden
Umdrehung um ihre Achse beschert, womit alle bisherigen
Vorstellungen über den Drehimpuls des Planetensystems
über den Haufen geworfen werden.

Der letztere ist aber gerade ein großes Problem für
das Verständnis des Planetensystems. Bekanntlich ist es

so, daß die Sonne entsprechend ihrem Spektraltyp nur
0,5 % des Drehimpulses des gesamten Planetensystems
trägt, obwohl sie 99 % der Masse beinhaltet. Im Laufe
der Entwicklung aus einem Zentralkörper - und anders
kann man wohl nicht denken - muß irgendwie der Drehimpuls nach außen transportiert worden sein; und man hat
bis heute nur das eine Denkmodell, daß hydromagnetische
Kräfte, d.h. Magnetfelder den Drehimpuls nach außen be-
fördert haben, wo heute die Großplaneten des Systems
kreisen. Alles das aber tangiert nicht unmittelbar das
Neue und seine Methoden, so wichtig und unentbehrlich
es auch ist.

Es gibt zwischen den Planeten eine im Augenblick nicht
sehr beachtete Beziehung zwischen den Planetenmassen und
ihren Radien. Diese ist in Abb. 1 dargestellt, welche

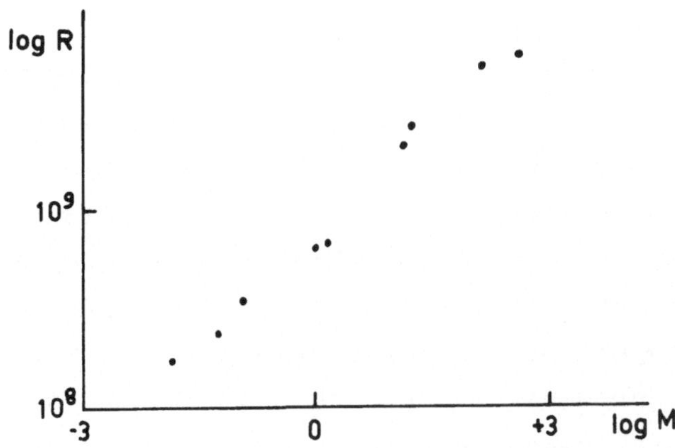

Abb. 1. Masse-Radius - Beziehung der Planeten.

auf der Abszisse den Logarithmus der Planetenmassen (die
Erdmasse ist 1 gesetzt) trägt, und auf der Ordinate den

Logarithmus der Radien. Die Figur zeigt im unteren Ende die erdähnlichen Planeten, im oberen die Großplaneten des Systems. Es kann auf diese Beziehungen hier im einzelnen nicht eingegangen werden. Es sei aber darauf aufmerksam gemacht, daß für die erdähnlichen Planeten, im linken unteren Teil der Figur,eine außerordentlich scharfe Relation resultiert, welcher sich auch der Mond fügt, der durch den tiefsten Punkt in Abb. 1 repräsentiert wird. Man kann daraus - wenn auch mit aller Vorsicht - mindestens schließen, daß der Mond nicht unbedingt und in jeder Hinsicht Satellitencharakter trägt. Man kann jenen Zusammenhang verstehen, indem man bestimmte Annahmen über den Materiezustand im Zentrum der Planeten macht, nämlich einen nicht relativistisch entarteten Materiezustand; das ist jedoch durchaus noch im Bereich des Theoretischen. Es soll hier nur darauf aufmerksam gemacht werden, wie kompliziert in astronomischer Sicht die Zusammenhänge bisher schon waren und wie diese zum Teil durch die neuen Informationen, die heute zur Verfügung stehen, jedenfalls wie es zunächst scheint, nur wenig oder gar nicht berührt werden.

4. Die Verbindung des dynamischen und astrophysikalischen Problemkreises

So, wie die Mond- und Planetenforschung sich heute im ganzen darstellt, konventionell und nichtkonventionell, kann man vielleicht zwei Problemkreise unterscheiden, deren Zusammenhänge in dem Schema der Abb. 2 dargestellt sind. Es handelt sich einmal um den dynamischen Problemkreis. Dieser ist im wesentlichen - jedenfalls bis jetzt - auf die konventionelle Astronomie bezogen; er umfaßt die Probleme der Bewegung, der Bahnen, der Massenverhältnisse, kurzum alles, was das Planetensystem in seinen makroskopischen Strukturen ausmacht. Davon

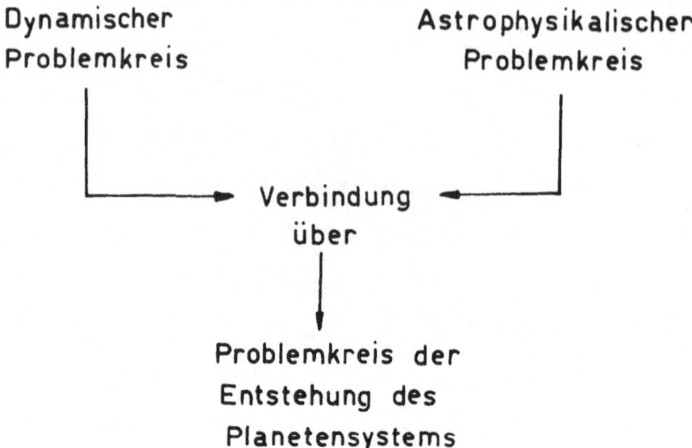

Abb. 2. Möglicher Zusammenhang konventioneller
und nichtkonventioneller Planetenforschung.

ist der wesentlich durch die neuen Methoden inaugurierte
astrophysikalische Problemkreis zu unterscheiden, der
sich mit den Zuständen der Materie, ihrer Einwirkung,
ihrer Beeinflussung durch die Sonnenstrahlung und den
freien Weltenraum befaßt. Gerade hier wurden durch die
Apollo-Landungen und die Mondproben ganz neue Einsichten gewonnen. Beide Problemkreise haben zunächst den
Fragestellungen und auch den Methoden nach relativ wenig
Berührungspunkte, obwohl sie sich auf ein und denselben
Gegenstand beziehen. Aber es muß so sein, daß in beiden
Problemkreisen die Wirkkomponenten beschlossen sind,
welche das Planetensystem zu dem haben werden lassen,
was es jetzt ist und daß nur über sie das System selbst
verstanden werden kann. Es dürfte so sein, daß sich bei-
de Problemkreise durch die Fragen der Entstehung des
Planetensystems bzw. seiner Entwicklung verbinden; denn

einerseits muß die Dynamik die Materie in entscheiden-
der Weise beeinflussen, vor allem was ihre Anordnung
betrifft, zum anderen aber kann diese nicht unbeeinflußt
sein von alledem, was im Bereich des Atomaren und des
Stofflichen selbst vor sich geht, wie es z.B. die eben
erwähnten Vorstellungen bezüglich des Hinaustragens des
Drehimpulses durch Magnetfelder zeigen. Die Mondforschung insbesondere würde sich also so darstellen, wie
es das Schema der Abb. 2 zeigt. Man bedarf der Ideen
über die Entstehung des Planetensystems,um beide Problemkreise mit ihren Fragestellungen und Resultaten in
einen fruchtbaren Zusammenhang zu bringen. Es muß versucht werden, über alte und neue Einsichten in jenen
beiden Bereichen hier mehr zu einem Verständnis zu kommen. Mond und Planetensystem sind im letzten nur durch
Evolution zu verstehen. Diese ist bedingt durch die Gesetze der Dynamik einerseits und des Stoffes andererseits. Durch die moderne Entwicklung können in beiden
Bereichen voneinander unabhängige Informationen in viel
größerem Umfange gesammelt werden als bisher. Es gilt,
diese im Aspekt der Evolution zu vereinigen. Aber der
Weg zu diesem Ziel ist lang. Man hüte sich, ihn durch
Wunschdenken abkürzen zu wollen.

Anschrift des Verfassers: J. Meurers, Universitäts-
Sternwarte, Türkenschanzstraße 17, A-118o Wien,
Österreich.

SPEZIELLE MÖGLICHKEITEN MIKROCHEMISCHER METHODEN ALS
BEITRAG ZUR METEORITENFORSCHUNG

H. BALLCZO und A. MITTER, Wien

Zusammenfassung

Am Beispiel der Olivine des Brenham-Pallasits wurde
gezeigt, daß in der Meteoritenforschung mit dem Abstrichverfahren qualitative und quantitative Aussagen möglich
sind. Ein neues Abdruckverfahren auf Fotofilmen wurde
entwickelt, mit dessen Hilfe man eine Abbildung der Wid-
manstättenschen Figuren und eine Lokalisierung von
Taenit, Kamazit, Plessit und Schreibersit mit hoher Auflösung (bis in den µm-Bereich) erreicht.

Abstract

Using olivine inclusions in the Brenham pallasite as
an example it has been demonstrated that in meteorite
research qualitative and quantitative results may be
obtained by the scratching procedure with a corundum
rodlet. A new printing technique on photographic films
has been developed by application of which tracing of
the Widmanstätten pattern and spotting of taenite,
kamacite, plessite, and schreibersite with high resolu-
tion (in the µm range) has been achieved.

1. Das Abstrichverfahren in der Mineralanalyse

Wie bei allen inhomogenen Mineralproben, Gesteinen
sowie Metallproben läßt sich auch in der Meteoritenforschung das Abstrichverfahren mit dem Korundstäbchen
vorteilhaft anwenden. Wegen der Einmaligkeit und der
Kleinheit des Probenmaterials, vor allem aber seiner Einschlüsse, eignet sich dieses neue Verfahren auch für
diese Forschungsrichtung besonders gut. Es ist einfach,
rasch ausführbar und besitzt bei Anwendung entsprechender mikroanalytischer Reagenzien hohe Spezifität.

Als Beispiel wählten wir die verhältnismäßig großen
und schönen Olivineinschlüsse im Brenham-Meteorit, einem
Pallasit mit 11 bis 13 Mol-% FeO[1,8], die wir nicht nur
qualitativ auf ihren Mg- und Fe-Gehalt prüften, sondern
deren Fe-Mg-Molverhältnis wir auch quantitativ zu bestimmen versuchten. Ein einfacher Abstrich genügt. Winzige
oberflächenreiche Gitterbruchstücke werden abgesprengt
und können so mit dem sehr empfindlichen Reagens direkt
zur Reaktion gebracht werden. Diese findet aber auch dann
statt, wenn das Mineral schwer löslich ist - wie dies
beim Olivin zutrifft - und sonst normalerweise erst aufgeschlossen werden müßte. Der Olivin wird so mechanisch
durch den kräftigen Abrieb aufgeschlossen ("Mechanischer
Aufschluß"). Der Magnesiumnachweis erfolgte nach Anger[2]
mit einem Polymethinfarbstoff, erhalten durch Kondensation von Glutaconaldehyd und Barbitursäure, welcher nach
dem Antüpfeln mit 2n-Natronlauge eine deutliche Blau-
färbung des Abstriches ergibt. Der Nachweis ist spezifisch
für alle magnesiumhaltigen Minerale[5]. Eisen konnte in
heterogener Gasreaktion mit der methylalkoholischen Lösung von Bathophenanthrolin[4], einem 4,7-Diphenyl-1,10-
phenanthrolin, bei 100°-110° C unter Zusatz von Glycerin
nachgewiesen werden.

2. Bestimmung des Fe-Mg-Verhältnisses

Das Fe-Mg-Verhältnis wurde mikromaßanalytisch durch Titration mittels einer 0,01 m Komplexonlösung bestimmt[6,7]. Die Titratorzugabe erfolgte mittels eines Beckman-Mikrotitrators, der eine Volumsdosierung auf 5.10^{-6} ml gestattet. Der Abstrich wurde mit einer alkoholischen Lösung von Zinkchlorid besprüht, geglüht und so vollständig aufgeschlossen (was hier zur quantitativen Erfassung unbedingt notwendig ist). Der Überschuß an Zinkchlorid muß allerdings nach wiederholtem Räuchern über konzentrierter Salzsäure wegsublimiert werden. Man kann jedoch den vollständigen Aufschluß auch mit einer Kaliumnitritschmelze durchführen. Zuerst wird das Eisen im schwach sauren Bereich gegen Variaminblau und hernach (NH_4Cl-NH_3-Puffer, pH 10) das Mg gegen Eriochromschwarz T titriert. Dabei ist zu bemerken, daß das Molverhältnis aus den Verbrauchen an Maßflüssigkeit ohne Kenntnis der Einwaage errechnet wurde. Die Doppeltitration[3] garantiert die Genauigkeit.

3. Bestimmung des Cu-Gehaltes

Ferner wurde der Kupfergehalt des Landes, ein Eisenmeteorit mit Silikateinschlüssen, qualitativ mittels unseres neuen Kupferreagenses, dem 2,3-Bis(2-(6-Methyl)-pyridil)-Chinoxalin[10], nachgewiesen. Eine quantitative Bestimmung ist theoretisch ebenso mit Komplexon unter Zuhilfenahme von PAN - 1-(2-Pyridilazo)-2-naphthol - neben Fe und Mg möglich.

Schließlich versuchten wir, das alte Abdruckverfahren, welches schon Feigl beschrieben hatte, durch Verbesserung seiner Durchführung und Verwendung spezifischer Eisen-, Kupfer- und Nickelreagenzien zur Untersuchung dieser Meteorite heranzuziehen. Dabei gingen wir von der Tatsache aus, daß genügend großmolekulare und empfindliche Reagenzien nicht nur direkt mit dem Probenanschliff zur

242

Reaktion kommen können, sondern darüber hinaus zufolge
ihrer Molekülgröße und ihrer Unlöslichkeit praktisch
keine Diffusionserscheinungen mehr zeigen; eine Tatsache,
die zum Teil auch in letzter Zeit von Schmidt-Brücken und
Schlapp[9] bei der Herstellung von Abdruckfolien zur chemischen Analyse im mikroskopischen Bereich beachtet wurde.
Ein weiterer Vorteil ist darin zu sehen, daß solcherart
kein Lösungsmittel, wie etwa eine Säure oder Ammoniak,
als Reaktionsvermittler benötigt wird. Damit ist aber
auch eine Wertigkeitsänderung völlig ausgeschlossen, womit wieder eine weitere Aussage über den Wertigkeitszu-
stand der Probenbestandteile gemacht werden kann. Durch
die Verwendung fertiger Gelatineschichten, wie sie die
Photoindustrie mit ihrer großen Erfahrung auf diesem Gebiet anbietet, konnten wir nahezu eine zehnmal größere
Auflösung erzielen. Während Schmidt-Brücken und Schlapp[9]
Einzelheiten bis zu weniger als 3 μm abbilden, erreichten
wir noch Details unter 0,3 μm. Aber auch das neue oben
schon erwähnte Chinoxalin-Kupferreagens nach Stephen und
Uden[10] hat durch seine Verwendung Vorteile gebracht. Es
reagiert direkt (ohne Hilfe von Säuredämpfen) und kann
Aussagen über Wertigkeit und Strukturunterschiede machen.

Um nun diese unsere Erfahrungen mit dem Kupferreagens
auf dem Gebiete der Eisen- und Steinmeteorite anwenden
zu können, setzten wir dem Kupferreagens (das nur mit
einwertigem Cu reagiert!) zweiwertige Kupferionen in
Form einer 1%igen Chloridlösung zu, wodurch alles ele-
mentare Fe sowie alle Fe-Ni-Phasen je nach ihrem Eisen-
gehalt (Kamacit, Taenit) Kupfer reduzierten, das wiederum
sofort mit dem Reagens unter Bildung der entsprechenden
Farbstärke und Nuancierung reagierte. Dabei ist zu bemerken, daß auch Schreibersit Kupfer reduziert und damit
sichtbar gemacht werden kann.

Endlich sei darauf verwiesen, daß wir durchsichtige
Photofilme (Kodak, Panatomic X, 16Din) nach Fixieren und

gründlichem Auswaschen angewandt haben, wodurch alle Ab-
drücke als Nativpräparate auch direkt als Dia zur Projek-
tion gebracht werden können.

An Hand solcher Nativpräparate bzw. deren vergrößerter Mikroaufnahmen wurde die Brauchbarkeit dieser Methode
unter Beweis gestellt und als ergänzende Voruntersuchung
für die Mikrosondenuntersuchung vorgeschlagen. Die Gela-
tineschicht wurde außerdem noch mit Rubeanwasserstoff-
säure und Dimethylglyoxim versehen, was weitere Aussage-
möglichkeiten an Eisen- und Steinmeteoriten erschloß. Erwähnenswert ist weiters noch, daß bei terrestrischer Verwitterung auftretendes dreiwertiges Eisen bei diesen Ab-
drucken als gelbe bis braune Verfärbung erkannt werden
kann.

Abschließend möchten wir nicht versäumen, allen Mitarbeitern sowie Herrn W. Richter und Herrn A. Kracher zu
danken. Ebenso danken wir Herrn Prof. H. Malissa für die
Möglichkeit, von Herrn Dr. Grasserbauer an der Mikrosonde
Scanningaufnahmen anfertigen zu lassen und so unsere Aussagen zu erhärten, sowie der Fa. Leitz für die bereit-
willige Hilfe bei den Mikroaufnahmen. Unser Dank gilt
auch der Gesellschaft für Analytische Chemie und Mikrochemie, die durch ihre finanzielle Unterstützung diese
Arbeiten erst möglich gemacht hat.

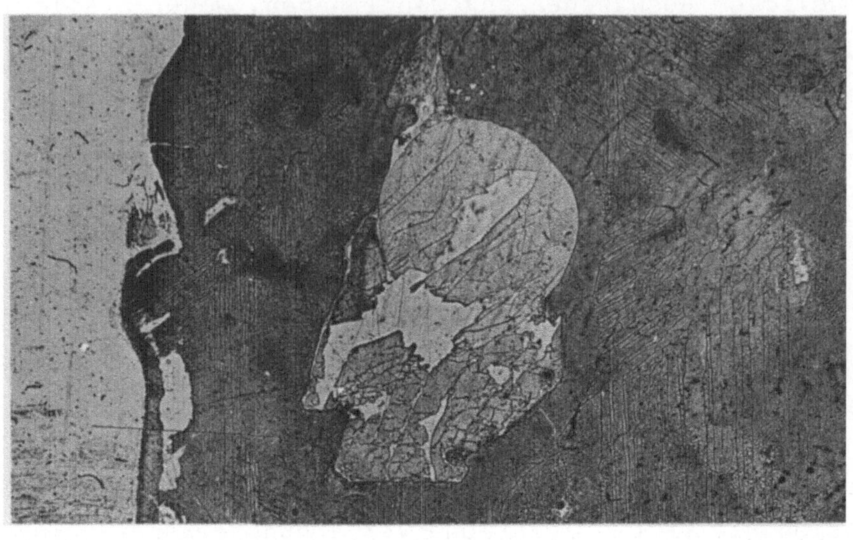

Abb. 1. Abdruck des Meteorits "Brenham" mit Chinoxalin-Cu(I)-Reagens und $CuCl_2$. Olivineinschluß mit Schreibersit und Kamazit-Umrandung mit anschließenden Widmannstättenschen Figuren

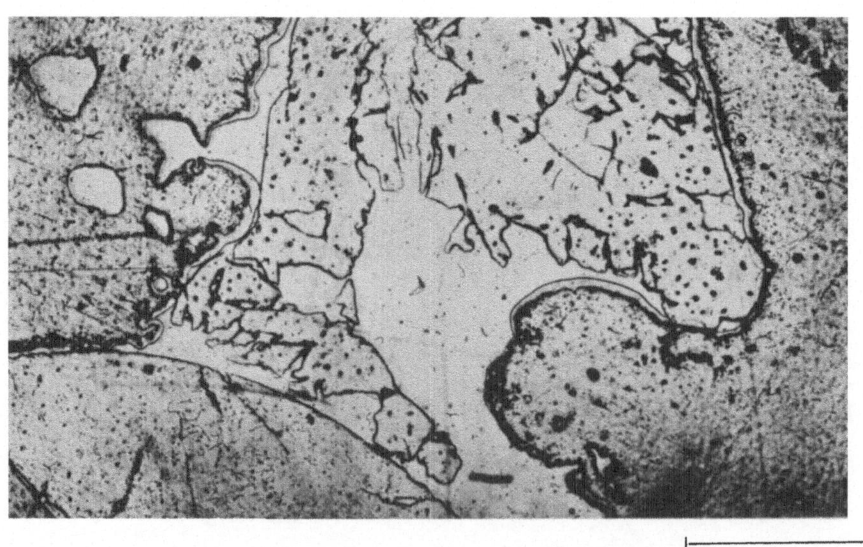

Abb. 2. Vergrößerter Ausschnitt von Abb. 1.

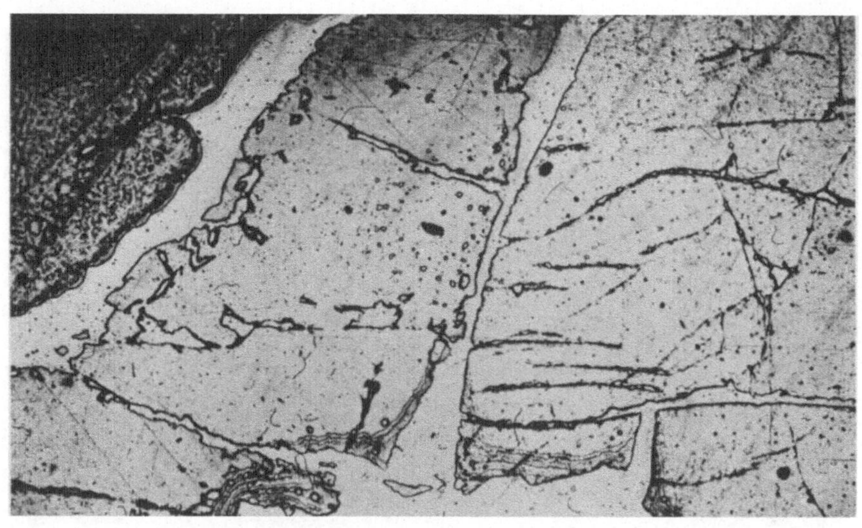

500 µm

Abb. 3. Vergrößerung eines Schreibersiteinschlusses, begrenzt von Kamazit und Olivin

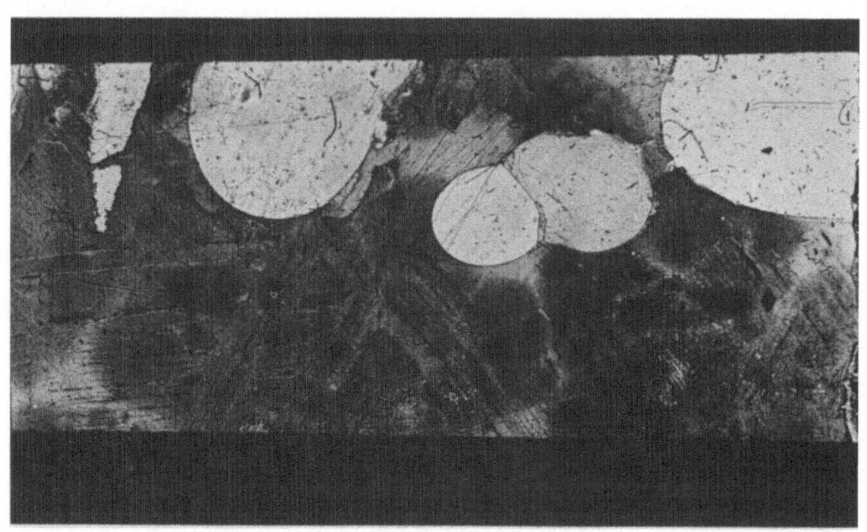

5 mm

Abb. 4. Abdruck des Meteorits "Brenham", vorher mit Salpetersäure (10 % alkohol.) angeätzt

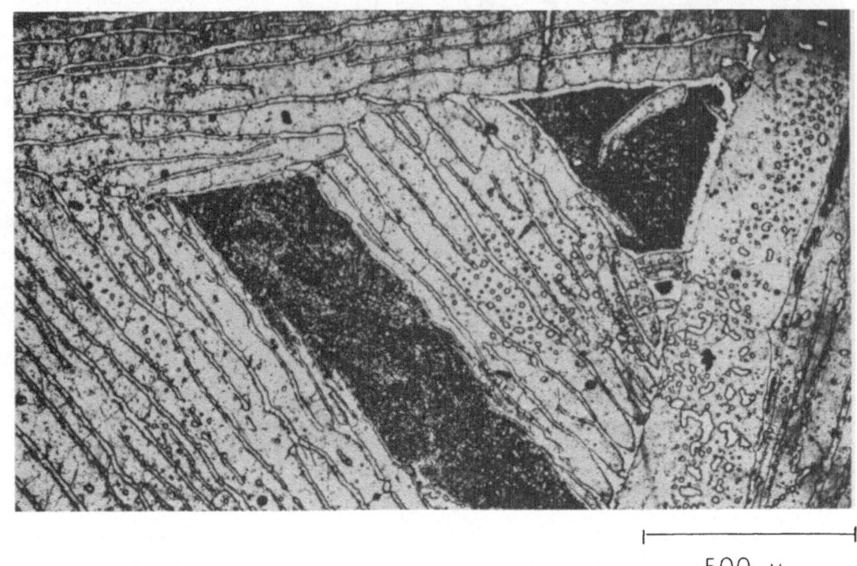

500 μ

Abb. 5. Vergrößerung des Plessits von Abb. 4, umgeben von Taenit und Kamazit

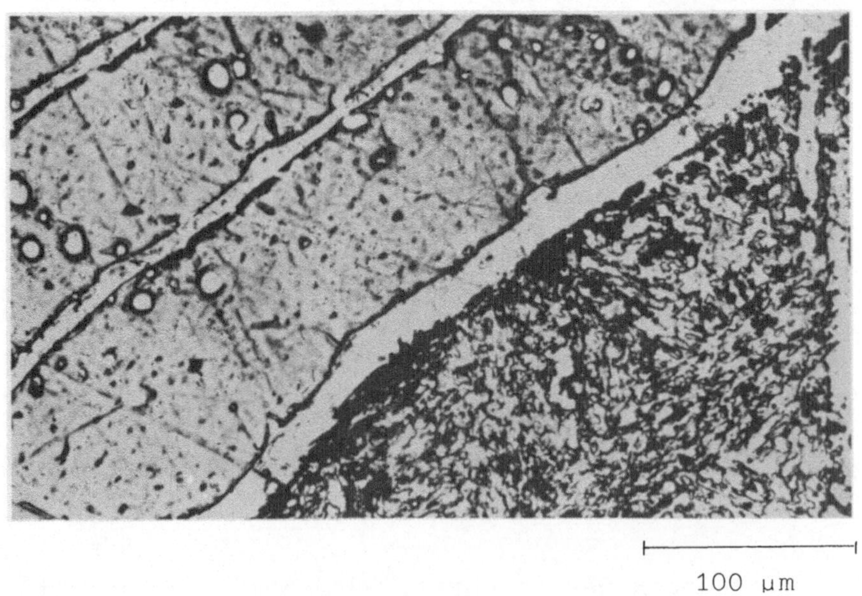

100 μm

Abb. 6. Ausschnitt aus Abb. 4

Literatur

1 Anders, E.: Space Science Rev. $\underline{3}$, 583-714 (1964).
2 Anger, V.: Mikrochim. Acta $\underline{1961}$, 512-515.
3 Ballczo, H.: Z. analyt. Chem. $\underline{134}$, 321-332 (1951).
4 Ballczo, H.: Mikrochim. Acta $\underline{1968}$, 205-211.
5 Ballczo, H.: Z. analyt. Chem. 1973 (im Druck).
6 Flaschka, H.: Mikrochem. $\underline{1952}$, 38-50.
7 Flaschka, H.: Mikrochim. Acta $\underline{1954}$, 361-365.
8 Mason, B.: American Scientist $\underline{55}$, 429-455 (1967).
9 Schmidt-Brücken, H., und W. Schlapp: Chemiker Ztg. $\underline{97}$, 200-205 (1973).
10 Stephen, W.I., and P.C. Uden: Analyt. Chim. Acta $\underline{39}$, 357-368 (1967).

Anschrift der Verfasser: H. Ballczo und A. Mitter, Institut für anorganische Chemie der Universität Wien, Währinger Straße 42, A-1090 Wien, Österreich.

SPINELLCHEMISMUS ALS BEWEIS FÜR EINEN WEITGEHEND
DIFFERENZIERTEN MOND

A. EL GORESY, Heidelberg

Zusammenfassung

Die lunaren Differentiationsprozesse werden am Beispiel der chemischen Zusammensetzung sowie der paragenetischen Verhältnisse der Spinelle diskutiert. Spinelle
stellen eine wichtige Mineraliengruppe in lunaren Gesteinen dar, da sie Veränderungen in der chemischen Zusammensetzung der Silikatschmelze sowie Änderungen im
Sauerstoffpartialdruck empfindlich registrieren.

Abstract

Lunar differentiation processes are discussed by
taking into account chemical composition as well as the
paragenetic behaviour of the spinel-minerals. It is a
matter of fact, that spinels are among the most important
minerals in lunar rocks because they indicate variations
of chemical composition of the silicate melt and in
addition to this are able to register any changes in the
oxygen fugacity.

1. Einleitung

Lange bevor die ersten Mondproben zur Erde gebracht
worden sind, erkannte man, daß die Oberfläche der uns zugewandten Seite des Mondes von zwei voneinander stark abweichenden Materien beherrscht wird:
1. Ein Material mit ziemlich hoher Albedo, das hauptsächlich die Hochländer bildet und wahrscheinlich von an-
orthositischer Natur ist.
2. Ein Material mit sehr niedriger Albedo, das den Boden
der Mare und breite Ebenen füllt und im wesentlichen aus
Basalt besteht.

Ein großer Teil der Oberfläche der uns zugewandten
Seite des Mondes besteht aus diesem dunklen Marematerial.

Daß es sich um Materialien verschiedener Zusammenset-
zung handelt, haben Geologen längst erkannt. Die erste
Bestätigung für diese Hypothese brachten die Surveyor-
Experimente der amerikanischen Raumbehörde NASA. Mit
Hilfe eines α-Rückstreuexperiments stellte die Surveyor-
Sonde fest, daß die Hochländer aus einem Material be-
stehen, das besonders an Ca und Al angereichert und an
Mg und Fe verarmt ist. Im Gegensatz zur Vorderseite des
Mondes besteht die Oberfläche der Rückseite vorwiegend
aus anorthositischem oder anorthosit-ähnlichem Material.
Aufgrund dieser Erkenntnisse konnte man sich folgendes
einfache Bild vom Aufbau des Mondes machen: Das Mond-
innere, bestehend aus basaltischem oder pyroxenitischem
Material, umhüllt von einer 75 km dicken unvollständigen
Anorthositkruste.

Nach 8 Mondlandungen weiß man heute, daß diese Vorstellung im Grunde richtig, jedoch der Aufbau des Mondes
viel komplizierter ist. Aufgrund mineralogischer und geochemischer Untersuchungen der Mondproben kam Paul Gast[1]
zu der Erkenntnis, daß mindestens 4 Gesteinseinheiten an
der Mondoberfläche vorkommen:

1. FeO- und MgO-reiche Marebasalte
2. KREEP-Basalte (Al$_2$O$_3$ von 15-20 %)
3. VHA-Basalte (Al$_2$O$_3$ von 20-25 %)
4. Anorthosite (mehr als 24 % Al$_2$O$_3$).

1. Das Material der ersten Kategorie kommt im Mare Tranquillitatis, Oceanus Procellarum, Hadley-Apenninen-Landestelle, Taurus-Littrow und Mare Fecunditatis vor. Mineralogisch sind diese Gesteine den irdischen Basalten ähnlich. Wie irdische Verwandte zeigen die lunaren Basalte chemische und mineralogische Variationen untereinander. Es gibt auch gewisse Hinweise dafür, daß die Variation in Chemie und Mineralogie dieser Basalte mit der chronologischen Inplatznahme in gewisser Beziehung steht. Mit anderen Worten, Basalte ähnlicher Zusammensetzung haben wahrscheinlich zur gleichen Zeit verschiedene Becken überflutet.

Diese Beobachtung hat, wenn sie richtig ist, eine wichtige Konsequenz: die Mare-Basalte entstammen einer bestimmten Schale (wahrscheinlich einer Pyroxenit-Schicht), und das Überfluten der Mare erfolgte durch partielle und sukzessive Schmelzung dieser Schale. Diese Tätigkeit dürfte etwa 800.10^6 Jahre (vor 4.10^9 bis $3,2.10^9$ Jahren) gedauert haben. Diese Hypothese setzt natürlich voraus, daß der Prozeß der Marebeckenbildung durch große Meteoriteneinschläge abgeschlossen war. In diesem Zusammenhang möchte ich auf die Ähnlichkeit in der Mineralogie, Chemie und des Alters der Gesteine von Mare Tranquillitatis und Taurus-Littrow einerseits, sowie der kristallinen Gesteine von der Hadley-Rille und von Oceanus Procellarum andererseits hinweisen.

2. KREEP-Basalte sind, im Gegensatz zu Mare-Basalten, Gesteine mit hohem Al$_2$O$_3$-Gehalt zwischen 15-20 % und niedrigem FeO-Gehalt. Diese KREEP-Basalte sind durch eine hohe Konzentration an K, Seltenen Erden, P, U, Th,

252

Zr, Hf, Ba und Y gekennzeichnet. KREEP-Basalte bilden
einen wichtigen Anteil des Regoliths von Apollo-11 und
12. Röntgenspektrometrische Untersuchungen der Mondoberfläche zeigen, daß KREEP-Basalte keineswegs selten sind.
Die Regionen um Mare Imbrium und der Regolith im Nord-
westen von Oceanus Procellarum enthalten große Mengen
von diesem Material.

3. Die VHA-Basalte sind durch einen höheren Al_2O_3-Ge-
halt von KREEP-Basalten zu unterscheiden. Die Anreicherung an Seltenen Erden, Ba und U ist um einen Faktor 3
bis 4 kleiner als in KREEP-Basalten. Die relative Häufigkeit der Lanthaniden, Ba und U ist aber im Grunde identisch mit der Häufigkeit dieser Elemente in KREEP-Basalten. Bemerkenswert ist die Tatsache, daß KREEP-Basalte
und VHA-Basalte im allgemeinen älter sind als die Mare-
Basalte.

4. Anorthosite sind Gesteine, die aus mehr als 80 %
Anorthit bestehen. Sie sind gekennzeichnet durch niedrige
FeO- und MgO-Gehalte und einen sehr hohen Al_2O_3-Gehalt
($>$24 %). Wie anfangs gesagt, machen die Anorthosite
einen beträchtlichen Anteil der Mondrückseite aus und
kommen hauptsächlich im lunaren Hochland vor. Es ist
nicht meine Absicht, hier zu diskutieren, ob sich diese
Anorthositschicht durch Kristallisationsdifferentiation
eines anfangs geschmolzenen Mondes oder durch kalte Zu-
sammenballung als letzte Schicht niederschlug und somit
entstanden ist. Vielmehr möchte ich versuchen, die Differentiationsprozesse in diesen Einheiten zu rekonstruieren.
Dazu sollen die chemische Zusammensetzung und die paragenetischen Verhältnisse der Spinelle als Hinweis dienen.
Das Wachstum der Spinelle kann sich über die ganze Kristalli-
sationsdauer von den ersten Ausscheidungen bis zur End-
kristallisation erstrecken. Spinelle können auch empfindliche Veränderungen in der Zusammensetzung der Silikatschmelze sowie Veränderungen im Sauerstoffpartialdruck

registrieren. Deswegen gehören sie zu den wichtigsten
Mineralien der lunaren Gesteine.

2. Die lunaren Spinellmineralien

Die Gesteine des Mondes enthalten eine große Anzahl
von Spinellmineralien, die sich nach ihren optischen und
chemischen Eigenschaften in zwei Hauptgruppen klassifizieren lassen:
1. Glieder der Ulvöspinell (Fe_2TiO_4)-Chromit ($FeCr_2O_4$)-
bzw. der Ulvöspinell-Herzynit ($FeAl_2O_4$)-Mischkristall-
reihen, also Mischkristalle von inversen und normalen
Spinelltypen.
2. Normale Spinelle: in der Hauptsache Glieder der Chro-
mit-Pleonast ($MgAl_2O_4$)-Herzynit-Reihe.
Diese Entwicklung hat im wesentlichen eine genetische
Bedeutung und ist keineswegs eine Einschränkung der Misch-
kristallbildung im komplexen Spinellsystem nur auf diese
Mischkristallreihen.

Glieder der ersten Reihe kommen hauptsächlich in Mare-
Basalten, aber auch in Anorthositen bzw. in den wenigen
Hochlandbasalten der Fra-Mauro-Region vor. Glieder der
Chromit-Pleonast-Herzynit-Reihe sind in den hochmetamorphen
KREEP- und VHA-Basalten anzutreffen.

Glieder der Chromit-Ulvöspinell-Reihe kommen in lunaren
Basalten in einer bestimmten paragenetischen Reihenfolge
vor. Blaue bis blaugraue Chromite sind als idiomorphe
Kristalle in Olivin eingeschlossen. In der Silikat-Grund-
masse dagegen sind solche idiomorphe Chromite von einem
braunen Ulvöspinellsaum umgeben (Abb. 1). In feinkörnigen,
wahrscheinlich schnell erstarrten Gesteinen ist die Grenze zwischen dem früh ausgeschiedenen Chromit und dem in
diesem Fall spätkristallisierten Ulvit scharf. In grobkristallinen Gesteinen, die man als Mikrogabbros bezeichnet, ist der Übergang Chromit-Ulvit graduell (Abb. 1).

254

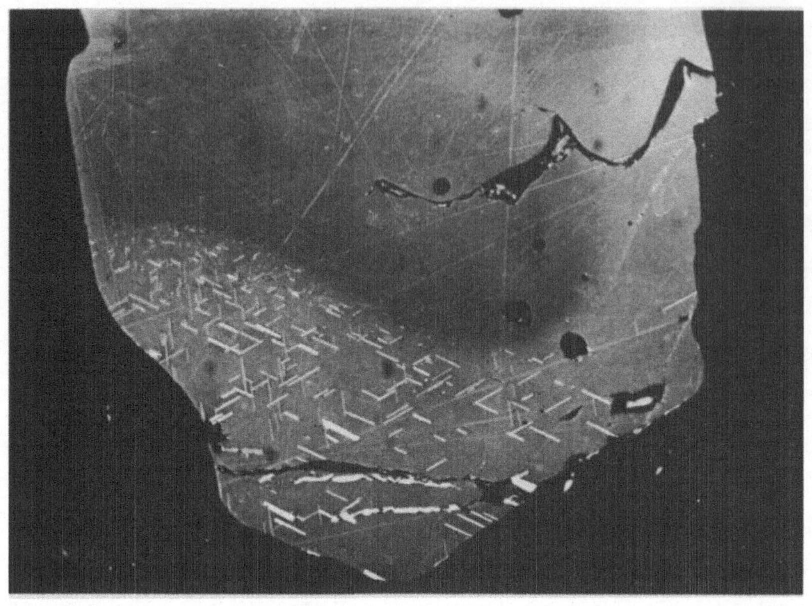

Abb. 1. Ein Chromitkern (dunkelgrau) von Ulvöspinell um-
wachsen. Ulvöspinell zeigt prächtigen Zerfall in Fe +
Ilmenit (orientierte Lamellen). Apollo 14 Probe 14072.
Vergr. 600 x.

Diese Eigenschaft ist in Basalten von Apollo-12, Apollo-
15 und den Hochlandbasalten 14053 und 14072 von der Fra-
Mauro-Region anzutreffen. Die paragenetischen Verhältnisse sind in den verschiedenen Mare-Basalten etwas unterschiedlich. Besondere Gemeinsamkeiten in Wachstum und
Paragenese wurden in vielen feinkörnigen Basalten von
Apollo-12 und -15 festgestellt. Trotz der Feinkörnigkeit
der Gesteine fallen die Chromite als Einsprenglinge auf.
Es ist daher anzunehmen, daß sie lang in der flüssigen
Silikatschmelze schwammen, bevor sich die ersten Silikate
ausscheiden konnten.

Da das Wachstum dieser Spinelle ziemlich langsam vor
sich ging, ist es von großer Bedeutung, die chemischen

Veränderungen, die ein Spinellkorn zeigt, von seinem Kern
bis zum Rand zu erforschen. Diese Veränderungen in einem
einzigen Kristall spiegeln die chemischen Veränderungen
der Silikatschmelze während ihrer Abkühlung wider. Zu
diesem Zweck führten wir systematisch chemische Analysen
einer großen Anzahl von Spinellkörnern in vielen Mondproben mit der Elektronenmikrosonde durch. Diese Untersuchungen zeigen, daß die Chromite grundsätzlich ihren Cr-,
Mg-, Fe-, Al- und Ti-Gehalt vom Kern bis zum Rand verän-
dern. Ganz generell nehmen Cr- und Mg-Gehalte ständig ab,
während Fe und Ti ständig zunehmen. Das Verhalten von Al
kann von Gestein zu Gestein variieren und wird daher ge-
sondert besprochen. Die Abnahme von Mg deutet auf ein
ständiges Wachstum von Mg-haltigen Silikaten, z.B. Olivin und Pyroxen hin, wodurch die Schmelze ständig an Mg
verarmt und an Fe und Ti angereichert wird. Dieses Wachstum kann, wie die mikroskopische Aufnahme zeigt, kontinuier-
lich verlaufen, vom Cr-reichen Kern bis zum Ti-reichen Rand.
Dies ist, wie bereits erwähnt, in grobkörnigen Gesteinen
der Fall. Das Wachstum zeigt aber in feinkörnigen Gesteinen
einen abrupten Sprung im Chemismus, was genetisch verschieden gedeutet werden kann. Als Beispiel möchte ich Analysen
von Spinellen von zwei Gesteinen verschiedener Körnigkeit
aus der Apollo-12-Landestelle zeigen. In Abb. 2 sind die
Analysen im feinkörnigen Gestein 12002 im Diagramm TiO_2-
R_2O_3 und RO aufgetragen. In der Nähe des Chromitmitglie-
des erkennt man eine große Anhäufung von Analysenpunkten,
die die Kerne der zonar gebauten Spinelle darstellen. Die
gestreuten Punkte in der Nähe des Ulvöspinellendgliedes
geben die Zusammensetzung der Ulvitsäume wieder. Wie aus
diesem Diagramm zu sehen ist, handelt es sich hier keineswegs um reine Ulvite, sondern um Mischkristalle, die bis
40 % Chromit in fester Lösung haben. Die Diskontinuität
in der Zusammensetzung der Spinelle veranlaßte Haggerty
und Meyer[2], eine Mischungslücke zwischen Chromit und Ulvö-

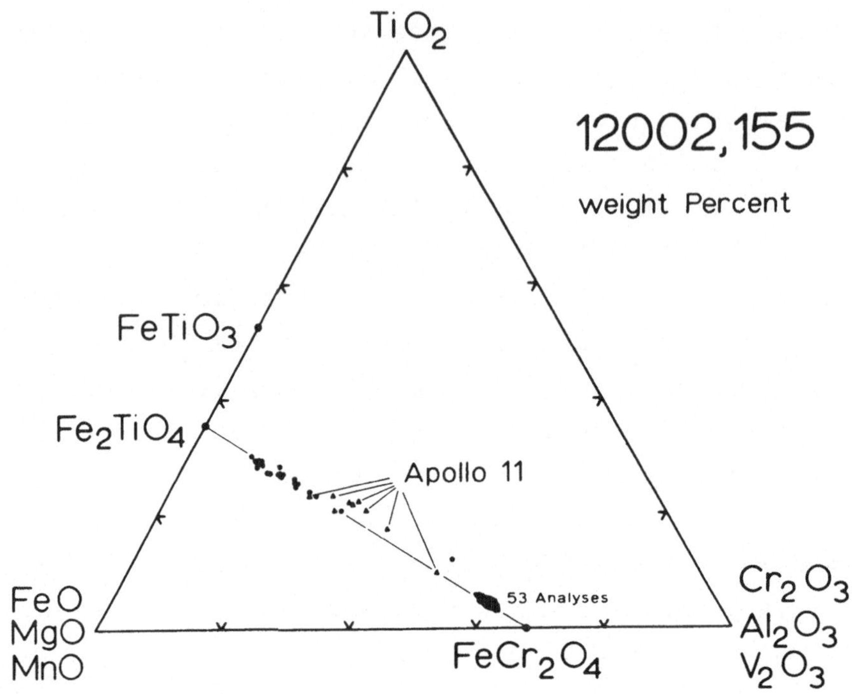

Abb. 2. Chemische Zusammensetzung von Spinellen in
Apollo-12 Probe 12002,155 dargestellt im Dreistoff-
system TiO_2-FeO(+MgO+MnO)-Cr_2O_3(+Al_2O_3+V_2O_3).

spinell vorzuschlagen. Erstaunlicherweise fallen die
Spinelle von Apollo-11 gerade in diese "Mischungslücke".

In Abb. 3 sind die Analysen aus einem grobkristallinen
Gestein der Apollo-12-Mission aufgetragen, dessen Spinelle optische Kontinuität von Chromit zu Ulvit zeigen. Die
Analysenpunkte erstrecken sich lückenlos von der Chromit-
bis 70 % Ulvit-Zusammensetzung. Die Kontinuität wird damit erklärt, daß während der langsamen Abkühlung die
Schmelze ständig mit dem Chromit reagierte, um einen Ulvit auszuscheiden, der in seiner Zusammensetzung nur ein
wenig von der äußeren Haut des Chromit abweicht. Reaktion
und Niederschlag gehen praktisch kettenlos weiter, so daß
man keine abrupte Änderung erwartet.

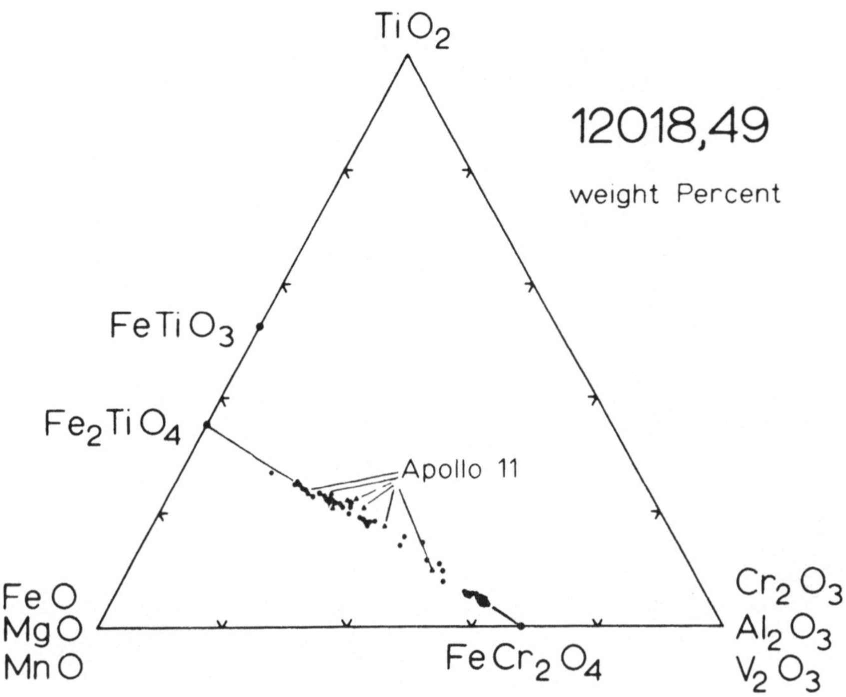

Abb. 3. Chemische Zusammensetzung von Spinellen in dem grobkristallinen Gestein 12018,49.

Diese Darstellung der Analysen hat leider den Nachteil, daß die Veränderung des Gehaltes an Herzynit- oder Spinellmolekülen verborgen bleibt. Wir benutzten daher die von Haggerty[3] vorgeschlagenen modifizierten Spinellprismen, die die sechs Endglieder der Spinellreihe berücksichtigen. Dadurch kann man nicht nur der Zusammensetzung der Schmelze auf die Spur kommen, sondern auch die Veränderungen in deren Zusammensetzung während der Kristallisation und die eventuelle Ursache erraten.

Die Zusammensetzung der Spinelle in zwei vitrophyrischen Gesteinen aus der Apollo-15-Mission sind in Abb. 4 zu sehen. Hier handelt es sich um Chromite, die an MgCr$_2$O$_4$-Molekülen angereichert sind. Außerdem zeigen die Spinellanalysen ein ziemlich kleines Variationsfeld, was auf einen frühen und

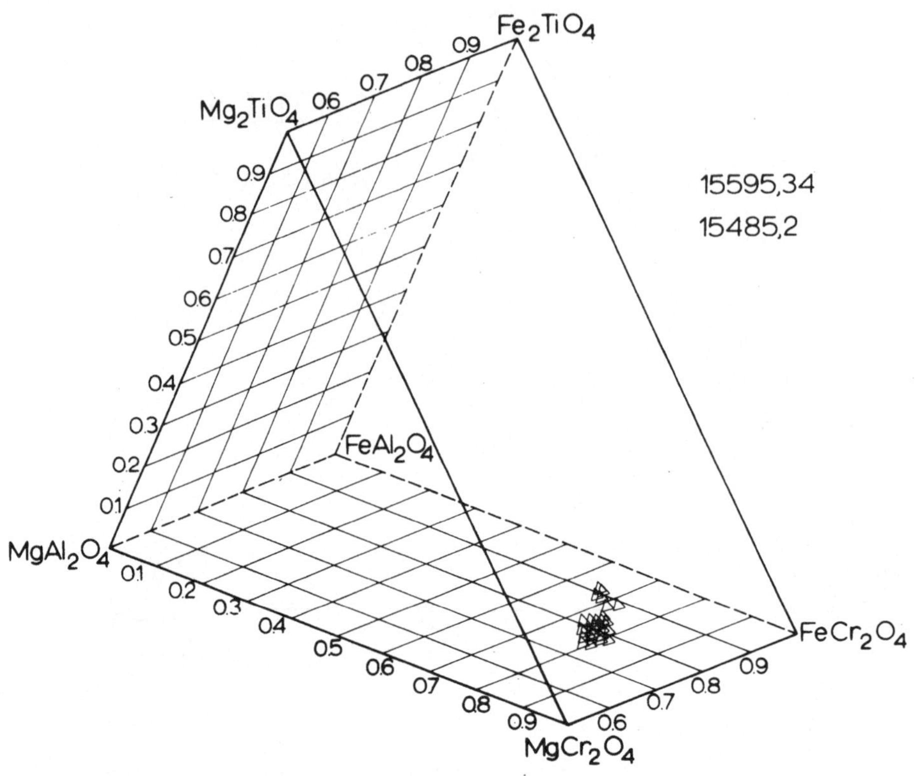

Abb. 4. Zusammensetzung von Spinellen in zwei vitrophyrischen Proben der Apollo-15-Mission.

abgeschlossenen Kristallisationsprozeß in einer Mg-reichen
Silikatschmelze hinweist. Aus einem grobkristallinen Gestein derselben Mission erhalten wir Analysen (Abb. 5),
die sich in zwei Felder aufteilen: Mg-armer Chromit und
Cr-haltiger Ulvöspinell mit einigen Spinellen, die chemisch zwischen den beiden liegen. Im Vergleich zu den
Spinellen in Abb. 4 sind diese Chromite aus einer Schmelze auskristallisiert, die wesentlich ärmer an Mg und
reicher an Ti war. Abb. 6 zeigt die Zusammensetzungen der
Spinelle aus einem dritten grobkörnigen Gesteinstyp der
Apollo-15-Mission. Die Variationsbreite der Chromite und

die lückenlose Erstreckung von Chromit zum Cr-haltigen
Ulvit demonstriert die langsame Abkühlung und die Varianz
in der Silikatschmelze. Es gibt schließlich Gesteinstypen,
die nur Ulvöspinell führen, da deren Chromgehalt nicht
ausreichte, um Chromite zu bilden.

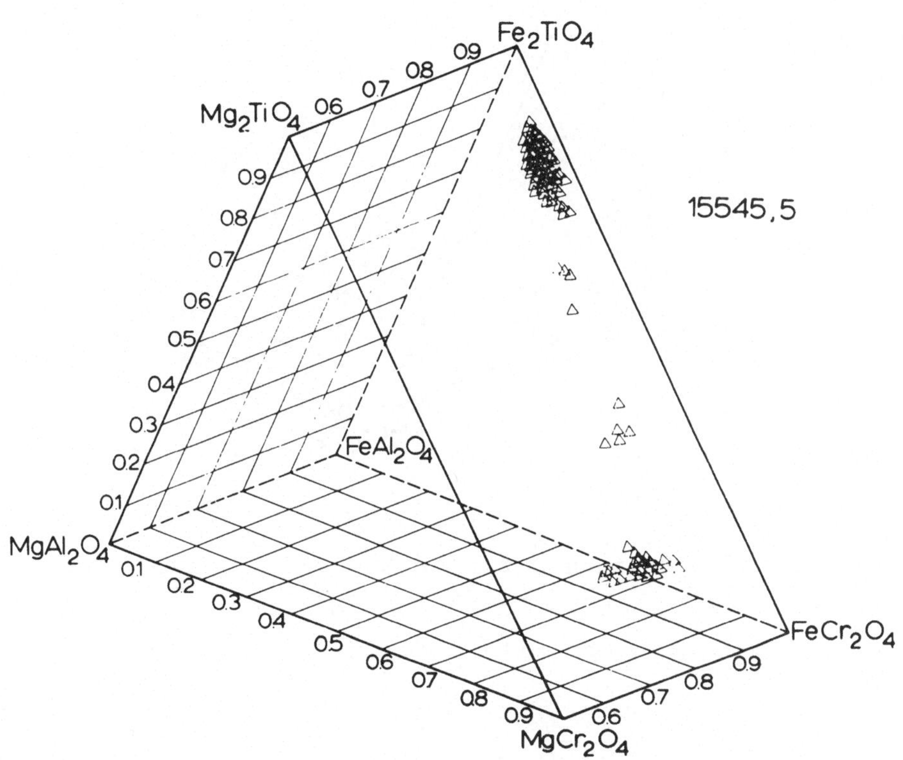

Abb. 5. Chemische Zusammensetzung der Spinelle aus einer
grobkristallinen Probe. Beachte die Anhäufung in zwei
Feldern.

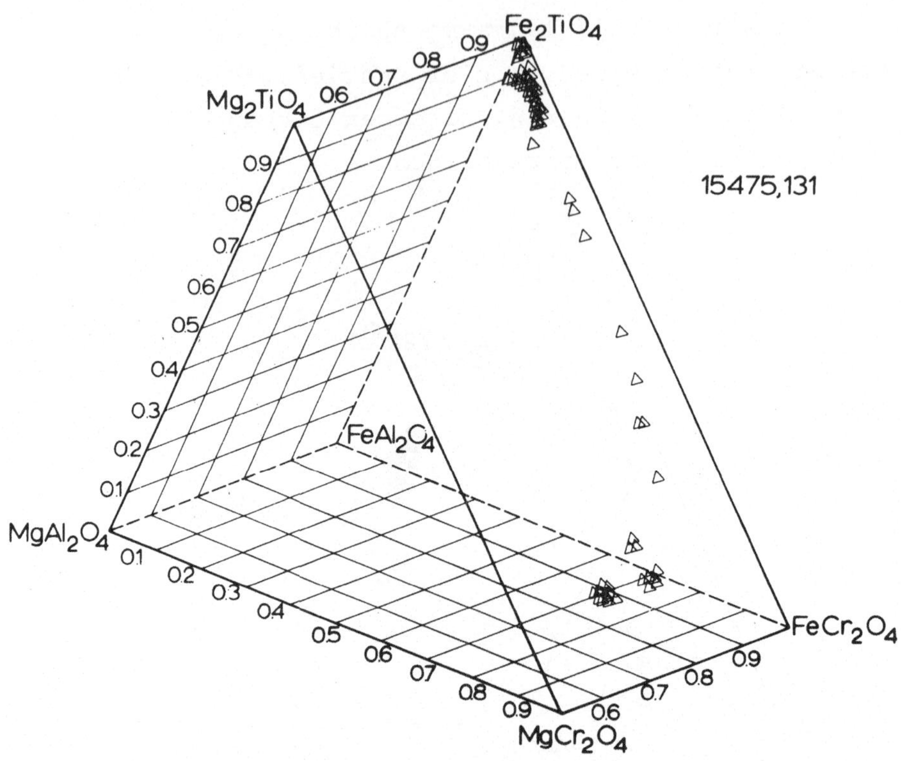

Abb. 6. Spinellzusammensetzungen aus einer grobkristallinen Probe. Beachte die lückenlose Erstreckung der Zusammensetzungen von Chromit zu Ulvit.

3. Diskussion

Fassen wir diese Resultate zusammen, dann kommen wir zum Ergebnis, daß die Mare-Schmelze weitgehend differenziert war, um Gesteinseinheiten mit solcher Varianz zu erzeugen. Diese Differentiation fand in jeder einzelnen Mare-Region als geschlossenes System statt. Dies wäre z.B. mit einem Prozeß vergleichbar, der in einer Magmakammer stattfindet. Die Differentiation in den anorthositischen Hochländern war auch getrennt von den Prozessen der Mare. Der Zonenbau der Chromite in den Anorthositen der Apollo-16-Mission weicht stark vom Zonenbau der Mare-Chromite ab[4,5]. Hier sind die Chromite besonders an Herzynitmolekül angereichert, weil sie aus der Anorthositschmelze auskristallisierten. Vom Kern bis zum Rand weisen diese Spinelle eine starke Abreicherung an Al_2O_3 auf. Dies kann damit gedeutet werden, daß die Schmelze ständig an Al_2O_3 verarmte und zwar durch die fortschreitende Kristallisation eines Al_2O_3-reichen Minerals, nämlich des Anorthits. Diese Ergebnisse zeigen deutlich, daß der Mond bereits 500 Millionen Jahre nach seiner Entstehung in mehreren chemisch voneinander abweichenden Schichten differenziert war. Zu dieser Zeit war die Anorthositschicht bereits vorhanden. Der Magmatismus und die Differentiation in den Marebecken dauerte noch etwa 800 Millionen Jahre und war wahrscheinlich vor 3,2 Milliarden Jahren abgeschlossen. Die KREEP-Basalte und VHA-Basalte führen hauptsächlich Mg-Spinelle. Diese Spinelle können nicht durch Beimischung von Anorthosit und Mare-Basalten erzeugt werden. Diese Basalte stammen eher, wie Gast[1] erkannt hatte, aus einer anderen Schicht, die an refraktären Elementen angereichert war.

Nach Auskristallisieren der lunaren Gesteine können Verringerungen in der Sauerstoff-Fugazität einsetzen. Diese Prozesse rufen eine Reduzierung hervor, die zu einer drastischen Veränderung der chemischen Zusammensetzung führt. Unter stark reduzierenden Bedingungen zerfällt Ulvöspinell (Abb. 1) nach dem Schema

$$Fe_2TiO_4 \longrightarrow FeTiO_3 + Fe + 1/2\ O_2$$

in Ilmenit und metallisches Eisen. Über die Ursache dieser Reduzierung, bzw. über die reduzierende Substanz kann hier nichts gesagt werden, weil wir nur die Wirkung dieser Reduzierung nachweisen können. Wie bereits oben erwähnt, sind die lunaren Ulvite keineswegs reine Endglieder, sondern enthalten beträchtliche Mengen von

Chromit-, Herzynit- und Mg-Spinellmolekülen. Man muß damit rechnen, daß durch diesen Zerfall eine Fraktionierung bestimmter Elemente zwischen dem ausscheidenden Ilmenit und dem Restspinell eintritt. Die Untersuchungen[6,7] haben gezeigt, daß die dreiwertigen Kationen Cr, Al und V im Restspinell zurückbleiben, während Fe und Mg in dem ausscheidenden Ilmenit angereichert werden. Dies bedeutet, daß mit fortschreitendem Zerfall oder Reduzierung der Anteil an Chromitmolekül im Restspinell größer wird. Die Zusammensetzung des Ulvits ändert sich also während der Reduktion ständig in Richtung Chromit, bis man zu einem Stadium gelangt, in dem sekundär an Chromit angereicherter Spinell nicht weiter zerfallen kann. Diese Darstellungen zeigen, daß die Veränderungen der Zusammensetzung der Spinelle während der Subsolidus-Reduktion genau in der entgegengesetzten Richtung verlaufen im Vergleich zum Kristallisationsverlauf. In der Differentiationsphase beginnt man mit Chromit und endet mit Ulvit. In der Reduktionsphase kehrt die Zusammensetzung dieses Ulvits auf demselben Weg um, wobei man mit Chromit endet, wie man angefangen hat. Das ausscheidende Eisen ist im Vergleich zum primären FeNi reines Fe mit Spuren von Cr und Ti. Im übrigen ist diese Fraktionierung und Veränderung, die dem Ulvit widerfährt, keineswegs auf Reduzierungen beschränkt. Eine Entmischung von Ilmenit aus Titanomagnetiten bzw. Ti-reichen Chromiten führt zu demselben Ergebnis. Die Reduzierungsprozesse waren sicherlich in den verschiedenen Mare unterschiedlich. Alle diese Beobachtungen deuten darauf hin, daß der Mond zum größten Teil differenziert war, vielleicht lange vor der Füllung der Mare-Regionen.

Danksagung

Die Apollo-15-Resultate entstammen einer gemeinsamen
noch nicht publizierten Arbeit mit L.A. Taylor und
P. Ramdohr.

Literatur

1 Gast, P.: in: Lunar Science IV (Ed.: Chamberlain,
   J.W., and C. Watkins), Lunar Science Institute,
   Houston (1973).
2 Haggerty, S.E., and H.O.A. Meyer: Earth Planet. Sci.
   Lett. $\underline{9}$, 379-387 (1970).
3 Haggerty, S.E.: Earth Planet. Sci. Lett. $\underline{13}$, 328-
   352 (1972).
4 El Goresy, A., P. Ramdohr, and O. Medenbach: Proc.
   Fourth Lunar Sci. Conf., im Druck.
5 El Goresy, A., L.A. Taylor, and P. Ramdohr: in Vorbereitung.
6 El Goresy, A., L.A. Taylor, and P. Ramdohr: Proc.
   Third Lunar Sci. Conf., Geochim. Cosmochim. Acta
   $\underline{\text{Suppl. 3(1)}}$, 333-349 (1972).
7 Haggerty, S.E.: Proc. Fourth Lunar Sci. Conf.,
   Geochim. Cosmochim. Acta $\underline{\text{Suppl. 4(1)}}$, 305-332
   (1972).
8 El Goresy, A., P. Ramdohr, and L.A. Taylor: Proc.
   Second Lunar Sci. Conf., Geochim. Cosmochim. Acta
   $\underline{\text{Suppl. 2(1)}}$, 219-235 (1971).

Anschrift des Verfassers: A. El Goresy, Max-Planck-
Institut für Kernphysik, Saupfercheckweg 1, D-6900
Heidelberg 1, Bundesrepublik Deutschland.

CHEMISMUS VON SPINELLEN AUS DEM MEZÖ-MADARAS-CHONDRIT

G. HOINKES und G. KURAT, Wien

Zusammenfassung

Der Chemismus der Spinelle im Mezö-Madaras-Chondrit
umfaßt den gesamten Mischkristallbereich Spinell-Chromit.
Dabei zeigen die Spinelle der "unequilibrierten" Hauptmasse des Mezö-Madaras-Chondrits die größte Vielfalt an
Chemismen: Al-, Al-Cr-, Cr-Al-Spinelle, normale chondritische Chromite und Al-Ti-arme Chromite. Im Gegensatz dazu führt ein "fast equilibrierter" chondritischer Einschluß im Mezö-Madaras überwiegend nur Chromite mit nor-
mal-chondritischer Zusammensetzung, sowie einige Al-Chro-
mite und einen Cr-haltigen Al-Spinell. In beiden untersuchten Teilbereichen des Mezö-Madaras-Chondrits sind die
Spinell-Chemismen an bestimmte Vorkommen gebunden. Weiters zeigen manche intermediäre Al-Cr-Spinelle eine Abhängigkeit ihrer Zusammensetzung vom Zeitpunkt der Kristallisation, wobei die Spätkristallisate zu Cr-, Fe- und Ti-
Anreicherungen tendieren.

Die Gehalte an Nebenelementen schwanken in den untersuchten Spinellen in weiten Bereichen. Chromite mit normaler Zusammensetzung, wie sie aus den gewöhnlichen Chondriten bekannt sind, sind jedoch immer sehr einheitlich
zusammengesetzt. Die unterschiedlichen Zusammensetzungen
der Spinelle haben ihre Ursachen im unterschiedlichen Pau-

schalchemismus und in der unterschiedlichen Kristallisationsgeschichte der Gesteinsfragmente und Chondren.

Die Genese der Chondrite wird im Lichte dieser Ergebnisse kurz diskutiert.

Abstract

Spinels and some coexisting minerals have been analyzed
in two different parts of the Mezö-Madaras chondrite with
the electron microprobe: in the "unequilibrated" main mass
and in a "nearly equilibrated" chondritic inclusion. Compositions of spinels in the "unequilibrated" part cover
the whole range of solid-solutions between spinel and
chromite. Cr-free Al-spinels, Al-Cr-spinels, Al-chromites,
normal chondritic chromites, and Al- and Ti-poor chromites may be distinguished. Spinels in the "nearly equilibra
ted" chondritic inclusion in Mezö-Madaras predominantly
have compositions of normal chondritic chromite. There
are, however, a few exceptions of Al-rich chromites and
Cr-bearing Al-spinel compositions. In both parts of the
Mezö-Madaras chondrite the composition of spinels is related to petrographic occurrences.

This investigation shows that spinel-compositions de-
pend on bulk composition as well as on crystallization
history of the respective spinel-bearing lithic fragment
or chondrule. Consequences regarding the genesis of
chondrites are briefly discussed.

1. Einleitung

Der Meteorit von Mezö-Madaras ist ein Chondrit der
L-Gruppe[1,2] und im Sinne Wahls [3] eine polymikte Brek-
zie[4]. Die Hauptmasse ist "unequilibriert", mit wechseln-
dem Fe/Mg-Verhältnis der Hauptphasen Olivin und Pyroxen[4,5,6,7,8]. Mehrere Einschlüsse von gewöhnlichen ("fast
equilibrierten") Chondriten und ein den kohligen Chondri-

ten ähnliches Fragment wurden bisher beschrieben[4].

Die Zusammensetzungen der wichtigsten Phasen, sowohl in der "unequilibrierten" Hauptmasse als auch in den chondritischen Einschlüssen, sind aufgrund der oben zitierten neueren Untersuchungen gut bekannt. Die weniger häufigen Phasen sind bezüglich ihres Zusammensetzungsbereiches jedoch nur sehr unvollständig untersucht. Das Vorhandensein von Al-Spinellen im "unequilibrierten" Mezö-Madaras-Chondrit[8] steht im krassen Gegensatz zu den gewöhnlichen "equilibrierten" Chondriten, deren Spinellphasen praktisch ausschließlich Chromite sind[9,10,11]. Da neben den Al-Spinellen auch chromitische Spinelle im Mezö-Madaras zu beobachten sind, erhoben sich die Fragen, in welchem Bereich der Chemismus schwankt und warum.

Parallel dazu werden auch die Spinelle eines "fast equilibrierten" chondritischen Einschlusses untersucht, um den Grad der "Equilibrierung" der Spinelle zu erfassen. Gleichzeitig soll diese Untersuchung einen direkten Vergleich der Spinellzusammensetzungen zwischen dem "unequilibrierten" Mezö-Madaras inklusive einiger "equilibrierter" Mikrofragmente einerseits und einem "equilibrierten" Großeinschluß andererseits ermöglichen. Dieser Vergleich sollte zeigen, ob zwischen dem "equilibrierten" Großeinschluß und einigen der Mikro-Fragmente eine Beziehung besteht, welche auf ein gemeinsames Ausgangsgestein hinweisen könnte.

Die chemische Zusammensetzung der Spinelle und einiger koexistierender Phasen wurde mittels einer Elektronenstrahl-Mikrosonde vom Typ ARL-EMX ermittelt. Gemessen wurde bei 15 kV Beschleunigungsspannung und etwa 0,02-0,03 µA Probenstrom. Als Standards dienten naßchemisch analysierte homogene Minerale. Die Daten wurden für Untergrund, Totzeit, Drift, Fluoreszenz und Absorption[12] korrigiert.

2. Ergebnisse

Die Ergebnisse dieser Untersuchung sind in Tab. 1 sowie Abb. 1 und 2 zusammengefaßt. Es zeigte sich, daß die Zusammensetzung der Spinelle im Mezö-Madaras auf die Mischungsreihe Spinell sensu stricto - Chromit beschränkt ist. Die Häufigkeiten bestimmter Spinellzusammensetzungen sowie die Zusammensetzungsbereiche im "unequilibrierten" und "fast equilibrierten" Mezö-Madaras unterscheiden sich deutlich. Die beiden unterschiedlichen Vorkommen werden daher im folgenden getrennt beschrieben:

2.1. Spinelle im "unequilibrierten" Mezö-Madaras

Die Zusammensetzung der Spinelle im "unequilibrierten" Mezö-Madaras umfaßt die gesamte Mischungsreihe Spinell-Chromit (Tab. 1, Abb. 1).

Die Spinelle sensu stricto sind sehr Cr-arm (0,5 Gew.-% Cr_2O_3) und auch generell arm an Nebenelementen, wie V_2O_3 (0,1 - 0,5 Gew.-%), TiO_2 (um 0,3 Gew.-%) und MnO (unter 0,1 Gew.-%) (Abb. 2). Auffallend sind die hohen ZnO-Gehalte (1,4 - 2,3 Gew.-%), die jene der anderen Spinelle um ein Vielfaches übersteigen.

Die Vorkommen dieser Spinelle sind auf glasreiche Fragmente und Chondren beschränkt. Die Spinelle sind immer idiomorph und bezüglich des FeO-Gehaltes zonar gebaut, mit starken Fe-Anreicherungen zur Kristalloberfläche hin. Die typischen koexistierenden Phasen sind Forsterit (stark zonar von Fa 0-10), Klinoenstatit, Fassait, Metall, Troilit und ein Na-Al-reiches (hoch nenormatives) Glas (vgl. MM XXVI bei Kurat[8]).

Die intermediären Al-Cr-Spinelle umfassen den Bereich von 0,1 bis 0,8 Cr/Cr+Al (Abb. 1, Tab. 1). Es ist dies eine sehr heterogene Gruppe, deren Haupt- und Nebenelemente meist nur innerhalb der einzelnen Vorkommen korrelierbar sind. Generell zeigt sich mit der Zunahme des

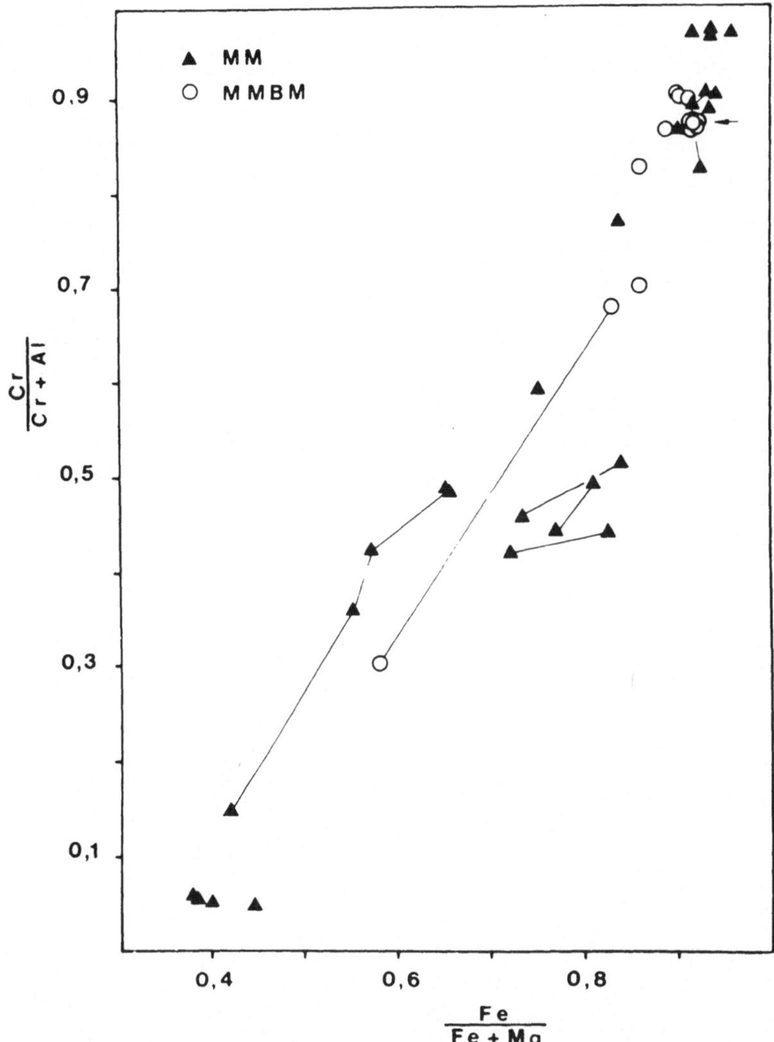

Abb. 1. $\dfrac{Cr}{Cr+Al}$ - $\dfrac{Fe}{Fe+Mg}$ -Projektion der Spinellchemismen im Chondrit von Mezö-Madaras. MM steht für den "unequilibrierten" Teil, MMBM für den "fast equilibrierten" Einschluß (British Museum Nr. 33909). Die durch Striche verbundenen Punkte stellen Spinelle dar, welche in ein und demselben Objekt vorkommen. Der Pfeil zeigt auf die Stelle, wo sich die darstellenden Punkte von 23 MMBM-Chromiten überlagern.

Tabelle 1. Ausgewählte Elektronenstrahl-Mikrosonden-Analysen von Spinellen aus dem Chondrit von Mezö-Madaras in Gew.-% mit auf der Basis von 32 O errechneten Kationen sowie den aus dem Kationenüberschuß errechneten Fe_2O_3-Gehalten

	MM3/1	MM8	MM27	MM5	MM4/2	MM26/3	Durchschnitt von 23 MMBM Chromiten u. Standardabweichung		MMBM 10B	MMBM 11	MMBM 6B	MMBM 6A
Cr_2O_3	62,25	54,93	53,41	44,07	37,15	0,53	54,68	0,87	52,21	47,05	47,35	25,18
Al_2O_3	1,47	5,59	10,72	20,44	25,64	64,88	5,26	0,16	7,44	13,50	15,00	38,50
TiO_2	0,18	1,90	0,62	0,64	0,38	0,32	2,49	0,08	2,20	2,18	1,93	1,31
V_2O_3	0,83	0,66	0,57	0,42	0,18	0,50	0,79	0,01	0,66	0,54	0,59	0,31
FeO	32,20	33,22	30,44	29,14	30,35	17,56	33,39	0,41	31,45	31,10	30,05	23,69
MgO	1,28	2,05	3,30	5,34	3,97	15,71	1,70	0,20	2,70	2,80	3,37	8,59
MnO	0,57	0,52	0,46	0,41	0,34	0,08	0,51	0,02	0,46	0,42	0,40	0,26
ZnO	0,32	0,26	0,28	–	0,87	2,03	0,35	0,04	0,18	0,27	0,47	0,22
Summe	99,10	99,13	99,80	100,46	98,88	101,61	99,17		97,30	97,86	99,16	98,06
Kationen auf der Basis O = 32:												
Cr	14,68	12,61	11,77	9,11	7,67	0,09	12,58		12,01	10,41	10,23	4,78
Al	0,52	1,91	3,52	6,29	7,89	15,68	1,80		2,55	4,45	4,83	10,89
Ti	0,04	0,42	0,33	0,08	0,08	0,05	0,55		0,48	0,46	0,40	0,24
V	0,22	0,15	0,13	0,09	0,04	0,08	0,18		0,15	0,12	0,13	0,06
Fe	8,03	8,07	7,10	6,37	6,63	3,01	8,13		7,65	7,28	6,87	4,76
Mg	0,57	0,89	1,37	2,08	1,45	4,80	0,74		1,17	1,17	1,37	3,07
Mn	0,14	0,13	0,11	0,09	0,08	0,01	0,13		0,11	0,10	0,09	0,05
Zn	0,07	0,06	0,06	–	0,17	0,31	0,08		0,04	0,06	0,10	0,04
R^{3+}	15,46	15,09	15,55	15,57	15,68	15,90	15,11		15,19	15,44	15,59	15,97
R^{2+}	8,81	9,15	8,64	8,54	8,33	8,13	9,08		8,97	8,61	8,43	7,92
$\sum R^{3+}+R^{2+}$	24,27	24,24	24,19	24,11	24,01	24,03	24,19		24,16	24,05	24,02	23,89
$\frac{FeO}{FeO+MgO}$ [*]	0,93	0,90	0,84	0,75	0,82	0,39	0,90		0,87	0,86	0,83	0,61
Fe_2O_3 [**]	2,9	2,9	2,3	1,9	–	–	2,3		1,9	0,6	–	–

[*] Mole [**] Gew.-%, berechnet aus dem Gesamtüberschuß der Kationen

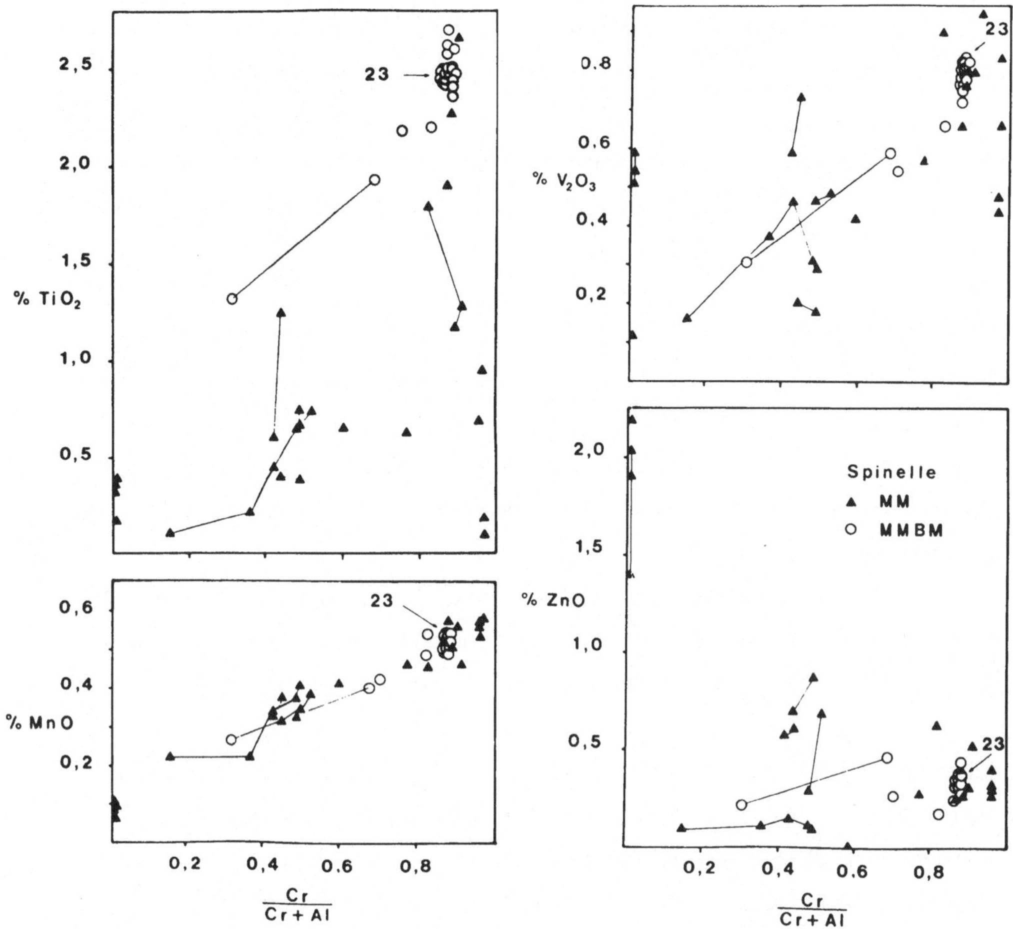

Abb. 2. Die Nebenelementgehalte (Gew.-% ZnO, V_2O_3, MnO und TiO_2) der Spinelle aus Mezö-Madaras in Abhängigkeit vom molekularen Cr/Cr+Al.

MM : "unequilibrierter" Teil

MMBM : "fast equilibrierter" Teil

Cr-Gehaltes neben der entsprechenden Abnahme des Al-Gehaltes ein Ansteigen des Fe/Fe+Mg-Verhältnisses und der MnO-, V_2O_3- und TiO_2-Gehalte. Gleichzeitig steigt der Überschuß der Kationen, was einen steigenden Fe_2O_3-Gehalt andeutet. Die Berechnung ergibt bis zu 2 Gew.-% Fe_2O_3.

Die intermediären Spinelle kommen typischerweise in
glasführenden Gesteinsfragmenten und Chondren mit equi-
granularer bis poikilitischer oder Balkenolivin-Struk-
tur vor. Obwohl Glas immer vorhanden ist, tritt es mengen-
mäßig sehr stark zurück und füllt nur die kleinen Zwischer
räume zwischen den Fe-Mg-Silikaten (Abb. 3 a,b). Al-Cr-
Spinelle sind sowohl in den Silikaten als auch im Glas
eingeschlossen. Dementsprechend ändert sich ihre Zusammensetzung von Al-Mg-reich zu Cr-Fe-reich, oder nur
von Mg-reich zu Fe-reich mit etwa konstantem Cr-Gehalt.
Die Zusammensetzung kann dabei innerhalb eines Objektes
über einen weiten Bereich schwanken, ist jedoch für die
einzelnen Kristalle konstant.

Die koexistierenden Silikate Olivin und Ortho- oder
Einfachklinopyroxen sind meist nicht zonar, ihre Zusammensetzung schwankt jedoch von Korn zu Korn innerhalb
enger Grenzen. Dabei ist eine Zunahme des durchschnittlichen Fa-Gehaltes im Olivin (20-25) mit dem Fe/Fe+Mg-
Verhältnis des koexistierenden Chromits erkennbar. Fragmente und Chondren mit Cr-reichen Al-Cr-Spinellen führen
dabei konstant zusammengesetzte ("equilibrierte") Silikate mit relativ hohen Fa-Gehalten im Olivin (Fa 25-27).

Die <u>Chromite</u> mit einem Cr/Cr+Al-Verhältnis von 0,85 -
0,98 zerfallen deutlich in zwei Untergruppen (Tab. 1,
Abb. 1): Die eine Gruppe, charakterisiert durch Cr/Cr+Al-
und Fe/Fe+Mg-Verhältnisse von etwa 0,88 und 0,91, entspricht den Chromiten aus den gewöhnlichen Chondriten[9,10].
Ihre Zusammensetzung ist recht einheitlich und ist durch
einen Al_2O_3-Gehalt von 5,5 Gew.-% und durch den höchsten
TiO_2-Gehalt (um 2,5 Gew.-%) der gesamten Reihe charakterisiert. Der berechnete Fe_2O_3-Gehalt liegt konstant
bei rund 3 Gew.-%. Wir werden sie in der Folge normale
chondritische Chromite nennen.

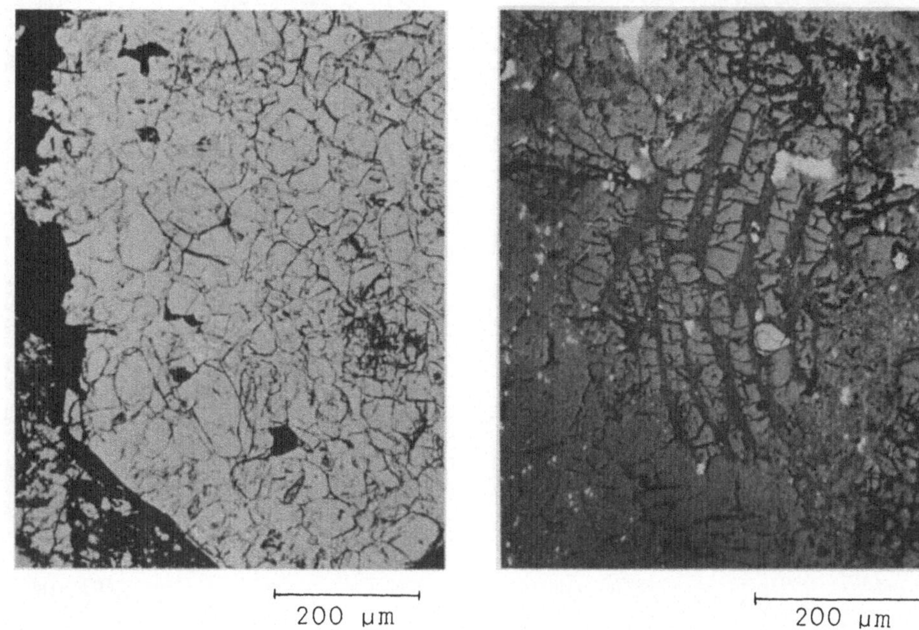

200 µm   200 µm

Abb. 3a   Abb. 3b

Mikrophotos verschiedener Spinellvorkommen im Mezö-
Madaras

Abb. 3a. Gesteinsfragment MM 6. Dichte Packung von idiomorphen Olivinen und Pyroxenen mit wenig zwickelfüllen-
dem Glas. Idiomorphe und xenomorphe Spinelle (dunkelgrau bis schwarz) sind mit dem Glas assoziiert. (Durchlicht.)

Abb. 3b. Al-haltiger Chromit in einem Chondren-Fragment
(MM 27). Idiomorpher Kristall (hellgrau) konstanter Zusammensetzung in glasführender Matrix. (Auflicht.)

Die zweite Gruppe bilden Chromite mit sehr hohen
Cr/Cr+Al- und Fe/Fe+Mg-Verhältnissen (0,98 bzw. 0,95)
und einem sehr niedrigen TiO_2-Gehalt (Tab. 1, Abb. 2).
Auch diese Gruppe ist recht einheitlich und zeigt nur
einen geringen Schwankungsbereich im Fe/Fe+Mg-Verhält-
nis und in den Fe_2O_3- und TiO_2-Gehalten, ähnlich einigen
Chromiten aus anderen "unequilibrierten" Chondriten[9].
Beide Gruppen haben ähnliche Vorkommen, und zwar:

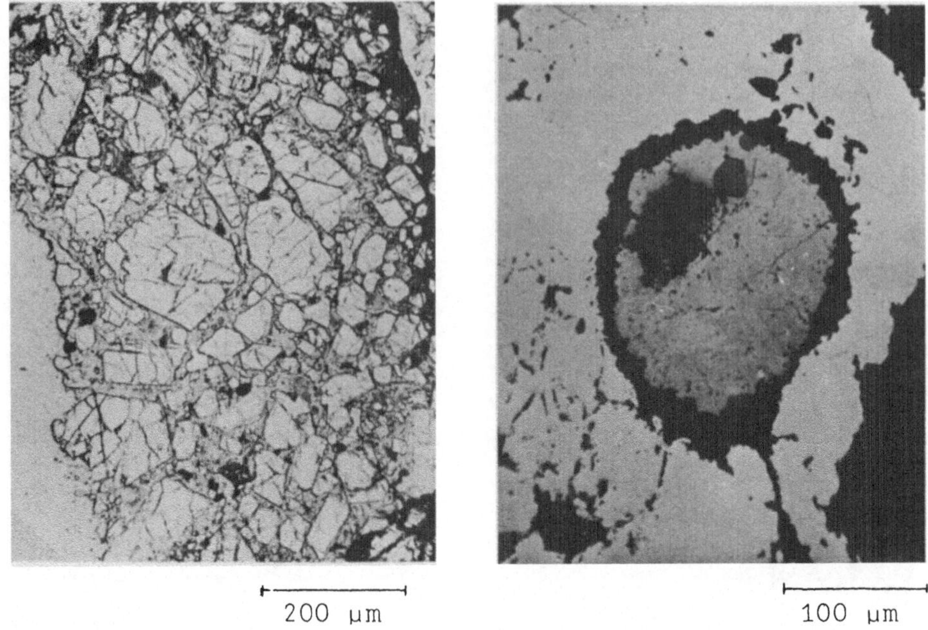

200 µm   100 µm

Abb. 4a   Abb. 4b

Mikrophotos verschiedener Spinellvorkommen im Mezö-
Madaras

Abb. 4a. Porphyrisches Fragment MM 1 mit idiomorphen bis
hypidiomorphen Olivin-Einsprenglingen in glasreicher
Matrix. Chromite von normaler chondritischer Zusammensetzung sind als schwarze Pünktchen in der Matrix erkenn
bar. (Durchlicht.)
Abb. 4b. Beispiel von Chromit (grau) in Troilit (hellgrau) mit Silikatsaum (schwarz) und Nickeleisen. (Auflicht.)

a) Kleine Kriställchen in der Matrix porphyrischer Fragmente und Chondren (vgl. Abb. 4a). Die Zusammensetzur
   dieser Chromite ist immer sehr einheitlich. Sie gehören entweder der einen oder anderen Gruppe an. Im Gegensatz dazu schwankt die Zusammensetzung der koexistierenden Olivine beträchtlich (14-31 Mol-% Fa).
   Zonarbau ist jedoch meist nur schwach ausgebildet.
   Eine Ausnahme bildet Fragment MM 1, welches einige
   Olivine mit extremem Zonarbau führt. Der Kern dieser

Kristalle wird dabei von reinem Forsterit gebildet,
der von eisenreichem Olivin (Fa 28) ummantelt ist
(Abb. 5).

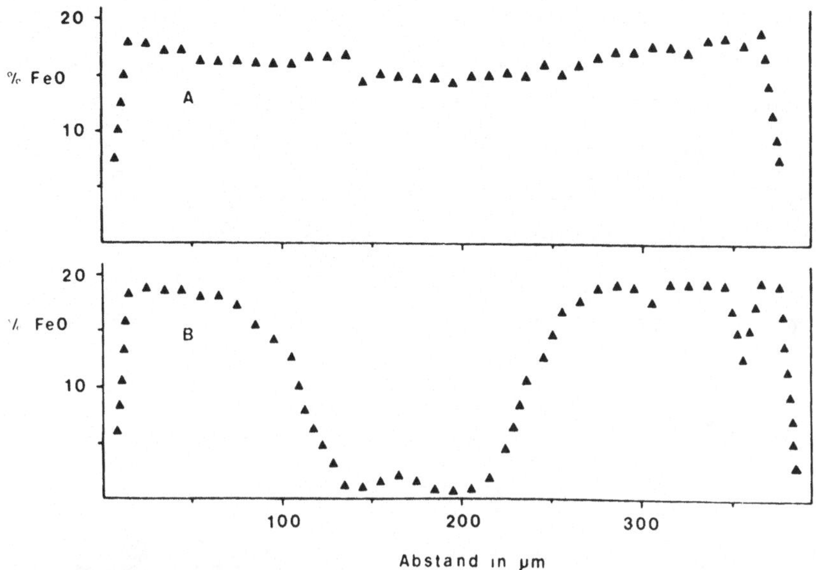

Abb. 5. Fe-Verteilung in Olivinen des Fragments MM 1.
A: Normaler, fast homogener Olivin
B: Olivin mit Forsterit-Kern, dessen Hülle dem normalen
Olivin entspricht.

b) Chromite,koexistiernd mit Nickel-Eisen und Troilit
   (Abb. 4b). Diese sind im Kontakt zu Silikaten meist
   xenomorph, gegenüber Troilit und Nickeleisen jedoch
   - ab einer bestimmten Korngröße - immer idiomorph.
   Dies ist eine typische Erscheinung, die schon vielfach
   in gewöhnlichen Chondriten beschrieben wurde (vgl.
   Ramdohr[13]).
c) Lose xenomorphe Chromite in der kohligen Matrix
   zwischen den Fragmenten und Chondren.

2.2. Spinelle im "fast equilibrierten" Mezö-Madaras

Die Zusammensetzung der meisten Spinelle im chondritischen Einschluß Mezö-Madaras BM 33909 ist sehr einheitlich und entspricht Chromiten aus gewöhnlichen L- und LL-Chondriten[9,10]. Wie aus Tab. 1 und Abb. 1 ersichtlich ist, sind die Unterschiede von Korn zu Korn nur sehr gering. Die normalen Chromite sind typischerweise sehr grobkörnig und xenomorph (Abb. 7a), egal ob sie mit Silikaten, Troilit oder Nickeleisen vergesellschaftet sind. Ebenso sind die koexistierenden Silikate, verglichen mit jenen aus dem "unequilibrierten" Mezö-Madaras, sehr grobkörnig und recht einheitlich zusammengesetzt (vgl. Abb. 6). Der

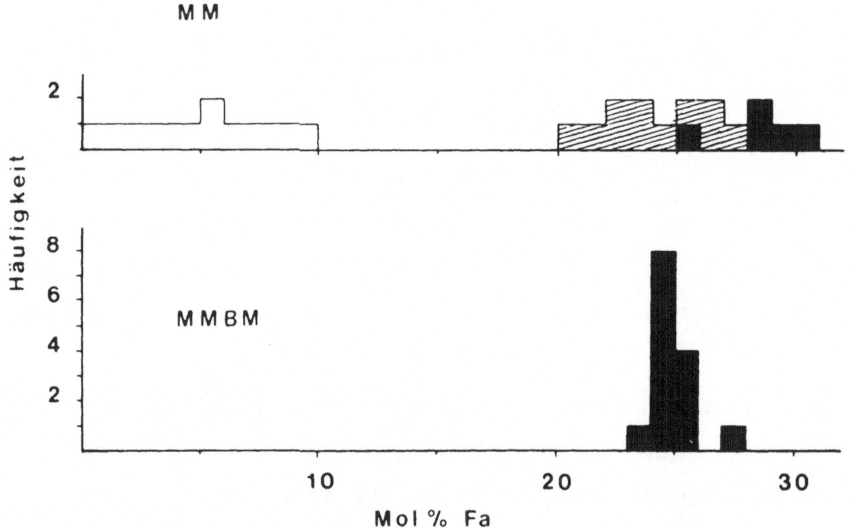

Abb. 6. Fayalit-Gehalte der mit verschiedenen Spinellen koexistierenden Olivine im "unequilibrierten" (MM) und "fast equilibrierten" (MMBM) Mezö-Madaras. Eingetragen wurden nur die jeweils koexistierenden Olivine.
weiß: Olivine, koexistierend mit Spinellen sensu stricto;
schraffiert: Olivine, koexistierend mit intermediären
Spinellen; schwarz: Olivine, koexistierend mit Chromiten.

durchschnittliche Fayalit-Gehalt des Olivins beträgt
24,8 Mol-% in Übereinstimmung mit Van Schmus[4], der 25,1
Mol-% fand. Seltener finden sich Chromite als winzige
Kriställchen in den Matrizes der Fragmente und Chondren.
Eine brauchbare Analyse dieser scheiterte an der geringen
Korngröße. Als zusätzliche Phase wurde in der Vergesell-
schaftung von Nickeleisen + Troilit + Chromit auch Whit-
lockit angetroffen.

Neben den überwiegenden normalen Chromiten wurden jedoch auch Spinelle gefunden, deren Zusammensetzung deutlich bis stark in Richtung Al-Spinell von den normalen
Chromiten abweicht. Diese Ausnahmen sind an besondere
Vorkommen gebunden:

a) Eine feinfaserige, kryptokristalline Chondre (MMBM 6,
   Tab. 1, Abb. 1 und 7a) führt zwei mehr oder weniger
   stark gerundete Spinelle, wovon der eine opak, der
   andere rot durchscheinend ist. Weiters finden sich
   sehr kleine Spinelle in den an Olivin angereicherten
   Partien dieser Chondre. Die beiden großen Spinelle
   unterscheiden sich in ihrer Zusammensetzung sowohl von
   den normalen Spinellen als auch voneinander. Es ko-
   existieren hier ein Cr-haltiger Al-Spinell und ein Al-
   haltiger Chromit.

b) Ein feinfaseriges, kryptokristallines, fast isotropes
   Fragment (MMBM 11, Tab. 1), mit einigen undeutlich er-
   kennbaren doppelbrechenden Phasen, enthält einen etwa
   70 µm großen, stark korrodierten Al-reichen Chromit.
   Dessen Zusammensetzung ist sehr ähnlich dem oben be-
   schriebenen Chromit aus MMBM 6.

c) An einer glasigen Schock-Ader, die einige Fragmente
   und Chondren durchschlägt und deren Teile gegeneinan-
   der versetzt sind, findet sich ein chromit- und plagio-
   klasreiches Mobilisat (Abb. 7b). Die Zusammensetzung
   dieses Chromits unterscheidet sich in den Cr_2O_3-,
   Al_2O_3-, FeO- und MgO-Gehalten von den normalen Chromiten (Tab. 1).

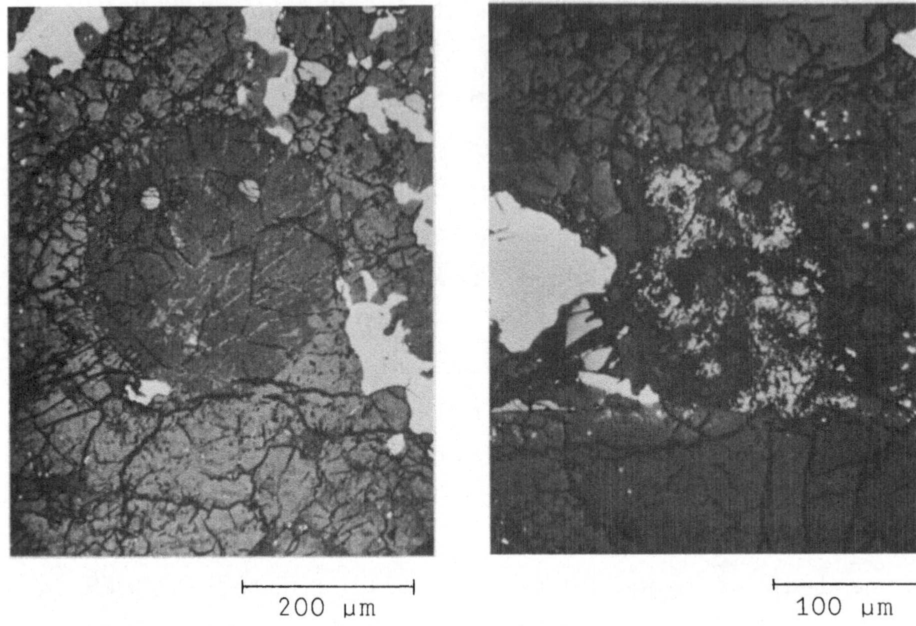

├─────── 200 µm ───────┤   ├─────── 100 µm ───────┤

Abb. 7a   Abb. 7b

Mikrophotos verschiedener Spinellvorkommen im Mezö-
Madaras

Abb. 7a. Feinfaserige Chondre MMBM 6. Zwei Spinelle mit
deutlich unterschiedlichem Reflexionsvermögen (hellgrau,
grau) sind in der Bildmitte zu erkennen. Außerhalb der
Chondre sind einige Chromite normaler Zusammensetzung
(hellgrau) in der typischen Vergesellschaftung zu sehen.
(Auflicht.)
Abb. 7b. Chromit-Plagioklas-Mobilisat (hellgrau-dunkel-
grau) an einer Schock-Ader (unten) mit einem zerbrochenen
normalen Chromit (hellgrau) und Nickeleisen (weiß);
MMBM 10. (Auflicht.)

2.3. Die Nebenelemente in den Spinellen

In den Spinellen des Mezö-Madaras-Chondrits treten
die Elemente Ti, Mn, V und Zn nur in untergeordneten Mengen auf (Abb. 2). Wie schon oben angedeutet wurde, zeigt
die Verteilung dieser Elemente einige Besonderheiten und
Trends, die im folgenden etwas ausführlicher dargelegt

werden sollen.

Titan: Im allgemeinen nimmt der TiO_2-Gehalt der Spinelle mit dem Cr_2O_3-Gehalt zu, erreicht in den normalen Chromiten den Höchstwert von durchschnittlich 2,5 Gew.-% und fällt mit weiter steigendem Cr/Cr+Al-Verhältnis abrupt wieder bis auf 0,1 Gew.-% ab. Wie aus Abb. 2 ersichtlich, ist vor allem bei den Spinellen aus dem "unequilibrierten" Mezö-Madaras keine Korrelation zwischen TiO_2-Gehalt und Cr/Cr+Al-Verhältnis gegeben. Die Werte der intermediären Al-Cr-Spinelle sind mehr oder weniger willkürlich verteilt. Kristallisationstrends (verbundene Dreiecke) führen meist zu einer starken TiO_2-Anreicherung in den spätkristallisierten Matrix-Spinellen.

Mangan: Zwischen dem MnO-Gehalt und dem Chromit-Anteil (und auch dem FeO-Gehalt) besteht in beiden Mezö-Madaras-Teilen eine recht strenge positive Korrelation.

Zink: Die ZnO-Gehalte der Spinelle streuen über einen sehr großen Bereich, sind jedoch, wenn auch in komplizierter Weise, mit dem Chromit-Gehalt korrelierbar. Die reinen Al-Spinelle sind durchwegs sehr reich an ZnO (1,4-2,3 Gew.-%). Die intermediären Al-Cr-Spinelle bilden deutlich zwei Gruppen: Eine ZnO-arme (0-0,3 Gew.-%) und eine ZnO-reiche (0,5-0,9 Gew.-%) Gruppe. Spinelle einer Kristallisationsreihe gehören meist nur einer dieser Gruppen an. Die beiden in der Chondre MMBM 6 koexistierenden Spinelle unterscheiden sich im ZnO-Gehalt deutlich voneinander. Der Streubereich am Cr-reichen Ende der intermediären Al-Cr-Spinelle wird kleiner (0,2-0,6 Gew.-%) und nähert sich dem relativ einheitlichen Gehalt der normalen und Cr-reichen Chromite von etwa 0,35 Gew.-%.

Vanadium: Auch zwischen V_2O_3-Gehalt und Chromitanteil im Spinell ist eine grobe Korrelation vorhanden. Die Streuung der Werte ist allerdings sehr groß. So enthalten die Al-Spinelle zwischen 0,1 und 0,6 Gew.-% V_2O_3, mit einer Häufung der Werte zwischen 0,5 und 0,6 Gew.-%. Der V_2O_3-Gehalt der intermediären Al-Cr-Spinelle nimmt generell mit dem Chromit-Gehalt zu, schwankt jedoch im mittleren Bereich sehr stark (0,15-0,75 Gew.-%). Diese Schwankungen sind nur in den Spinellen des "unequilibrierten" Mezö-Madaras vorhanden. Die Kristallisationstrends intermediärer Al-Cr-Spinelle sind recht unterschiedlich: Meist ist eine Anreicherung von V_2O_3 in den Matrix-Spinellen gegeben. Ein Trend (MM 30) führt über ein Maximum im V_2O_3-Gehalt und fällt bei den Letztkristallisaten wiederum stark ab. Die normalen Chromite haben sehr einheitliche V_2O_3-Gehalte (Durchschnitt: 0,8 Gew.-%), nur einige wenige aus dem "unequilibrierten" Mezö-Madaras liegen deutlich außerhalb dieses Bereiches. Die Cr-reichen Chromite haben unterschiedliche V_2O_3-Gehalte, mit einer deutlichen Tendenz zu niedrigeren Werten.

3. Diskussion und Schlußfolgerung

Die Zusammensetzung der Spinelle im Mezö-Madaras-Chondrit variiert innerhalb weiter Grenzen. Die Ursachen dafür sind im unterschiedlichen Pauschalchemismus und in der Kristallisationsgeschichte der jeweiligen Fragmente und Chondren zu suchen.

3.1. Hinweise für unterschiedliche Pauschalchemismen spinellführender Fragmente und Chondren

Die Spinellzusammensetzungen sind weitgehend vom Pauschalchemismus der spinellführenden Fragmente und Chondren bestimmt. Dafür sprechen folgende Beobachtungen:
A) Der Chromitgehalt bzw. das Fe/Fe+Mg-Verhältnis der Spinelle ist mit dem Fa-Gehalt der koexistierenden Olivine korrelierbar (Abb. 6). Das unterschiedliche pauschale Fe/Fe+Mg dieser Fragmente und Chondren ist wahrscheinlich auf eine unterschiedlich starke Redu-

zierung oder Oxydierung dieser Schmelzen vor ihrer Agglomeration zurückzuführen.

B) Die Schwankungen in den Gehalten an Nebenelementen in den Spinellen können nur vom Angebot bestimmt sein. Dieses war in den verschiedenen Fragmenten und Chondren recht unterschiedlich. Die Extremfälle sind dabei:

a) Die Cr-freien, Zn-reichen Al-Spinelle, welche an einen bestimmten Pauschalchemismus gebunden sind, der durch ein hohes Mg/Fe+Mg-Verhältnis und durch hohe Alkali- und Al-Gehalte gekennzeichnet ist. Insgesamt ist dies eine Zusammensetzung, welche gegenüber dem chondritischen Chemismus stark an flüchtigen Elementen (Alkalien, Zn) angereichert ist.

b) Die intermediären Spinelle bilden Gruppen mit verschieden hohen oder niedrigen Nebenelementgehalten, was nur auf unterschiedliche Pauschalgehalte dieser Elemente in den jeweiligen Fragmenten und Chondren zurückzuführen ist. Bemerkenswert ist auch hier, daß eine Gruppe reich an dem flüchtigen Zn ist.

c) Die Al- und Ti-armen Chromite sind - wenn im Gesteinsverband beobachtet - immer an stark differenzierte Restschmelzen der Fragment- oder Chondrenmatrizes gebunden. Die Ti-Armut der Spinelle reflektiert die Ti-Armut der Matrix, welche ihre Ursache im niedrigen pauschalen Ti-Gehalt dieser Objekte hat.

d) Die Al-haltigen Chromite des "fast equilibrierten" Mezö-Madaras sind - mit Ausnahme des sekundären Chromit-Plagioklas-Mobilisats - an feinfaserige, pyroxenreiche Objekte gebunden, deren Chemismus offensichtlich von dem der normalen olivin- und pyroxenführenden Fragmente und Chondren abweicht.

3.2. Die Kristallisationsabfolge und der Chemismus der Spinelle

Abhängig vom Pauschalchemismus und vom Zeitpunkt der Spinellkeimbildung erfolgt die Kristallisation der Spinelle vor, während oder nach der Kristallisation der Hauptphasen Olivin und Pyroxen. Mit dem durch die Kristallisation der Hauptphasen sich stark verändernden Chemismus der Schmelze ändert sich auch die Zusammensetzung der daraus kristallisierenden Spinelle. Dies zeigt sich besonders deutlich in einigen Fragmenten mit intermediären Spinellen, wo die früh kristallisierten, im Olivin eingeschlossenen Spinelle wesentlich Cr- und Ti-ärmer sind als die später kristallisierten Matrix-Spinelle. Dieses Verhalten ist typisch für Fragmente mit früher Spinell- und Silikatkeimbildung und folgender rascher Kristallisation und Abkühlung.

Ähnliches gilt auch für die Al-reichen Chromite im "fast equilibrierten" Mezö-Madaras, die durchwegs vor den Silikaten kristallisierten.

Im Gegensatz dazu stehen die besonders Cr-reichen Chromite, welche ausschließlich in Fragmentmatrizes vorkommen, also nach der Kristallisation der Hauptphasen aus einer an Cr stark angereicherten Restschmelze kristallisierten.

Für die Masse der Chromite mit normaler chondritischer Chromitzusammensetzung sind zwei Bildungsmechanismen denkbar:

a) Subsolidus-Kristallisation gleichzeitig mit den Hauptphasen aus einer tief unterkühlten Schmelze mit normaler chondritischer Zusammensetzung (vgl. Kurat[14,15])

b) Subsolidus-Rekristallisation.

Beide Mechanismen werden wohl in unterschiedlichem Maße für die einheitliche Zusammensetzung sowohl der Normal-Chromite als auch der Silikate verantwortlich sein.

Dieses Problem wird jedoch unten noch ausführlicher behandelt.

3.3. Die Fe-Mg-Verteilung zwischen Chromiten und Olivinen

Für die koexistierenden Chromit-Olivin-Paare werden die Fe-Mg-Verteilungskoeffizienten ermittelt. Diese ergeben nach der Methode von Jackson[16] für den "fast equilibrierten" Mezö-Madaras Gleichgewichtstemperaturen zwischen 500 und 750° C. Diese Werte sind vergleichbar mit der Orthopyroxen-Klinopyroxen-Gleichgewichtstemperatur gewöhnlicher Chondrite von 850° C (van Schmus und Koffmann[17]). Das Chromit-Thermometer friert offensichtlich erst bei tieferen Temperaturen ein. Bemerkenswert ist jedoch der große Streubereich, der darauf hindeutet, daß die einzelnen Fragmente und Chondren eine eigenständige Abkühlungsgeschichte haben. Im "unequilibrierten" Mezö-Madaras stößt diese Methode der "Gleichgewichts"-Temperaturbestimmung auf Schwierigkeiten, weil viele der Phasen offensichtlich nicht im Gleichgewicht sind und weil die Zusammensetzung der Spinelle etwas weit von der Chromitzusammensetzung abweicht. Eine brauchbare Auswahl von Chromit-Olivin-Paaren ergibt Gleichgewichtstemperaturen zwischen 800 und 1050° C. Die Extreme werden dabei von den Cr-reichen Matrix-Chromiten in porphyrischen Fragmenten und den "normalen" Chromiten in "fast equilibrierten" Fragmenten einerseits (z.B. MM 1, MM 8, 800° C) und der Balkenolivinchondre MM 27 (1050°C) andererseits gebildet. Diese Differenz hat ihre Ursache in der unterschiedlichen Kristallisationsgeschichte dieser Objekte: Im ersten Fall (800° C) sind die Chromite Letztkristallisate, im anderen Fall ist der Chromit gleichzeitig mit den Hauptphasen kristallisiert. Die Chondre MM 27 besteht aus konstant zusammengesetzten Phasen ("equilibriert")

und ist ein typisches Beispiel für eine Pseudo-Equili-
brierung durch Kristallisation im Subsolidusbereich
(vgl. Kurat[14,15]).

3.4. Fremdminerale und die Genese der Chondren und Fragmente

Im Zuge dieser Studie wurden sowohl im "unequilibrierten" als auch im "fast equilibrierten" Mezö-Madaras Fremd-
minerale als Einschlüsse in einem Fragment (MM 1) und
einer Chondre (MMBM 6) gefunden. Die Forsterit-Relikte
in MM 1 (Abb. 4a und 5) können nur als kristalline Reste
einer Aufschmelzung gedeutet werden. Die dabei herrschen-
de Temperatur reichte nicht aus, das prä-existente, stark
reduzierte Gestein vollständig zu schmelzen. Die Abkühlung mußte - in einem Milieu mit deutlich höherem pO_2 -
rasch erfolgt sein, da nur Zeit für die Ausbildung einer
schmalen Diffusionszone zwischen dem Forsterit-Kern und
der normalen (und konstant zusammengesetzten) Hülle blieb.
Die konstant zusammengesetzten Normalolivine kristallisierten bemerkenswerterweise trotz Vorhandensein von Fremd-
keimen simultan nach starker Unterkühlung der Schmelze
bis in den Subsolidus-Bereich. Die Gleichgewichtstemperatur Chromit-Olivin beträgt hier nur $800°$ C.

Das zweite Beispiel eines Mineralrestes ist der Al-
Spinell-Einschluß in der Chondre MMBM 6 (Abb. 7a). Bemerkenswerterweise koexistiert dieser Spinell mit einem
Al-haltigen Chromit, der wahrscheinlich die Erstausschei-
dung dieser Schmelze darstellt. Auch hier liegt offensichtlich ein ungeschmolzenes Restmineral vor, welches
überraschenderweise weder für den Chromit noch für die
Silikate als Fremdkeim brauchbar war.

Ähnliche Al-Spinelle sind inzwischen auch aus L'Aigle
(Bourot und Christophe Michel-Lévy[18]), Rio Negro und
Dubrovnik (Kurat und Hoinkes, unveröffentlicht) bekannt-

geworden und dürften recht verbreitet sein. Alle Rest-
minerale unterstreichen den sekundären Charakter sowohl
der Chondren als auch der Fragmente in den Chondriten.

3.5. Zur Frage der Entstehung "equilibrierter" und "unequilibrierter" Chondrite

Der Chemismus der Spinelle bewährt sich als empfindlicher Indikator sowohl für die Abschätzung der Kristalli-
sationstemperatur als auch - in besonderem Maße - für
eine Abschätzung der Differenzen im Pauschalchemismus der
spinellführenden Gesteine. Einige Spurenelemente (wie V
und Zn) werden in den Spinellen so stark angereichert,
daß sie mit der Elektronenstrahl-Mikrosonde gemessen werden können. Diese Anreicherungen, und auch die Verteilung
der Hauptelemente, ermöglichen eine relative Abschätzung
der Elementhäufigkeiten in den spinellführenden Objekten.
Die vorliegende Untersuchung erbrachte wiederum einige
Hinweise bezüglich der Pauschalzusammensetzung von Fragmenten und Chondren im Mezö-Madaras Chondrit. Das wichtigste Ergebnis dabei ist, daß sich diese Pauschalchemis-
men im "unequilibrierten" und im "fast equilibrierten"
Mezö-Madaras deutlich unterscheiden. In Bestätigung
früherer Ergebnisse[8,19,20] zeigt auch diese Untersuchung
klar, daß die Fragmente und Chondren in "unequilibrierten" Chondriten sowohl im Gehalt an Hauptelementen als
auch im Spurenelementgehalt in weiten Bereichen streuen.
In dieser Uneinheitlichkeit der Zusammensetzung der einzelnen Teile liegt auch die Hauptursache für die "unequi-
librierte" Natur dieser Chondrite. Dazu kommen Verdampf-
ungs- und Kondensationserscheinungen, Fremdkeime und
auch eine von Bereich zu Bereich unterschiedliche Ab-
kühlungsrate der Schmelzen. Letztere ist im hohen Temperaturbereich wahrscheinlich kleiner und wird mit fallen-
der Temperatur größer. Die Agglomerationstemperatur liegt

dann bei den "unequilibrierten" Chondriten so niedrig,
daß keine nennenswerten Reaktionen nach der Agglomeration stattfinden.

Weiters ergab diese Untersuchung, daß die Mikro-Fragmente im Mezö-Madaras in jeder Beziehung den Chondren
gleichzusetzen sind. Sie sind keinesfalls Fragmente prä-
existenter Gesteine, sondern Produkte der gleichen Prozesse, die auch die Chondren erzeugten. Dafür sprechen
die beobachteten Schmelz- (Relikte !) und Kristallisa-
tionsverhalten (Ungleichgewichts- und Pseudo-Gleichge-
wichtskristallisationen). Ihre Entstehung muß daher auf
Schmelzen zurückgehen, welche volumsmäßig jene der Chondren (offensichtlich ein kritisches Volumen) deutlich
übertrafen. Dieses Volumen erlaubte es nicht, daß die so
gebildeten Schmelzklumpen nach der Kristallisation erhalten blieben. Die rasche Abkühlung führte zu Schrumpfungen
und inneren Spannungen, die einen Zerfall zu unregel-
mäßigen Mikrofragmenten mit erstaunlich einheitlichen
Korngrößen verursachten.Nur der große chondritische Einschluß MMBM repräsentiert offensichtlich ein unverarbei-
tetes prä-Mezö-Madaras-Gestein, welches wohl Einflüsse
von Schockwellen zeigt (Schockadern und -knoten), jedoch
ansonsten unverändert in den Mezö-Madaras-Chondrit ein-
gelagert wurde. Offensichtlich sind die Fremdeinschlüsse
recht selten, jedenfalls viel seltener als in einigen
genetisch ähnlichen Mondbrekzien (vgl. z.B. Kurat et
al.[21,22]). Dies ist ein Hinweis darauf, daß der Anteil
an Schmelze in der durch den Impakt erzeugten "ignim-
britischen" Wolke im Falle des Mezö-Madaras-Chondrits
wesentlich größer war als bei den vergleichbaren jüngeren Ereignissen auf dem Mond.

<u>Anerkennungen</u>

Dr. M. Hey (British Museum) stellte in dankenswerter

Weise Material für einen Schliff von BM no. 33909 zur
Verfügung.

Die zur Korrektur der Elektronenstrahl-Mikrosonden-
Daten notwendigen Rechnungen wurden am Interfakultären
Rechenzentrum der Universität Wien durchgeführt. Die
Programme dazu adaptierten bzw. erstellten die Herren
Dr. R. Fischer und Dr. W. Cadaj.

Diese Arbeit wurde durch den Fonds zur Förderung der
wissenschaftlichen Forschung und durch den Jubiläums-
fonds der Österreichischen Nationalbank unterstützt.

<u>Literatur</u>

1 Urey, H.C., and H. Craig: Geochim. Cosmochim. Acta
  <u>4</u>, 36-82 (1953).

2 Jarosewich, E.: Geochim. Cosmochim. Acta <u>31</u>, 1103-
  1106 (1967).

3 Wahl, W.: Geochim. Cosmochim. Acta <u>2</u>, 91-117 (1952).

4 Van Schmus, W.R.: Geochim. Cosmochim. Acta <u>31</u>, 2037-
  2042 (1967).

5 Keil, K., and K. Fredriksson: Journ. Geophys. Res.
  <u>69</u>, 3487-3515 (1964).

6 Dodd, R.T., and W.R. Van Schmus: Journ. Geophys. Res.
  <u>70</u>, 3801-3811 (1965).

7 Dodd, R.T., W.R. Van Schmus, and D.M. Koffman: Geochim. Cosmochim. Acta <u>31</u>, 921-951 (1967).

8 Kurat, G.: Geochim. Cosmochim. Acta <u>31</u>, 1843-1857
  (1967).

9 Bunch, T.E., K. Keil, and K.G. Snetsinger: Geochim.
  Cosmochim. Acta <u>31</u>, 1569-1583 (1967).

10 Snetsinger, K.G., K. Keil, and T.E. Bunch: Am. Mineral.
  <u>52</u>, 1322-1331 (1967).

11 Kurat, G., K. Fredriksson, and J. Nelen: Geochim.
  Cosmochim. Acta <u>33</u>, 765-773 (1969).

12 Bence, A.E., and A.L. Albee: Journ. Geol. 76, 382-403 (1968).

13 Ramdohr, P.: The Opaque Minerals in Stony Meteorites. Elsevier, Amsterdam (1973).

14 Kurat, G.: Geochim. Cosmochim. Acta 31, 491-502 (1967).

15 Kurat G.: in: Meteorite Research (Ed.: Millman, P.M.) 185-190, Reidel, Dordrecht (1969).

16 Jackson, E.D.: Econ. Geol., Monogr. 4, 41-71 (1969).

17 Van Schmus, W.R., and D.M. Koffman : Science 155, 1009-1011 (1967).

18 Bourot, M., and M. Christophe Michel-Lévy: Vortrag, 36th Annual Meeting, Meteoritical Society, Davos (1973).

19 Walter, L.S.: in: Meteorite Research (Ed.: Millman, P.M.), 191-205, Reidel, Dordrecht (1969).

20 Osborn, T.W., R.H. Smith, and R.A. Schmitt: Geochim. Cosmochim. Acta 37, 1909-1942 (1973).

21 Kurat, G., K. Keil, M. Prinz, and T.E. Bunch: Abstract. Third Lunar Science Confeeence, MSC Houston (1972).

22 Kurat, G., K. Keil, M. Prinz, and C.E. Nehru: Proc. Third Lunar Sci. Conf., Geochim. Cosmochim. Acta, Suppl. 3(1), 707-721 (1972).

Anschrift der Verfasser: G. Hoinkes und G. Kurat, Naturhistorisches Museum Wien, Mineralogisch-Petrographische Abteilung, Burgring 7, A-1010 Wien, Österreich.

DIE ANWENDUNG DER ELEKTRONENMIKROSONDE ZUR BESTIMMUNG
DER WERTIGKEIT UND KOORDINATION IN MINERALIEN

M.K. PAVIĆEVIĆ, Bor, Jugoslawien

Zusammenfassung

Die Untersuchung der weichen und ultraweichen Röntgen-
emissionsspektren einiger Elemente der dritten Periode
und 3d-Metalle mit der Elektronenmikrosonde zeigt, daß
die Koordination bzw. die Wertigkeit dieser Elemente
einen deutlichen Einfluß auf die Wellenlänge und Intensität der Linien in den Spektren haben.

In Verbindungen einer Mischkristallreihe, in der die
Koordination unverändert bleibt und sich nur die Wertigkeit eines 3d-Metalls von einem Endglied zum anderen kon-
tinuierlich ändert, können die Spektren zur quantitativen
Bestimmung der Wertigkeit des 3d-Kations verwendet werden. So wurde z.B. für das pseudobinäre System $FeTiO_3$ -
Fe_2O_3 bei einer bestimmten Anregungsspannung eine lineare
Abhängigkeit zwischen dem Gehalt an FeO- bzw. Fe_2O_3-Ra-
dikal und dem $Fe-L_\beta/L_\alpha$-Verhältnis gefunden.

Die Untersuchung der Ti-L-Spektren ergab, daß man mit
der Mikrosonde zumindest qualitativ Ti^{3+} im Ilmenit nachweisen kann.

Die Koordination von Schwefel im Goethit (FeOOH) konnte
durch Vergleichsmessungen an Troilit (FeS) und Baryt
($BaSO_4$) ermittelt werden. Die Peakmaxima der Schwefel-

K-Spektren ähneln denen des Baryts, in dem Schwefel als SO_4-Molekül vorliegt.

Abstract

Microprobe investigations of the K spectra of sulfur and L spectra of Fe and Ti indicate that both coordination and valency have a direct influence on the peak positions and intensities in the spectra.

In members of a solid solution series in which the coordination suffers no changes from one end to the other, any change in the valency of Fe and Ti will directly influence the L spectra of these elements. In members of the $FeTiO_3$-Fe_2O_3-solid solution series a linear relationship was found between the amount of Fe^{3+} and the Fe-L_β/L_α-intensity ratio.

Investigations on the Ti-L-spectra indicate that the presence of Ti^{3+} could be qualitatively verified.

Measurements of the peak shift of sulfur K spectra of troilite (FeS) and baryte ($BaSO_4$) allow the identification of the coordination of sulfur in some minerals e.g. goethite (FeOOH).

1. Einführung

Durch die neuen Entwicklungen in der Mikrosondentechnik ist die Elektronenmikrosonde zu einem der wichtigsten Instrumente der mineralogischen und geochemischen Untersuchungen geworden. Neben der quantitativen chemischen Zusammensetzung der zu untersuchenden Proben interessiert auch die Wertigkeit und Koordination der Kationen, weil sich daraus Rückschlüsse über die Entstehung der Mineralien ziehen lassen.

Bei der konventionellen Meßtechnik wurde die Wertigkeit der Elemente über den Valenzausgleich von positiven und negativen Ionen abgeleitet. Diese Methode kann zu

Fehlschlüssen führen, da man von der Annahme ausgeht, daß
die Mineralien stöchiometrisch aufgebaut sind. Ferner ist
die genaue quantitative Sauerstoffbestimmung mit der Mikrosonde zur Zeit unpraktikabel.

Viele Mineralien enthalten jedoch ein oder mehrere
3d-Übergangselemente, zum Teil sogar in mehreren Oxyda-
tionsstufen.

Im Rahmen dieser Arbeit wird gezeigt, daß man die Wertigkeit einiger 3d-Übergangsmetalle und die Koordination
von Elementen aus der dritten Periode direkt aus den
Röntgen-Emissionsspektren mit Hilfe der Mikrosonde bestimmen kann. Für diese Untersuchungen wurden L-Spektren
von Eisen und Titan im System Fe-Ti-O, bzw. K-Spektren
von Schwefel verwendet. Das System Fe-Ti-O wurde - neben
anderen für die Untersuchung günstigen Aspekten - deshalb gewählt, weil die Minerale des Dreistoffsystems
Eisen-Titan-Sauerstoff in vielen magmatischen Gesteinen
der Erde und des Mondes vorkommen[1,2,3,4]. Aus der Wertigkeit der Eisen- und Titan-Atome lassen sich Aussagen über
den Sauerstoff-Partialdruck (Sauerstoff-Fugazität) während
der Kristallisation und damit über die Entstehungsbedin-
gungen dieser Minerale machen.

2. Einfluß der chemischen Bindung und Kristallstruktur auf die Röntgenemissionsspektren

Durch den Einbau eines Atoms in ein Molekül oder in
das Kristallgitter eines Festkörpers ändern sich aufgrund der Wechselwirkung des eingebauten Atoms mit den
Nachbaratomen die Struktur der Elektronenhüllen und damit auch die entsprechenden Absorptions- und Emissionsspektren. Dies soll anhand eines Kristallgitters, in das
ein Schwefelatom eingebaut ist, erläutert werden.

Beim Übergang von Valenzelektronen vom 3p-Niveau in
das 1s-Niveau wird die $K_{\beta 1}$-Bande emittiert. Wegen der ver-

292

schobenen Niveaus der Valenzelektronen in der M-Schale
ist das Wellenlängenspektrum der entsprechenden $K_{\beta 1}$-
Bande verändert. Da auch die Niveaus der Elektronen in
der L-Schale verschoben sind, ändert sich auch die Wellenlänge des $K_{\alpha 1,2}$-Dubletts. Entsprechendes gilt auch
für die Satellitenlinien. Wie bei den mittelschweren Elementen ist die relative Änderung der Niveaus für die
Übergänge in die L-Schale am größten. Sie sind daher am
besten für die Untersuchung dieser Elemente geeignet.

Metalle und Verbindungen der 3d-Übergangselemente
sind durch eine nicht vollständig gefüllte 3d-Schale gekennzeichnet. Bindungseffekte können an den Röntgenlinien
beobachtet werden, die durch Elektronenübergänge von dem
3d- oder 4s-Niveau zu einem vakanten Platz in einem inneren Niveau entstehen. Für die Übergangselemente sind
daher die Elektronenübergänge zum 2p-Niveau (L_{II}-, L_{III}-
Spektren) oder zum 3p-Niveau (M_{II}-, M_{III}-Spektren) von
Interesse.

Ein großer Fortschritt wurde in den letzten Jahren vor
Fischer[5], Bonelle[6,7], Liefeld[8,9] und Holliday[10,11] bei
der Untersuchung des Einflusses der chemischen Bindungen
auf die Röntgenemissions- und Absorptionsspektren im ultr
weichen Bereich der ersten Gruppe der Übergangsmetalle er
zielt. Von besonderer Bedeutung sind die umfassenden Ab-
handlungen über Titan und seine Verbindungen von
Fischer[12,13,14], welche die Entstehung dieser Spektren
vom Standpunkt der Elektronenvalenzstruktur betrachten
und mit Hilfe der Molekular-Orbital-Theorie (MOT) erklären.

Die Zahl der Arbeiten auf diesem Gebiet ist in den
letzten Jahren ständig angewachsen. Jedoch nur ein kleiner Teil davon behandelt die Möglichkeit, aus der Änderung der Röntgenspektren die Wertigkeit und Koordination
der Elemente in ihrem jeweiligen Verband zu bestimmen,
wie dies im speziellen Falle der 3d-Übergangsmetalle sch

gezeigt wurde[15,16,17,18].

Es bietet sich jedoch an, nach einer Korrelation zwischen der Veränderung der Wertigkeit oder der Korrelation einzelner Elemente und einer entsprechenden Änderung des Röntgenemissionsspektrums zu suchen. Dabei sind folgende Effekte zu erwarten:

1. Wellenlängenverschiebungen der Intensitätsmaxima
2. Änderung im Intensitätsprofil der Emissionsbande
3. Änderung der relativen Intensitätsverhältnisse der Emissionsbanden
4. Entstehung neuer oder Verschwinden bestehender Linien.

Die zwei gebräuchlichsten Methoden zur Anregung der Röntgenemission sind Röntgenfluoreszenz und Elektronenstoß. Hauptvorteil der Elektronenstoßanregung im Vergleich zur Röntgenfluoreszenzanalyse ist die Möglichkeit, Mikrobereiche zu analysieren. Aus diesem Grund wurde die Elektronenmikrosonde für diese Untersuchungen verwendet. Die L-Spektren von Eisen und K-Spektren von Schwefel wurden mit einer ARL-EMX-SM Mikrosonde und die L-Spektren des Titans mit einer Elmisonde der Firma Siemens gemessen. Detaillierte Meßbedingungen für diese Experimente werden an anderer Stelle[16] gegeben.

3. Messungen und Diskussion

3.1. Eisen-L-Spektren

Zur experimentellen Überprüfung des Einflusses der Wertigkeit des Eisens auf dessen L-Spektren wurden zunächst einfache binäre Systeme wie beispielsweise Eisen-Sauerstoff untersucht, d.h. metallisches Eisen, Wüstit ($Fe_{1-x}O$), Magnetit (Fe_3O_4) und Hämatit (Fe_2O_3), deren chemische Zusammensetzung und Stöchiometrie bekannt waren.

Abb. 1 zeigt die gemessenen Bandprofile der L-Röntgenemissionsspektren des metallischen Eisens und seiner Oxide. Es fällt auf, daß sich mit zunehmender Oxydations-

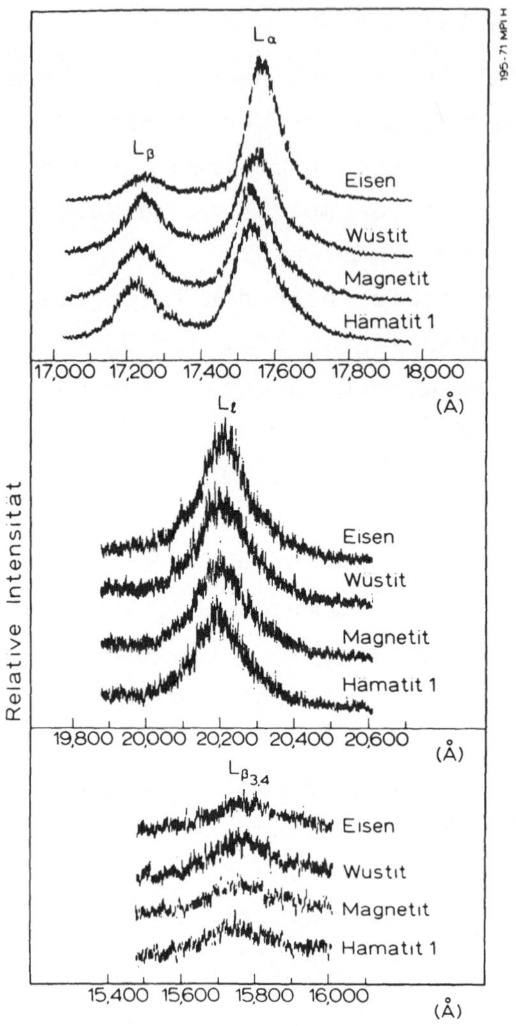

Abb. 1. Die gemessenen Bandprofile der L-Röntgen-Emissions Spektren für Eisen und Eisenoxide; Anregungsspannung 7 kV

stufe die Banden zu kleineren Wellenlängen hin verschieben. Außerdem nimmt das Intensitätsverhältnis L_β/L_α mit zunehmender Wertigkeit des Eisens ab. Man kann annehmen, daß dies in erster Näherung für alle Substanzen gleichermaßen zutrifft.

Die $L_{\beta3,4}$- und L_1-Banden sind sehr intensitätsschwach und wurden daher nicht weiter untersucht.

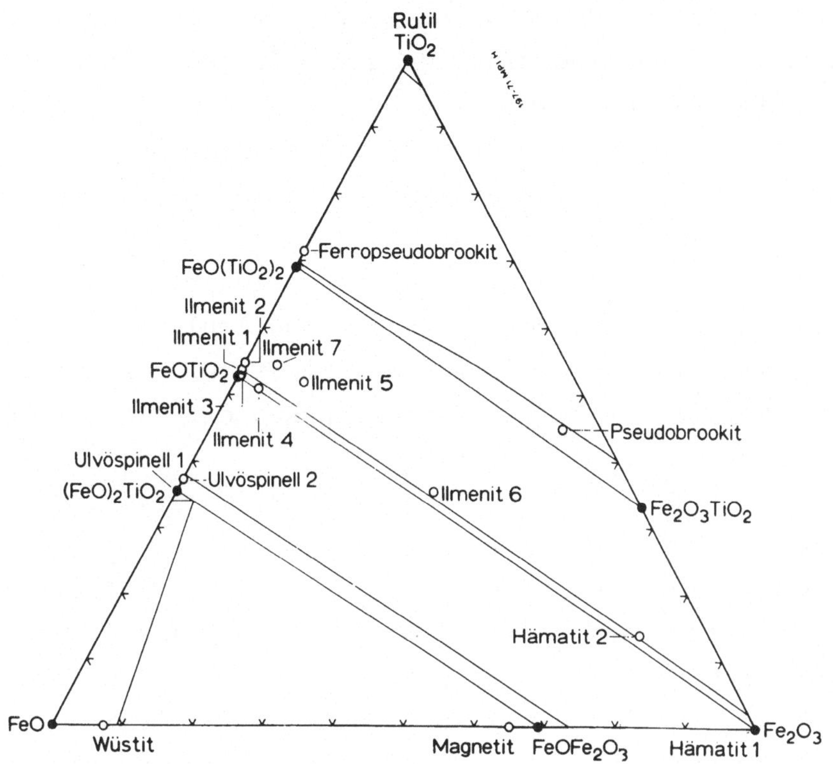

Abb. 2. Die Zusammensetzung der gemessenen Proben, eingetragen (offene Kreise) in das Phasendiagramm des Dreistoffsystems FeO-Fe_2O_3-TiO_2 nach Taylor[20].

In Abb. 2 ist die gemessene chemische Zusammensetzung der untersuchten Verbindungen des Dreistoffsystems Fe, Ti, O in das FeO-Fe_2O_3-TiO_2-Phasendiagramm (Taylor[20]) eingetragen. Sie sind auf die folgenden drei Mischkristallreihen verteilt:

1. Magnetit (Fe_3O_4) - Ulvöspinell (Fe_2TiO_4)
2. Hämatit (Fe_2O_3) - Ilmenit ($FeTiO_3$)
3. Pseudobrookit (Fe_2TiO_5) - Ferropseudobrookit ($FeTi_2O_5$).

Innerhalb einer Mischkristallreihe besitzen die Substanzen die gleiche Kristallstruktur, jedoch sind Strukturtypvariationen (Polymorphie) möglich.

Aufgrund von Messungen an 25 verschiedenen Substanzen dieses Systems, die an anderer Stelle [16,18,19] ausführ-

lich diskutiert werden, konnte gezeigt werden, daß sich
die Wertigkeit und Koordination durch folgende Änderungen
der L-Röntgenemissionsspektren äußert:

1. Wenn sich die Wertigkeit des Eisens vergrößert, ver-
   schiebt sich das Peakmaximum der Bande zu kürzeren
   Wellenlängen hin.

2. Mit wachsender Anregungsspannung verlagert sich das
   Peakmaximum der Bande zu längeren Wellenlängen (Abb. 3)

3. Das Intensitätsverhältnis L_β/L_α nimmt ab, wenn sich
   die Oxydationsstufe bei derselben Koordination erhöht
   (Abb. 4).

4. Die Bandprofile in denselben Mischkristallreihen sind
   in erster Näherung unverändert (Abb. 1).

Am Beispiel des binären Systems der Mischkristallreihe
Ilmenit-Hämatit, das auch auf andere Systeme des Phasen-
diagramms $FeO-Fe_2O_3-TiO_2$ zutrifft, werden die Schlüsse
demonstriert. Gleichzeitig wird an diesem System die
Methode zur Bestimmung der Wertigkeit des Eisens gezeigt.

Abb. 3 zeigt die Wellenlänge der Peakmaxima der L_α-
und L_β-Bande in Abhängigkeit von der Anregungsspannung
für einige Verbindungen des binären Systems Ilmenit-
Hämatit. Eine detaillierte Beschreibung dieser Spektren
wurde bereits an anderer Stelle[16,18] gegeben. Es wird
nur auf diejenigen Aspekte hingewiesen, die für die weitere Interpretation der Messungen von Interesse sind.
Für eine gegebene Anregungsspannung verschieben sich die
Peakmaxima mit zunehmendem Fe^{3+}-Gehalt zu kürzeren Wellenlängen hin. Eine Proportionalität zwischen der Wellenlängenverschiebung und dem Fe^{3+}-Gehalt kann ausgeschlossen werden. Dieser Effekt kann daher nicht zur quantitativen Bestimmung des Fe^{3+}-Gehalts dienen.

Die Wellenlängenverschiebung der Intensitätsmaxima zu
längeren Wellenlängen vergrößert sich mit der Anregungsspannung. Eine weitere interessante Erscheinung ist die
komplizierte Überlappung der Wellenlängenveränderungs-

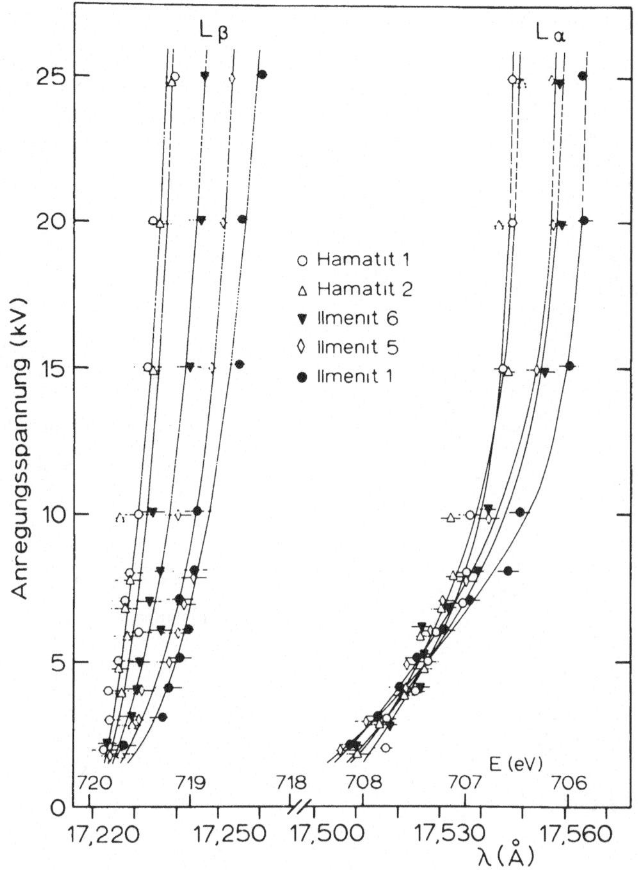

Abb. 3. Die Wellenlänge der Eisen-L_β- und -L_α-Intensitätsmaxima als Funktion der Anregungsspannung für die Mischkristallreihe Ilmenit-Hämatit.

kurven für L_α in allen Verbindungen unter 5kV. Die L_β-Wellenlängenveränderungskurven weisen diese Erscheinung nicht auf.

Abb. 4 zeigt die Abhängigkeit des L_β/L_α-Intensitätsverhältnisses von der Anregungsspannung. Eine detaillierte Beschreibung dieser Resultate ist an anderer Stelle[16,18] gegeben worden. Das wichtigste Ergebnis ist, daß für bestimmte Anregungsspannungen eine Korrelation zwischen den L_β/L_α-Intensitätsverhältnissen und der Wertigkeit des Eisens besteht.

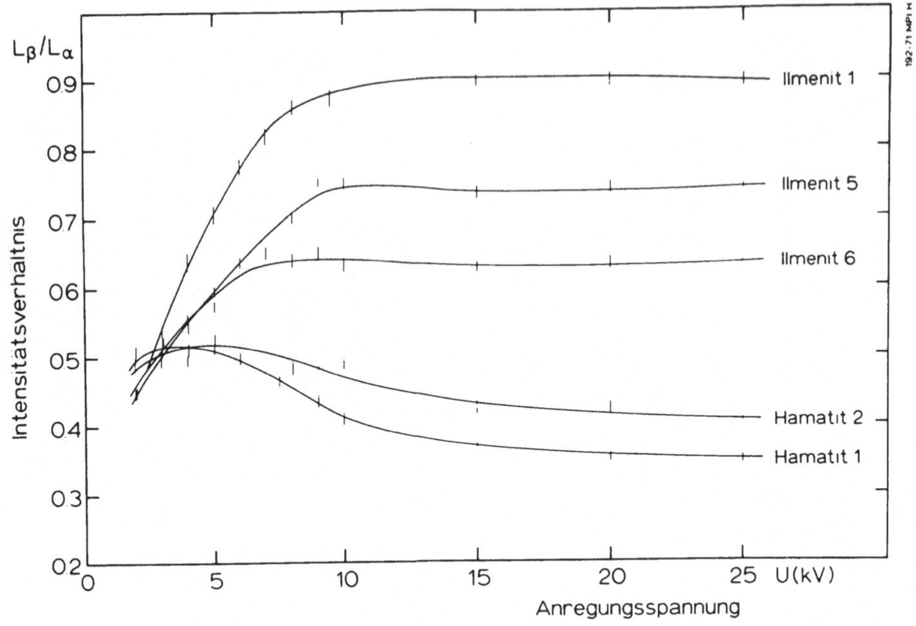

Abb. 4. Die Abhängigkeit der Eisen L_β/L_α-Intensitätsver-
hältnisse von der Anregungsspannung für die Mischkristallreihe Ilmenit-Hämatit.

Tab. 1 zeigt die Ergebnisse für die Mischkristallreihe Ilmenit-Hämatit. Der Korrelationskoeffizient für
sechs Ergebnisse in Tab. 1 wurde berechnet, um die Stufe
der linearen und quantitativen Übereinstimmungsvariationen
im L_β/L_α-Verhältnis und der Konzentration der FeO-Radikale
zu bestimmen. Es wurde eine lineare Korrelation mit dem
Koeffizienten r_6 = -0,999 und dem Bestimmungskoeffizienter
r_6^2 = 99,96 % gefunden. Die berechneten Werte zeigen eine
gute Übereinstimmung für die Gleichung des linearen,
mathematischen Modells

$$L_\beta/L_\alpha = 0,861 - 0,0045 \text{ FeO} \qquad (1)$$

mit der Standardabweichung σ_0 = 0,005.
Angenommen, die lineare Beziehung ist für das ganze
Korrelationsfeld gültig, d.h. für alle Daten des L_β/L_α-

Tabelle 1. Das Eisen L_β/L_α-Intensitätsverhältnis für die Mischkristallreihe Ilmenit-Hämatit bei 10 kV Anregungsspannung

Mineral	L_β/L_α	σ (%)
Ilmenit 1	0,857	2,8
Probe 10047	0,867	3,2
Probe 12063	0,855	3,0
Probe 14053	0,857	3,5
Ilmenit 4	0,842	2,8
Hämatit 1	0,413	1,4
Ilmenit 7	o,731	3,1
Ilmenit 5	o,691	2,4
Ilmenit 6	o,612	2,6
Hämatit 2	o,477	1,8

Verhältnisses aus Tab. 1, so erhält man daraus den Korrelationskoeffizienten $r_{10} = -0,068$ bzw. den Bestimmungskoeffizienten $r_{10}^2 = 0,47$ %. Das schließt die Möglichkeit nicht aus, daß die nichtlinearen Korrelationsformen der höheren Reihe nicht doch bestehen[21].

Die Abweichung von der linearen Korrelation aller Glieder läßt sich physikalisch durch die Anwesenheit fremder Kationen in Konzentrationen größer als 1 % erklären.

Mit Gl. (1) ist die empirische Abhängigkeit gegeben, die eine Auswertung des FeO- bzw. Fe_2O_3-Gehaltes für die Mischkristallreihe Ilmenit-Hämatit ermöglicht. Nach [FeO] aufgelöst lautet sie

$$[FeO] = 100 - \frac{0,861-[I(L_\beta)/I(L_\alpha)]_{FeO}}{0,0045} \qquad (2)$$

wobei [FeO] die Konzentration der FeO-Radikale in Prozent
ist; der Wert 0,861 ist das relative Intensitätsverhältnis der L_β/L_α-Bande für den "reinen" Ilmenit, d.h. für
[FeO] = 100 %; der Wert 0,0045 ist die Abnahme des L_β/L_α-
Intensitätsverhältnisses pro 1 % der FeO-Konzentration;
$[I(L_\beta)/I(L_\alpha)]_{FeO}$ ist der gemessene Wert des Intensitätsverhältnisses von L_β/L_α für die entsprechende FeO-Konzentration.

3.2. Titan-L-Spektren

Zuerst wurde das Titan-Sauerstoff-System untersucht.
Die gemessenen L-Spektren des reinen Titans und einiger
Titanoxide sind in Abb. 5 dargestellt. Die Anwendung der
Molekular-Orbital-Theorie gibt eine zufriedenstellende
Erklärung für diese Spektren[13,14,18].

Da sich beim Titan die Entvölkerung der Bindungsni-
veaus mit zunehmender Oxydationsstufe sehr viel stärker
auswirkt als beim Eisen, würde man bei den Ti-Spektren
viel stärkere Veränderungen als bei den Fe-Spektren erwarten. Leider kann diese gute Ausgangsposition wegen
der stärkeren Absorption der langwelligeren Ti-L-Strah-
lung nicht genutzt werden.

Abb. 6 zeigt die gemessenen Titanspektren der untersuchten Ilmenite, bei denen sich nur die Oxydationsstufe
des Eisens ändert. Die Tatsache, daß für Ilmenite verschiedener Zusammensetzung keine meßbare Wellenlängenverschiebung der Titan-L-Banden beobachtet wurde, könnte
als Indiz dafür gewertet werden, daß das Titan in dieser
Mischkristallreihe seine Wertigkeit nicht ändert.

Ilmenite, die unter stark reduzierten Bedingungen gebildet wurden, könnten eventuell dreiwertiges Titan enthalten. Im Ilmenit, wie in anderen bereits besprochenen
Titanoxiden, ist Titan von 6 Sauerstoffionen oktaedrisch
umgeben. Die Molekular-Orbital-Theorie (MOT) bietet eine

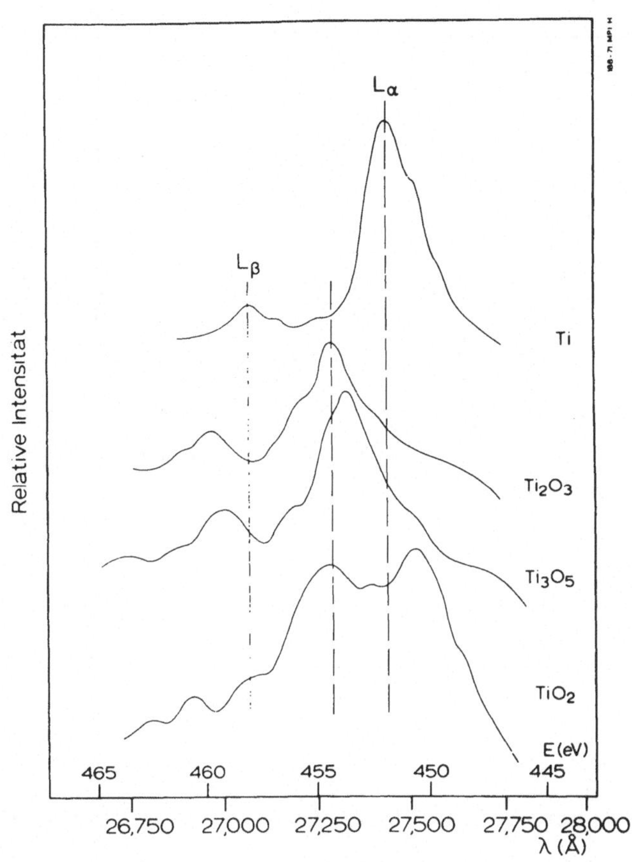

Abb. 5. Die gemessenen Bandprofile der L-Röntgen-Emissions-Spektren des metallischen Titans und einiger Titanoxide; Anregungsspannung 6 kV.

gute Möglichkeit, die Entstehung der L-Banden in solchen Sauerstoff-Oktaedern zu deuten.

Einer der hauptsächlichen Unterschiede zwischen den L-Spektren von Ti_2O_3 und TiO_2 besteht darin, daß Band A für TiO_2 deutlich stärker als für Ti_2O_3 ist. Ferner sind für Ti_2O_3 B und C intensiver als für TiO_2. Fischer[13] stellte fest, daß B hauptsächlich aus Übergängen vom $2t_{2g}$-Orbital-Niveau zum 2p3/2 — (Ti)-Niveau, A aus Übergängen vom $2e_g$-Orbital zum 2p3/2 — (Ti)-Niveau herrührt.

302

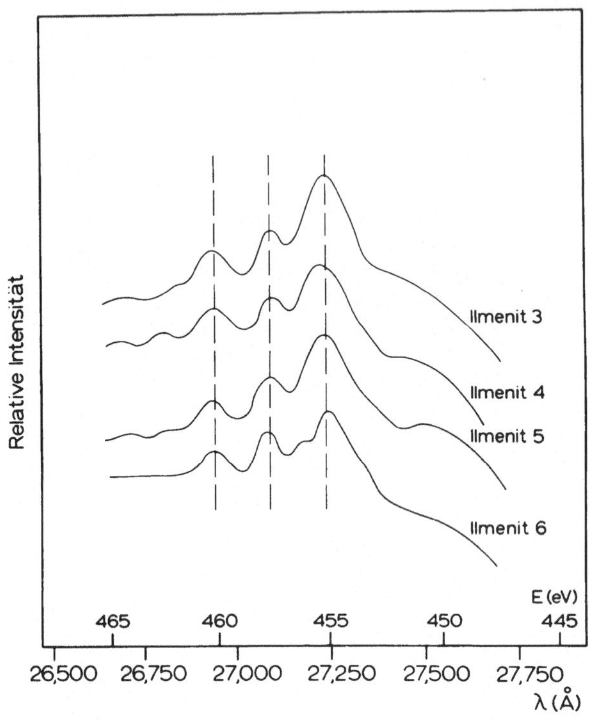

Abb. 6. Die Titan-L-Banden in der Ilmenit-Mischkristall-
reihe; Anregungsspannung 6 kV.

Die Oxydation von Ti^{3+} zu Ti^{4+} hat einen Elektronenver-
lust aus dem $2t_{2g}$-Orbital zur Folge, während das $2e_g$-Ni-
veau unverändert bleibt. Die Intensität von Band B wird
daher im Vergleich zu A abnehmen, wenn die Oxydationsstufe zunimmt. Band C entsteht durch Übergänge vom $2t_{2g}$-
Orbital zum 2p1/2 -(Ti)-Niveau, während der Übergang von
$2e_g$ - zum 2p1/2 -Niveau die Intensität von Band B verstärkt. Die Oxydation von Ti^{3+} zu Ti^{4+} wird eine Ver-
ringerung der Intensität von C gegenüber B und A bewirken.

   Das heißt, daß bei der Messung des Verhältnisses der
Intensitätsbande A, B und C in der Mischkristallreihe
Ilmenit-Hämatit die Oxydationsstufe des Titans bestimmt
werden kann.

3.3. Schwefel-K-Spektren

Um die Koordination des Schwefels im Goethit[22] zu überprüfen, wurden die K-Emissionsspektren der verschiedenen Mineralien, deren Zusammensetzung bekannt ist, miteinander verglichen.

Tabelle 2. Die gemessenen Positionen der $K_{\alpha1,2}$- und $K_{\beta1}$-Intensitätsprofile des Schwefels in verschiedenen Mineralien

	$K_{\alpha1,2}$ (Å)		
	λ	σ	$\Delta\lambda$
Troilit	5,3766	$\pm$ 0,0001	0,0000
Pyrit	5,3765	$\pm$ 0,0002	0,0001
Baryt	5,3737	$\pm$ 0,0003	0,0029
Goethit	5,3732	$\pm$ 0,0003	0,0034

	$K_{\beta1}$ (Å)		
	λ	σ	$\Delta\lambda$
Troilit	5,0293	$\pm$ 0,0008	0,0000
Pyrit	5,0289	$\pm$ 0,0006	0,0004
Baryt	5,0249	$\pm$ 0,0008	0,0044
Goethit	5,0256	$\pm$ 0,0007	0,0037

Wie man aus der Tabelle ersehen kann, ist die Standardabweichung für die Peakmaxima der $K_{\alpha1,2}$-Linien kleiner als für die $K_{\beta1}$-Linien; dafür ist die Wellenlängenverschiebung der Peakmaxima für verschiedene Koordinationen bei der $K_{\beta1}$-Linie größer als bei der $K_{\alpha1,2}$-Linie. Die Auswahl der optimalen experimentellen Bedingungen bleibt daher dem Experimentator überlassen.

4. Anwendung

Die Ergebnisse dieser Arbeit wurden auf die Bestimmung der Eisen- und Titanwertigkeit in Mondbasalten von Apollo-11,-12 und-14 (Pavićević et al.[18]) sowie auf die Schwefelkoordination im Goethit einer Apollo-16-Probe (El Goresy et al.[22]) angewandt. Daraus ergab sich, daß das Eisen im Ilmenit der Mondproben 10047, 12066 und 14053 in zweiwertiger Form vorliegt, während Titan nur im Ilmenit der Probe 14053 teilweise in dreiwertiger Form vorliegt. Dies bestätigt die Meinung von El Goresy[4] sowie Bell et al.[23], daß das Gestein der Mondprobe 14053 vom Fra-Mauro-Gebiet unter extremeren Reduktionsbedingungen kristallisierte als die Gesteine der Apollo-11- oder Apollo-12-Proben. Die Resultate in Tab. 2 zeigen die Koordination des Schwefels, dessen Konzentration 0,4 % des Sulfatradikals beträgt.

Abschließend sollte darauf hingewiesen werden, daß diese Methode noch im Anfangsstadium steht und daß durch Anwendung modernerer Technik noch bessere Ergebnisse erzielt werden können. Auch sollte man ähnliche Ergebnisse bei der Untersuchung entsprechender Systeme von anderen 3d-Übergangsmetallen, wie Mangan und Vanadium, bzw. der anderen Elemente der Dritten Periode, z.B. Magnesium, Silizium und Aluminium, erwarten.

Literatur

1 Ramdohr, P.: Die Erzmineralien und ihre Verwachsungen, Akad. Verlag, Berlin (1960).

2 Ramdohr, P., and A. El Goresy: Science 167, 615-618 (1970).

3 El Goresy, A., P. Ramdohr, and L.A. Taylor: Proc. Second Lunar Sci. Conf., Geochim. Cosmochim. Acta Suppl. 2(1), 219-235 (1971).

4 El Goresy, A., P. Ramdohr, and L.A. Taylor: Earth Planet. Sci. Letters 13, 121-129 (1971).

5 Fischer, D.W.: Journ. Appl. Phys. 36, 2048-2053 (1965).

6 Bonelle, C.: Ann. Phys. (Paris) 1, 439-481 (1966).

7 Bonelle, C.: in: Soft X-Ray Band Spectra and the Electronic Structure of Metals and Materials (Ed.: Fabian, D.J.), 163-172, Acad. Press, London and New York (1968).

8 Liefeld, R.J.: Bull. Amer. Phys. Soc. 10, 549 (1965).

9 Liefeld, R.J.: in: Soft X-Ray Band Spectra and the Electronic Structure of Metals and Materials (Ed.: Fabian, D.J.), 133-151, Acad. Press, London and New York (1968).

10 Holliday, J.E.: Journ. Appl. Phys. 33, 3259-3265 (1962).

11 Holliday, J.E.: in: Soft X-Ray Band Spectra and the Electronic Structure of Metals and Materials (Ed.: Fabian, D.J.), 101-133, Acad. Press, London and New York (1968).

12 Fischer, D.W.: Journ. Appl. Phys. 40, 4151-4163 (1969).

13 Fischer, D.W.: Journ. Appl. Phys. 41, 3922-3926 (1970).

14 Fischer, D.W.: Journ. Appl. Phys. 41, 3561-3569 (1970).

15 Albee, A.L., and A.A. Chodos: Amer. Mineral. 55, 491-501 (1970).

16 Pavićević, M.K.: Dissertation, Univ. Heidelberg, 1-45 (1971).

17 O'Nions, R.K., and D.G.W. Smith: Amer. Mineral. 56, 1452-1463 (1971).

18 Pavićević, M.K., P. Ramdohr, and A. El Goresy: Proc. Third Lunar Sci. Conf., Geochim. Cosmochim. Acta Suppl. 3(1), 295-303 (1972).

19 Pavićević, M.K.: im Druck (1973).

20 Taylor, R.W.: Amer. Mineral. 49, 1016-1030 (1964).

21 Pavićević, M.K., und B. Milenković: in Vorbereitung.

22 El Goresy, A., P. Ramdohr, M.K. Pavićević,
    O. Medenbach, O. Müller, and W. Gentner: Earth Planet.
    Sci. Letters 18, 411-419 (1973).
23 Bell, P.M., and H.K. Mao: in: Lunar Science III (Ed.:
    Watkins, C.), 55-57, Lunar Science Institute, Houston
    (1972).

Anschrift des Verfassers: M.K. Pavićević, Institut
Za Bakar Ul. 29 Novembra 12, Yu-19210 Bor, Jugoslawien.

PROGRAMM ZUR ANALYTISCHEN AUSWERTUNG RÖNTGENOGRAPHISCHER
DATEN - II: BEARBEITUNG METEORITISCHER PROBEN

H.H. WEINKE und A. KRACHER, Wien

Zusammenfassung

Das erstellte Programm ermöglicht es, den langwierigen
und mühsamen Reflexvergleich der Diffraktometer- und
Debye-Scherrer-Aufnahmen mit den Daten von Vergleichs-
werken durch eine digitale elektronische Rechenanlage
durchführen zu lassen. Anhand der Auswertung eines Dif-
fraktometerdiagramms und eines Debye-Scherrer-Films von
meteoritischen Proben wird die Anwendung des Programms
vorgeführt.

Abstract

By means of a computer program, the time-consuming
comparison of experimentally obtained X-ray-diffraction-
data with standard tables can be carried out by a digital
computer. The application of this program to a diffracto-
meter recording and a Debye-Scherrer-film of meteoritic
samples is demonstrated.

1. Einleitung

Für die Aufklärung der Mineralzusammensetzung meteoritischer Proben werden röntgenographische Analysenverfahren - wie z.B. die Diffraktometrie und das Debye-Scherrer-Filmverfahren - herangezogen, vor allem, wenn die Unterscheidung von Mineralen ähnlicher Zusammensetzung, aber verschiedener Kristallstruktur gefordert wird und optische Methoden allein nicht zum Ziele führen. Für die Auswertung der Diffraktometerdiagramme und der Debye-Scherrer-Filme wurde ein Computerprogramm erstellt, das in der wissenschaftlich-technischen Sprache FORTRAN IV geschrieben ist. Die Abb. 1 zeigt ein stark vereinfachtes Flußdiagramm. Darin sind die verschiedenen Pro-

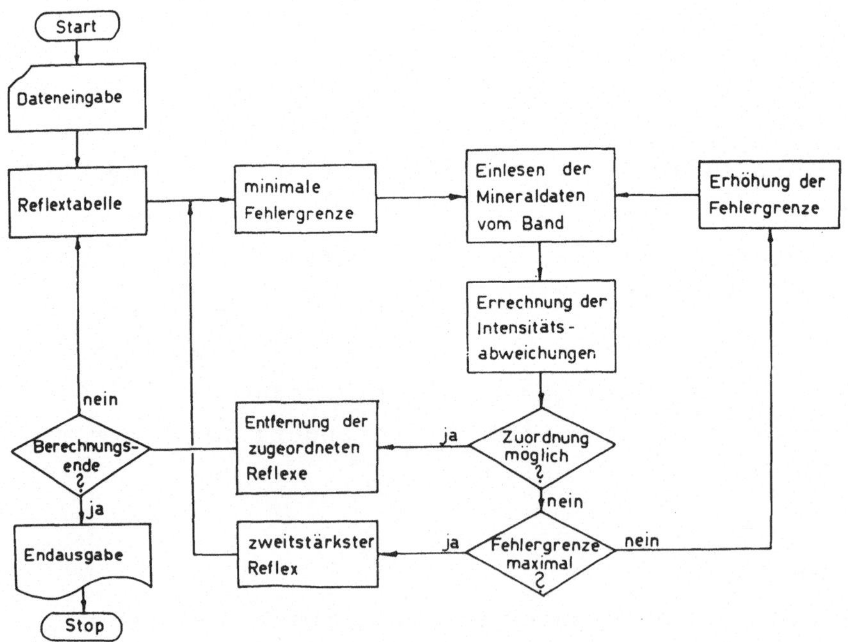

Abb. 1. Flußdiagramm.

grammblöcke und die einzelnen Berechnungsschritte angedeutet. Eine genaue Beschreibung des Rechenablaufs findet sich im ersten Teil dieser Arbeit.[1]

2. Probenvorbereitung

Der Probenvorbereitung ist besondere Beachtung zu schenken, da einerseits die Kristalle des Probenmaterials möglichst klein sein sollen, damit durch ihre Vielzahl alle Netzebenen statistisch vertreten sind. Anderseits werden jedoch unter einer Kristallitgröße von 5-10 µm die Reflexe breiter und bei totgemahlenen Proben schließlich diffus.

Die meteoritischen Proben wurden in einer Kugelmühle wenige Minuten zerkleinert und danach die noch vorhandenen größeren Metallteilchen magnetisch abgetrennt. Nach weiterem etwa zweistündigem Pulverisieren in der Kugelmühle wurde die Probe in eine Achatreibschale gebracht und anschließend eine halbe Stunde unter Azeton gerieben. Die zusätzliche Behandlung des Materials unter Azeton ergab gegenüber nichtbehandelten Vergleichsproben eine deutliche Reflexverstärkung.

Für die Anfertigung von Diffraktometerdiagrammen werden mindestens 0,5 bis 1 g Probenmaterial benötigt. Während der Messung erwies sich das Drehen des Probenhalters normal zur Goniometerachse als vorteilhaft. Für die meisten Aufnahmen wurde $Fe_{K\alpha}$-Strahlung verwendet, um die bei $Cu_{K\alpha}$ auftretende Fluoreszenzanregung für das in der Probe enthaltene Eisen zu vermeiden; bei Verwendung einer Kupferröhre wurde der Hintergrund durch Diskriminierung vermindert. Eine Goniometergeschwindigkeit von 2^O/min und eine Papiervorschubgeschwindigkeit von 2 cm/min zeigte den idealen Kompromiß zwischen großer Genauigkeit und kurzer Meßzeit.

Die für Diffraktometeraufnahmen erforderliche relativ große Probenmenge, die jedoch unverändert wiedergewonnen werden kann, und auch der beschränkte Beugungswinkel von $2\vartheta_{max} < 140^O$ legte einige Male die Verwendung des schwieriger auszuwertenden Debye-Scherrer-Filmverfahrens nahe. Dafür wird das Probenpulver auf ein Stäb-

310

chen aus Kollodiumwolle aufgerollt, in die Achse der
Kamera zentrisch einjustiert und während der Messung ge-
dreht. Als Aufnahmezeiten erwiesen sich 15 bis 25 Stunden als optimal; um die Schwärzung durch Hintergrund-
strahlung zu verringern, erwies sich die Verwendung eines
Deckfilms als vorteilhaft.

3. Berechnung

Die Berechnungen wurden am Interfakultären Rechenzentrum der Universität Wien an einer IBM 360/44 mit
256 kbytes Memory ausgeführt. Das Programm wird mit der
UPDATE-Feature des FORTRAN-Compilers[2] von einem Magnet-
band gemeinsam mit den speziellen Programmänderungskar-
ten compiliert. Ein Überspielen der ebenfalls auf Magnet-
band vorliegenden Mineraldaten auf eine Magnetplatte erwies sich als ungünstig, da das Einlesen der Daten se-
quentiell in 360-bytes-Blöcken erfolgt. Dabei ist die
Magnetplatte mit 1000 bytes/Umdrehung nicht optimal ge-
nützt, und der Einlesevorgang wird durch die Passing-
through-Zeit empfindlich verzögert.

Auf den Speicher- und Rechenbändern liegen derzeit
361, vor allem für die Analyse von extraterrestrischer
Materie notwendige Mineraldaten[3] vor. Diese werden wie
bereits beschrieben[1] nach Bedarf ergänzt und erweitert.

4. Auswertung

Für die Auswertung von röntgenographischen Daten werden folgende Parameter dem Programm mittels Lochkarten
eingegeben:
verwendete Strahlung
Angabe, ob ϑ- oder 2ϑ-Werte abgelesen werden
Stärke des Hintergrundes
kleinster noch auflösbarer Abstand der Reflexe in Grad
Winkelwerte der ausgemessenen Reflexe und die zuge-
hörigen Intensitätswerte.

4.1. Auswertung einer Diffraktometeraufnahme

Abb. 2 zeigt ein mit Eisen-Kα-Strahlung aufgenommenes
Diffraktometerdiagramm des Landes-Meteorits. Da keiner-
lei Vorkenntnis über das Probenmaterial vorausgesetzt

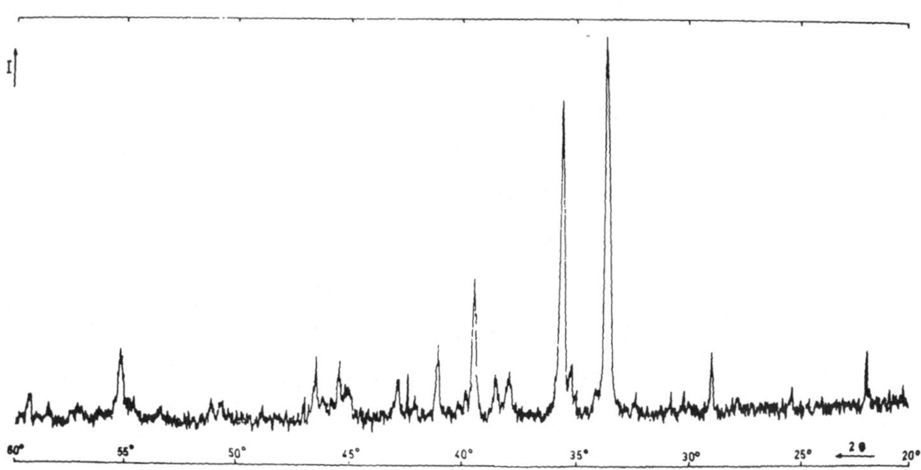

Abb. 2. Diffraktometeraufnahme des Landes-Eisenmeteorits.

ist, beginnt das Programm mit der Zuordnung der Reflexe
nach ihrer Stärke.

Die Identifizierung des stärksten Reflexes erfolgt
bei der vergrößerten Fehlergrenze von ± 0,3°. Das Programm erkennt, daß 32 Minerale der auf Band gespeicherten Kartei einen Reflex innerhalb dieses Fehlerbereiches
haben, der ≥ 50 % des stärksten Reflexes der Vergleichsdaten ist. Von diesen 32 Mineralen werden 14 als möglich
zugeordnet und abgespeichert. Diese Minerale werden zur
Berechnung der Wurzel des mittleren Fehlerquadrates der
Intensitätsabweichungen herangezogen und Graphit infolge
des kleinsten Wertes als vorhanden ausgewählt. Die mit
dem berechneten mittleren Intensitätsabweichungsfaktor
multiplizierten Intensitätswerte der Vergleichsdaten wer-

den von den eingegebenen Werten abgezogen. Dabei erfolgt die Entfernung von 3 Reflexen, die mittlere Verschiebung der Winkelwerte ergibt eine Driftkorrektur[1] von $-0,25^{\circ}$.

Anschließend wird analog mit den verbliebenen Reflexen der Aufnahme die Berechnung fortgesetzt. Durch die bereits erfolgte Driftkorrektur kann die Fehlergrenze auf den halben Betrag herabgesetzt werden. Als weitere Minerale werden Enstatit, Forsterit, Oligoklas und Troilit aufgefunden.

In den weiteren Berechnungsläufen wird mit der Identifizierung der bereits gefundenen Minerale begonnen und die dabei verbleibenden Reflexe erneut mit den gespeicherten Mineraldaten verglichen. Die Endausgabe ist in Abb. 3 dargestellt. Danach erfolgte die Identifizierung von Enstatit durch 20 Reflexe, von Forsterit durch 18, Oligoklas durch 7, Diopsid durch 4, Graphit durch 2 und Troilit durch 3 Reflexe.

4.2. Auswertung einer Debye-Scherrer-Filmaufnahme

Bei der Auswertung von Debye-Scherrer-Filmen ist es von großem Vorteil, Vorkenntnisse über das Probenmaterial bei der Eingabe zu berücksichtigen. Da die Filme für 57,3 mm-Kameras, verglichen mit Diffraktometerdiagrammen, klein sind, ist die Fehlergrenze mit $\pm\,0,6^{\circ}$ sehr groß bemessen, und es kann leicht zu Fehlidentifizierungen kommen. Deshalb wurde bei der Auswertung des Debye-Scherrer-Films eines Odessa-Extraktes mit der Vorgabe von Graphit begonnen. Nach der Entfernung der Reflexe dieses bekannten Bestandteils aus den Eingabedaten wird mit der allgemeinen Berechnung fortgefahren. Die Endausgabe ergibt neben Graphit das Vorhandensein von Daubréelith durch 11 Reflexe.

```
ENDE DER BERECHNUNG

4. LAUF        AUFGEFUNDENE MINERALE                              PROBE -  LANDES - NEU GES
               ---------------------

1   7- 74      FORSTERIT        46  2.167   36/100   2.28  18  1  0   -0.14  -0.19   0.05   17.6  1  2  0.10  0.20
2  22-714      ENSTATIT        141  0.711  177/100   6.83  20  4  0   -0.19  -0.19  -0.00    7.4  1  2  0.05  0.15
3  20-548      OLIGOKLAS        22  4.545   22/100   1.91   7  0  0   -0.15  -0.19   0.04   49.7  1  1  0.10  0.15
4  11-654      DIOPSID          19  5.307   12/100   1.00   4  0  1   -0.19  -0.19   0.00   36.3  1  1  0.05  0.10
5  12-212      GRAPHIT         208  0.481  208/100   2.77   2  0  0   -0.25  -0.19  -0.06    4.2  1  1  0.10  0.9
6  20-533      TROILIT          25  3.932   40/100   4.33   3  0  1   -0.17  -0.19   0.02   36.4  1  1  0.20  0.0
```

Abb. 3. Computerausdruck des Berechnungsergebnisses.
Dabei haben die Kolonnen folgende Bedeutung:
laufende Nummer
ASTM-Nummer der Vergleichsdaten
Mineralname
errechneter stärkster Reflex
mittlerer Umrechnungsfaktor der Intensitätswerte
Intensitätsverhältnis von Tabelle zu Vergleichsdaten
des stärksten Reflexes
Verhältnis der maximalen Intensitätsschwankung
identifizierte Reflexe
fehlende Reflexe (> Hintergrund)
Anzahl der Linienkoinzidenzen
Drift des Minerals
Driftkorrektur
Abweichung des Minerals von Gesamtdrift
Wurzel des mittleren Fehlerquadrates der Intensitäts-
abweichungen
Berechnungsschritt
Güteparameter
Fehlergrenze bei der Identifizierung
maximale Fehlergrenze

314

Danksagung

Die Autoren danken Herrn Dr. K. Seifert für die Anfertigung einiger Röntgenaufnahmen sowie Herrn F. Kluger
für die Hilfe bei der Erstellung der umfangreichen Pro-
gramm- und Datenkarten.

Literatur

1 Weinke, H.H., A. Kracher, F. Kluger und W. Kiesl:
   eingereicht bei Mikrochim. Acta.
2 Reich, G.: priv. Mitteilung
3 American Society for Testing and Materials: Inor-
   ganic Index to the Powder Diffraction File 1972
   (Ed. Berry, L.G.), Joint Committee on Powder Diffraction Standards, PD1S-22i, Swarthmore (1972).

Anschrift der Verfasser: H.H. Weinke und A. Kracher,
Analytisches Institut der Universität Wien, Währinger
Straße 38, A-1090 Wien, Österreich.

UNTERSUCHUNGEN AM LANDES-METEORIT

A. KRACHER, Wien

Zusammenfassung

Die Struktur der Eisenphase und die Silikateinschlüsse
des Meteoriten Landes werden beschrieben und mit denen
anderer silikathaltiger Eisenmeteorite verglichen. Es
gibt Anzeichen dafür, daß die Einschlüsse eine Mittel-
stellung zwischen Odessa- und Copiapo-Typ darstellen.
Die Bruttozusammensetzung spricht sehr für die chondritische
Natur der Einschlüsse.

Abstract

The structure of the iron matrix and the silicate inclusions of the Landes meteorite are described and compared with those of other silicate-bearing irons. The
evidence suggests that the inclusions are intermediate
in type, between Odessa- and Copiapo-inclusions. The bulk
composition strongly supports the suggestion that the
inclusions are chondritic.

1. Einleitung

In der Nähe von Landes, W.Va., wurde um 1930 ein metallisches Objekt von ca. 70 kg gefunden, welches 1968
von G.I. Huss als Meteorit identifiziert wurde. Im Früh-

316

jahr 1972 erhielten wir vom American Meteorite Laboratory
Denver, Colo., ein 236,7 g schweres Stück (Nr. H 91.19)
zur Untersuchung. Inzwischen wurde der Meteorit auch von
Bunch et al.[1] untersucht und versucht, ihn in ein allerdings vorläufiges Schema, das als Gruppe der silikathal-
tigen Eisenmeteorite bezeichnet wurde, einzuordnen[2]. An
unserem Institut wurden folgende Untersuchungen durchgeführt:

Vorproben und naßchemische Analyse.

Radiochemische Spurenanalysen (Hermann und Wichtl,
dieser Band).

Röntgenographische Untersuchungen (Weinke und Kracher,
dieser Band).

Mikrosondenuntersuchungen (diese Arbeit).

Der Landes-Meteorit zeigt in einer Matrix aus Nickeleisen zahlreiche dunkle Einschlüsse überwiegend silika-
tischer Natur, welche selbst wieder von Metalladern und
-körnchen durchzogen sind (Abb. 1). Die Einschlüsse sind

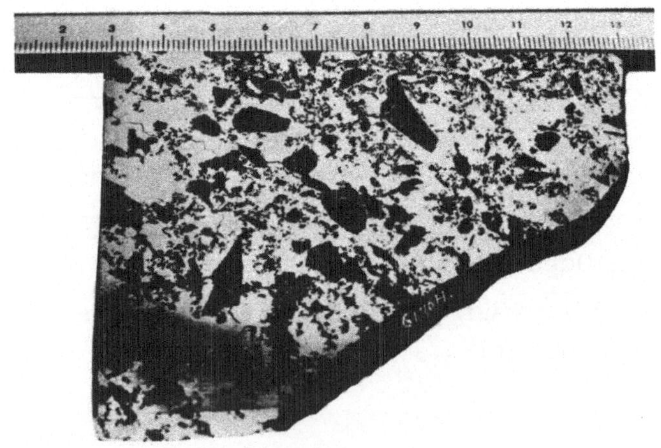

Abb. 1. Ein Stück des Landes-Meteorits.

zwischen 0,1 mm und einigen cm groß und von unregelmäßiger Form, so daß man von einer Stein-Eisen-Breccie sprechen kann. Die Silikatphase besteht aus Olivin, Enstatit, Chromdiopsid und Plagioklas. Je etwa 1 Gew.-% des Gesamtmaterials machen Graphit, Troilit und Schreibersit aus, und als Akzessorien finden sich Whitlockit, Chlorapatit, Chromit, Eisenalabandin und metallisches Kupfer.

2. Methodik

Die Mikrosondenanalysen wurden mit einer JEOL JXA-3 ausgeführt. Die notwendigen Korrekturen (eine Übersicht geben z.B. Beaman und Isasi[3]) wurden mit einem von Weinke et al.[4] entwickelten Computerprogramm ausgeführt.

3. Ergebnisse

3.1. Metallphase

Beim Ätzen mit 2 % Nital läßt sich keine Widmannstätten-Struktur erkennen. Vielmehr treten die Korngrenzen zwischen den nur 2-6 mm großen Kamazit-Kristallen hervor, und es werden deutliche Neumann'sche Linien sichtbar. Der mittlere Nickelgehalt der Kamazitphase ist 6.53 $\pm$ 0,3 Gew.-%, Taenit und Plessit sind sehr selten. Es handelt sich also nicht um einen "Oktaedrit" im eigentlichen Sinn, sondern um ein Eisen "anomaler Struktur" (polycrystalline iron, brecciated octahedrite).

3.2. Silikatphase

Die größeren Silikateinschlüsse bestehen überwiegend aus nur 50-200 µm großen Kristallen von Enstatit und Plagioklas. Olivin und Chromdiopsid kommen in etwas größeren, häufig subidiomorphen Kristallen nahe der Phasengrenze zum Nickeleisen bzw. Troilit vor, Olivin auch isoliert in der Eisenmatrix.

Die Analysen von Enstatit und Olivin sind in Tab. 1 wiedergegeben und zeigen recht gute Übereinstimmung mit den Werten von Bunch[1], allerdings ist dort kein Cr_2O_3-Gehalt in Olivin bestimmt worden.

Tabelle 1. Olivin und Enstatit (in Gew.-%)

	Olivin	Enstatit
SiO_2	41,8	58,0
MgO	53,5	35,6
FeO	4,64	4,45
CaO	–	1,13
MnO	0,42	0,49
Cr_2O_3	0,06	0,28
Summe	100,42	99,95
	fa = 4,6	fs = 6,3

Eine mit der Mikrosonde durchgeführte Phasenanalyse ergab für die reine Silikatphase Olivin 27 %, Enstatit 37 %, Chromdiopsid 16 % und Plagioklas 20 %. Die erfaßte Fläche betrug jedoch nur ca 2 cm^2, was angesichts der Variabilität der Einschlüsse[5] als nicht repräsentativ für den gesamten Meteoriten angesehen werden kann. Dennoch sind die daraus errechneten Bruttokonzentrationen in Tab. 2 den meist naßchemisch bestimmten Werten an anderen Meteoriten gegenübergestellt, doch scheint durch den atypisch hohen Plagioklas-Anteil Al_2O_3, CaO und Na_2O zu hoch zu sein. Allerdings zeigt zumindest ein anderer Eisenmeteorit mit Silikateinschlüssen, Weekeroo Station, noch höhere Werte. Das Mol-Verhältnis Fe/(Fe+Mg) liegt zwischen dem der gewöhnlichen Chondrite und dem der Enstatit-Achondrite[6].

Tabelle 2. Bruttozusammensetzung der Silikatphase von Chondriten und Eisenmeteoriten mit Silikateinschlüssen (in Gew.-%)

	Landes	Wood-bine (a)	Campo del Cielo (b)	CH (c)	CL (c)
SiO_2	53,78	55,52	51,35	48,43	47,10
TiO_2	0,20	0,13	0,16	0,17	0,18
Al_2O_3	4,13	3,44	2,60	3,22	2,73
Cr_2O_3	0,30	0,20	0,30	0,48	0,52
FeO	3,17	3,18	5,05	11,76	15,49
MnO	0,39	0,20	0,41	0,33	0,32
MgO	31,58	33,70	36,93	31,13	29,50
CaO	4,64	2,21	1,93	2,41	2,24
Na_2O	1,74	1,88	0,90	1,13	1,04
K_2O	0,07	0,13	0,08	0,19	0,17
$\frac{Fe}{Fe + Mg} \cdot 100$ [*]	5,3	5,0	7,1	17,5	22,8
$\frac{Si}{Mg}$ [*]	1,14	1,10	0,93	1,05	1,07

(a) Jarosewich[12]
(b) Bunch et al.[2]
(c) Keil[6] und Yavnel[13]

[*] Werte in Atom-% eingesetzt

3.3. Andere Minerale

3.3.1. Graphit

Reiner Kohlenstoff ist ein ziemlich häufiger Bestandteil in Eisenmeteoriten[7]. Im Landes ist er aber deutlich weniger häufig als etwa im Odessa oder Canyon Diablo. Es wurden keine Hochdruckmodifikationen gefunden, ebenso

fehlt der für die Meteorite der Odessa-Gruppe typische
Cliftonit. Von den bei El Goresy[7] erwähnten Formen des
Graphits kommen mindestens zwei vor, nämlich die fächer-
förmige bis palmettenartige Form und der Hörnchengraphit;
ersterer meistens an der Silikat-Eisen-Phasengrenze,
letzterer zusätzlich noch in der Eisenmatrix.

3.3.2. Kupfer

In der nichtmetallischen Phase wurden drei Kupfer-
aggregate gefunden, alle mit Troilit assoziiert. Das
größte (ca. 12 x 15 µm) enthielt 2,21 Gew.-% Fe und
1,78 Gew.-% Ni. Ein überhöhter Eisenwert durch Fluoreszenzanregung des umgebenden Troilits ist allerdings nicht
auszuschließen.

3.3.3. Troilit

Dieser tritt sowohl in der Eisenphase als auch in den
Silikateinschlüssen auf. In letzteren bildet er überwiegend unterbrochene Adern oder perlenschnurartige
Scharen kleiner Einschlüsse. Im Auflicht sind auch größere Troilitaggregate einheitlich und lassen keine Anzeichen einer schockbedingten Umwandlung erkennen. Unsere
Analyse (Tab. 3) ergab einen niedrigeren Mn-Gehalt als
die von Bunch[1], was wohl auf den großen relativen Fehler
nahe der Erfassungsgrenze unserer Sonde zurückzuführen
sein dürfte. Zn liegt unter der Erfassungsgrenze von
0,12 %, Ti ist gerade noch qualitativ nachweisbar (Erfassungsgrenze 0,04 %).

3.3.4. Schreibersit

Grober Schreibersit ist etwa ebenso häufig wie Troilit
Die mittlere Zusammensetzung entspricht etwa der Formel
$(Fe_{0,60}Ni_{0,40})_{3,00}P_{1,00}$.

Tabelle 3. Sulfide (in Gew.-%)

	Troilit	Alabandin
Fe	62,51	4,11
Mn	0,05	57,40
Cr	0,27	n.b.
S	36,91	38,46
Summe	99,74	99,97
$\frac{Metall^{*}}{Schwefel}$	0,985	0,932

* Werte in Atom-% eingesetzt

3.3.5. Chromit

War in unseren Proben nicht sehr häufig und fast immer mit Troilit assoziiert, ohne Verdrängungs- und Reaktionserscheinungen. In diesem Zusammenhang scheint das von Bunch[1] beschriebene Vorkommen von Daubréelith etwas verwunderlich, das von uns auch nicht bestätigt werden konnte. Abb. 2 zeigt einen Teil einer Troilit-Chromit-Ader.

3.3.6. Alabandin

Alabandin kommt zusammen mit Troilit, seltener auch allein, in sehr kleinen Körnern in der Silikatphase vor (Analyse Tab. 3).

3.3.7. Chlorapatit und Whitlockit

Kommen in den Silikaten, häufig auch an Troilit grenzend, vor, bevorzugt nahe der Phasengrenze zum Nickeleisen. Unsere Analyse von Cl-Apatit (Tab. 4) entspricht der Formel $(Ca,Fe)_5(PO_4)_3Cl_x$ mit $x = 0,8 \pm 0,1$, während die Analyse von Bunch[1] "Cl in stöchiometrischer Menge" ergab. Sollte, wie auch in anderen Eisenmeteoriten[2], die

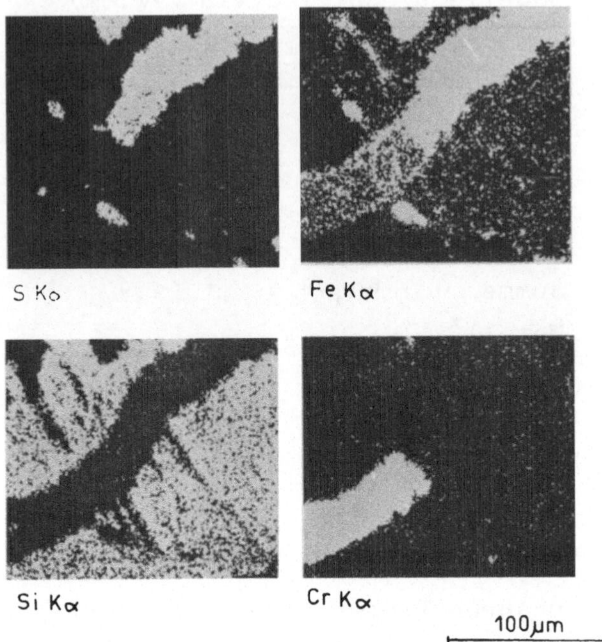

Abb. 2. Scanningaufnahmen einer Troilit-Chromit-Ader.

Tabelle 4. Phosphate (in Gew.-%)

	Chlorapatit	Whitlockit
CaO	53,5	45,1
FeO	0,4	0,44
MgO	x	4,75
Na_2O	0,45	3,4
P_2O_5	41,1	45,9
Cl	5,55	–
	101,00	
O = Cl	– 1,25	
Summe	99,75	99,59

x < 0,05 %

auf x = 1 fehlende Menge Fluor vorhanden sein (ca. 0,5 %),
so könnte dies von unserer Sonde nicht erfaßt werden.

Whitlockit dürfte etwas häufiger als Cl-Apatit sein
und bildet gelegentlich größere (in unseren Stücken bis
0,3 mm), gegen Silikat und Graphit idiomorphe Kristalle.

3.3.8. Verwitterungsprodukte

Die in der Nähe von Sprüngen auftretenden Verwitterungs-
erscheinungen zeigen keine Besonderheiten und wurden daher im allgemeinen nicht näher untersucht. Am Rand eines
stark zerbrochenen und verwitterten Troilits wurde jedoch
ein nicht näher identifiziertes Sulfid gefunden, das Fe,
Mn und Cu etwa im Verhältnis 1:10:4 enthielt (Abb. 3).

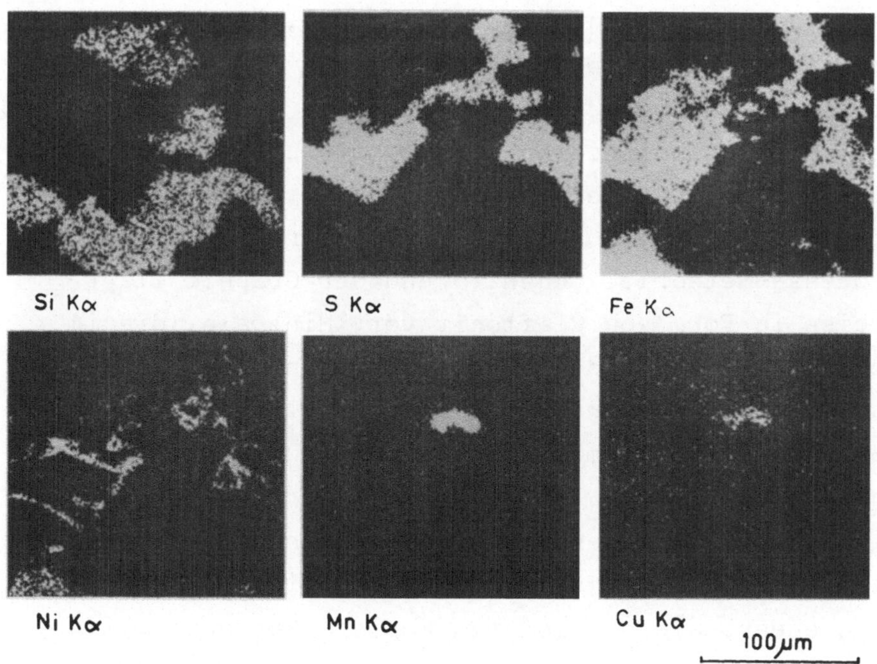

Abb. 3. Stark verwitterter Troilit mit einem Sulfid,
welches Fe, Mn und Cu etwa im Verhältnis 1:10:4 enthält.

4. Diskussion

Es kann, auch wenn zunächst keine Werte für Ga und Ge
in der Eisenphase vorliegen, wenig Zweifel bestehen, daß
Landes zu den mit der Gruppe I nach Lovering und Wasson
assoziierten Meteoriten mit Silikateinschlüssen gehört[8,9]
Eine detailliertere Einordnung ist jedoch schwierig.
Bunch et al.[1] führt den Gehalt des Troilits an Mn, Zn
und Ti als Argument für eine Verwandtschaft mit der
Odessa-Gruppe an. Der Troilit der Odessa-Meteorite enthält jedoch durchschnittlich 0,15 % Mn, 0,30 % Zn und
0,08 % Ti[2], während die entsprechenden Werte für Landes
nach Bunch et al. 0,09 %, 0,12 % und 0,08 % betragen.
Unsere Werte liegen noch tiefer.

Im Hinblick auf den Mineralbestand gibt es etwa gleich
viele Argumente für wie gegen eine Einordnung zu der
Odessa- oder der Copiapo-Gruppe. Kupfer, Alabandin und
Sphalerit (in Landes beschrieben[1]) sind bisher nur
in Einschlüssen vom Odessa-Typ gefunden worden[2], doch
handelt es sich bei diesen um graphit- und troilitreiche
Nodulen, die ganz anders aussehen als die breccienartige
Anordnung der Einschlüsse im Landes. Ferner enthalten
alle Odessa-Meteorite Cohenit, und der Graphit liegt
teilweise in Form von Cliftonit vor, Minerale, die im
Landes nicht aufgefunden wurden. Dagegen überrascht die
Abwesenheit von Hochdruck-Kohlenstoff nicht, da dessen
Vorkommen heute allgemein auf Schockeinwirkung zurückgeführt wird.

Die Eisenphase aller bisher bekannten Odessa-Meteorite
zeigt die Struktur eines groben Oktaedrits, während
Landes, ebenso wie die meisten Copiapo-Meteorite, eine
anomale Struktur zeigt. In dieser Gruppe wäre Landes der
nickelärmste Meteorit und müßte dementsprechend den
höchsten Ir-Gehalt in der Eisenphase aufweisen[8], zwischen
2,5 und 3 ppm. Wichtl[11] fand dagegen nur o,45 ppm, einen

Wert in der Nähe des "Ausreißers" Udei Station, mit dem Landes noch zwei weitere Eigenheiten teilt: den hohen Gehalt an MnO in Olivin und Enstatit, und das Vorkommen von Cr_2O_3 im Olivin. Wasson[10] meint, daß die mit der Gruppe I assoziierten Meteorite, also die Odessa- und die Copiapo-Gruppe, sowie vielleicht das Einzelstück Kendall County, seit ihrer Aggregation nicht geschmolzen waren, sondern lediglich durch Diffusion und Kristallwachstum im Subsolidus-Bereich in den jetzigen äquilibrierten Zustand übergeführt worden seien. Die Frage, ob sich ohne Gravitationsseparation so große Eisenkörper bilden können, wie sie als Mutterkörper für diese Meteorite postuliert werden müssen, bleibt allerdings nach wie vor ungelöst (Kiesl, pers. Mitt.).

Zweifellos stellt die Silikatphase dieser Meteorite sehr chondritähnliches, wenn auch wesentlich stärker reduziertes Material dar. Dafür spricht das Si/Mg-Verhältnis (Tab. 2), sowie der Gehalt an Spurenelementen[11]. Deswegen ist auch die Bildung aus Eisenschmelze und chondritischem Material[2], sowie ein Zusammenstoß zwischen einem Eisenmeteoriten und einem Chondriten mit nachfolgender Sinterung[11] vorgeschlagen worden.

Wir würden die vorliegenden Analysenwerte am ehesten so zusammenfassen, daß der Meteorit Landes sowohl zur Odessa- als auch zur Copiapo-Gruppe enge Beziehungen zeigt, aber keiner von beiden angehört. Vielmehr scheinen weitere Untersuchungen notwendig, um das Einteilungsschema der Eisenmeteorite mit Silikateinschlüssen in eine endgültige Form zu bringen. Dann wird es auch leichter sein, Aussagen über die möglichen Bildungsmechanismen dieser interessanten Körper zu machen.

Danksagung

Der Autor dankt der Österreichischen Akademie der Wissenschaften für die Bereitstellung finanzieller Mittel zum Ankauf des Probenmaterials, sowie dem Fonds zur Förderung der wissenschaftlichen Forschung, der die Arbeit unter dem Projekt Nr. 1833 unterstützt hat.

Literatur

1 Bunch, T.E., K. Keil, and G.I. Huss: Meteoritics 7, 31-38 (1972).

2 Bunch, T.E., K. Keil, and E. Olsen: Contr. Mineral. and Petrol. 25, 297-340 (1970).

3 Beaman, D.R., and J.A. Isasi: ASTM Spec. Techn. Publ. 506 (1972).

4 Weinke, H.H., H.H. Malissa jun., F. Kluger, und W. Kiesl: Mikrochim. Acta, im Druck

5 Keil, K.: American Mineralogist 50, 2089-2092 (1965).

6 Keil, K.: in: Handbook of Geochemistry, Vol. I, Springer Verlag, Berlin, Heidelberg, New York (1969).

7 El Goresy, A.: Geochim. Cosmochim. Acta 29, 1131-1151 (1965).

8 Wasson, J.T.: Icarus 12, 407-423 (1970).

9 Wasson, J.T.: Geochim. Cosmochim. Acta 34, 957-964 (1970).

10 Wasson, J.T.: 24th IGC - Section 15, p. 161-168 (1972)

11 Wichtl, M.: Dissertation, Univ. Wien (1973).

12 Jarosewich, E.: Geochim. Cosmochim. Acta 31, 1103-1106 (1967).

13 Yavnel, A.A.: Meteoritics 5 (3), 153-168 (1970).

Anschrift des Verfassers: A. Kracher, Analytisches Institut der Universität Wien, Währinger Straße 38, A-1090 Wien, Österreich.